软件研发行业
创新实战案例解析

茹炳晟　沈　剑　主编

电子工业出版社·
Publishing House of Electronics Industry
北京·BEIJING

内 容 简 介

本书旨在通过各个公司在工程创新、管理创新、产品创新、技术创新、效能创新上的最佳实践，以及对案例的分析和总结，为其他公司提供一定的参考和借鉴，以帮助大家更快速地解决所遇到的问题。

本书共包含 22 个实战案例，涵盖了研发效能提升、数字化实践、敏捷转型、研发管理、人才培养、AI 视觉分析引擎构建等软件研发各个领域的多个方面，适用于软件研发行业中的各类管理人员和从业者。

图书在版编目（CIP）数据

软件研发行业创新实战案例解析 / 茹炳晟，沈剑主编. —北京：电子工业出版社，2023.8

ISBN 978-7-121-46023-4

Ⅰ. ①软… Ⅱ. ①茹… ②沈… Ⅲ. ①软件开发—案例 Ⅳ. ①TP311.52

中国国家版本馆 CIP 数据核字（2023）第 137484 号

责任编辑：李淑丽

印　　刷：北京天宇星印刷厂

装　　订：北京天宇星印刷厂

出版发行：电子工业出版社

　　　　　北京市海淀区万寿路 173 信箱　　　　邮编：100036

开　　本：720×1000　1/16　印张：19　　　字数：371 千字

版　　次：2023 年 8 月第 1 版

印　　次：2023 年 8 月第 1 次印刷

定　　价：89.00 元

凡所购买电子工业出版社图书有缺损问题，请向购买书店调换。若书店售缺，请与本社发行部联系，联系及邮购电话：（010）88254888，88258888。

质量投诉请发邮件至 zlts@phei.com.cn，盗版侵权举报请发邮件至 dbqq@phei.com.cn。

本书咨询联系方式：（010）51260888-819，faq@phei.com.cn。

作者简介

（排名不分先后）

茹炳晟

腾讯 Tech Lead，腾讯研究院特约研究员，中国计算机学会（CCF）TF 研发效能 SIG 主席，《软件研发效能度量规范》标准核心编写专家，年度 IT 图书最具影响力作者，多本技术畅销书作者，公众号"茹炳晟聊软件研发"作者。

沈剑

快狗打车 CTO，互联网架构技术专家，公众号"架构师之路"作者。曾任百度高级工程师，58 同城技术委员会主席，高级架构师，技术学院优秀讲师。

朱少民

"软件工程 3.0"定义者，CCF TF 软件质量工程 SIG 主席，同济大学特聘教授。近 30 年来一直从事软件测试、质量管理等工作，先后获得多项省部级科技进步奖，已出版 20 多部著作和 4 本译作。

苏杰

七印工作室创始人，产品创新独立顾问，良仓孵化器创始合伙人；曾任阿里巴巴产品经理、阿里巴巴产品大学负责人；《人人都是产品经理》系列图书作者。

钱勇

惟客数据副总裁&产品技术委员会主席，中国平安 HRX 前首席数据官。曾任用友集团云服务事业部总经理，金蝶集团下一代平台部首席运营官等职务。拥有 20 年的企业级管理和数字化转型方面的咨询、软件和云服务从业经验。

王庆

Intel 云基础设施软件研发总监。从 2015 年开始，连续 9 年兼任开源基础设施基金会个人独立董事，还兼任木兰社区技术委员会成员。

黄勇

互联网连续创业者，《架构探险》和《OKR 实战笔记》作者；特赞科技前 CTO 与阿里巴巴前高级架构师，国内早期"微服务"落地实践者。

史海峰

公众号"IT民工闲话"作者，贝壳金服小微企业生态前CTO，曾在神州数码、亚信联创长期从事电信行业业务支撑系统集成工作，曾在当当负责总体架构规划、技术规范制定和技术预研推广。

郑武军

ZTE中兴敏捷教练，具有15年的团队管理经验，ZTE中兴上海教练组召集人，对个体激活和团队赋能有极强的兴趣，具有丰富的理论和实战经验。

刘华

汇丰科技公共服务与云平台中国区总监，阿里云、谷歌云认证架构师，敏捷&DevOps专家，具有超过20年的软件开发经验，超过15年的项目和团队管理经验。

张逸

DaoCloud应用现代化首席顾问，《解构领域驱动设计》和《软件设计精要与模式》作者，高质量编码实践者，微服务系统架构师，大数据平台架构师，敏捷转型咨询师。

付晓岩

天润聚粮执行董事、总经理。中国计算机学会软件工程专委会委员；信通院企业架构推进中心、组装式推进中心技术专家；工业和信息化重点领域数字化转型与人工智能产业人才基地专家委员会副主任；数孪模型科技高级副总裁。

杨瑞

国内资深组织级转型教练，创业教练，埃里克森认证教练及团队教练，连续创业者，复旦大学软件工程专业硕士。China OKR社区发起人，China DevOps社区的核心发起人，国内敏捷社区核心组织者。

金锡川

锐捷网络体验设计师、网龙前产品经理，曾多次负责千万级用户产品的整体规划和设计工作。

肖然

Thoughtworks创新技术总经理，中关村智联创新联盟副秘书长。在过去10年时间里，带队先后为金融、保险、通信、物流、零售等核心产业的头部企业提供了长期的从战略执行到组织运营各个方面的咨询服务，以务实的工作作风得到了行业的广泛认可。

苑冲

转转架构部存储小组负责人，负责 MQ、监控系统、KV 存储、Redis、KMS 凭据管理系统等；热爱架构，热爱分享。

陈霁

DevOps、敏捷测试资深专家，阿里云云效认证咨询师，腾讯课堂认证讲师，Exin 认证 DevOps 讲师，华为云和阿里云 MVP。

刘雨哲

Agilean 高级咨询顾问，持有 EXIN DevOps Master 认证，辅导多家大型金融公司实施规模化敏捷转型和 DevOps 成熟度提升，在组织敏捷转型落地和 DevOps 建设领域具备丰富的实战经验。

张乐

腾讯 DevOps 与研发效能资深技术专家、腾讯研究院特约研究员，百度前工程效率专家，京东前 DevOps 平台产品总监与首席架构师，曾任埃森哲、惠普等世界 500 强企业咨询顾问、资深技术专家。

张小墨

58 同城数据中台产品负责人，多年聚焦大数据领域，在数据中台、数据治理与大数据应用等方面有丰富的实战经验，畅销书《数据中台产品经理：从数据体系到数据平台实战》作者。

万金

极狐（GitLab）解决方案总监。拥有 18 年知名企业工作经验，包括 IBM、Thoughtworks、华为、埃森哲等。一直在金融行业推广云原生技术（DevOps、微服务、容器），曾经在大型金融企业实施技术中台，推动大型通讯企业进行 DevOps 研发模式转型。

陈磊

京东前测试架构师，阿里云 MVP，华为云 MVP，中国商业联合会互联网应用工作委员会智库专家，中关村智联软件服务业质量创新联盟软件测试标准化技术委员会委员，持有 EXIN DOM 认证。

戴昊

创业 AI 公司技术副总裁，资深架构师，技术讲师。拥有 20 年大型软件产品架构经验；曾为瑞穗银行（Mizuho Bank）、东京证券交易所、五十铃汽车等研发企业级系统；擅长企业级系统架构构建、领域驱动设计。

序

在当今数字化时代，软件研发行业的创新和实战已经成为企业发展的重要支撑。然而，随着软件规模的不断增加和复杂度的不断提升，软件研发面临着越来越多的挑战。在这样的环境下，如何保持创新和实战的活力，成为软件研发行业必须面对的问题。更重要的是，进入 2023 年，面对愈加复杂多变的外部环境，如何高效实施降本增效战略也成为各 IT 企业更为急迫的问题，即在有限的资源条件下，如何去追求更高的效率、更高的质量、更好的用户体验和更强的创新能力。

这本书就是针对解决这些问题的实用性书籍。本书收录了 22 个实战案例，涵盖了软件研发行业的各个领域，对研发效能提升、数字化实践、敏捷转型、研发管理、人才培养等多个方面进行了深入探讨。每个实战案例聚焦一个特定的主题，为读者提供深入了解这个主题的机会。例如，案例 1 "对抗软件规模与复杂度的战争" 聚焦软件工程领域的难点问题，为读者提供了解决这些问题的思路和方法。每个实战案例都包含了作者的思考和总结，为读者提供了宝贵的经验和启示。

此外，本书的案例还涵盖了数字化、数据中台、业务测试团队、AI 视觉分析引擎构建等多个热门领域，为读者提供了更全面的技术前沿落地经验，这些实战案例可以帮助读者了解如何应对不同领域的挑战，以及如何应用新技术和新方法来提高效率和质量。

见贤而思齐，希望目前在软件研发行业中的各类管理人员和从业者能阅读到本书，尤其是那些正在实践中寻求方向和方法的读者。通过阅读本书，读者可以深入了解各个行业的软件技术落地方法、知识和经验，并将其应用于自己的实践中。无论你是想提升研发效率，还是想实现敏捷转型，本书都能为你提供有益的指导和帮助。

最后，希望阅读到本书的读者都能从中有所收获，我也相信，这本书一定会成为软件研发行业的经典之作，为推动软件行业的发展做出重要的贡献。

OPPO 联网服务首席架构师　韩欣

前　言

【1】缘起

2022 年年底，我很荣幸受邀出席"K+全球软件研发行业创新峰会"（简称 K+峰会），并担任专题出品人。通过与众多技术大咖、同行交流，我学习到很多先进的研发管理经验，对提高自己团队的研发效能很有帮助。在峰会主办方中智凯灵举办的晚宴上，我见到了自己的好友，大会联席主席和出品人茹炳晟。在沟通过程中，我们与主办方负责人郝景素女士共同碰撞出出版一本案例解析图书的火花。

于是，由 K+峰会组委会牵头，本书的出版筹备工作就这么开始了。

【2】初心

作为一名多年互联网从业人员，我内心一直对在行业创新方面付出努力的同行，以及他们取得的成就充满敬意。他们的最佳实践，对整个行业产生了深远的影响和启发。编写这本书的初衷：一方面，是想让更多的人了解各个公司在工程创新、管理创新、产品创新、技术创新、效能创新上的最佳实践；另一方面，是想通过对案例的总结和分析，产生一定的行业洞见，当其他公司遇到类似问题时，为它们提供一定的参考和借鉴，以帮助大家更快地解决所遇到的问题。总之，编写的主要目的在于记录、分享和启示：记录行业优秀案例，分享行业宝贵实战经验，启示并帮助大家解决问题。通过分享这些案例让读者受益，是 K+峰会组委会，以及我和茹炳晟作为联合主编的使命所在。

【3】历程

出版方向的策划，是主编的核心工作之一。方向上，我们都倾向于选择具有创新的实战，而非单纯的方法理论。不可否认，理论对行业发展有着重要的贡献，但互联网行业发展太快，理论知识和框架很难紧跟实践的步伐，而创新实战案例可以真实反映行业最实时、最实用的一线情况。况且，我们认为单一的理论陈述不如详尽的案例分析更加生动形象和易于理解。同时，理论与方法很难丰盈内容的密度，而案例集则可以很容易实现，且能给读者带来更强的阅读体验感。

话题的选择，也是主编的工作之一，这也是我们最纠结与花时间最多的地方。互联网行业的案例数不胜数，要从中精选出最具创新和最有价值的案例，需要对案例进行详细的调研和评估。优秀的案例很多，取舍过程中难免会有遗憾，毕竟每一个案例的背后都代表着无数人的心血和努力。我们舍弃了这么一些案例：有些案例虽好，但并不匹配图书的主题与定位，要么偏于古典、缺乏创新，要么侧重理论、少了实践；有些案例虽然精彩，但覆盖度不够广，大部分公司可能不具备实施的条件；有些案例还在实施过程中，还没有获得理想的结果。总之，我们尽可能地在自己的能力范围内，选择最具创新性、典型性、可实践性的案例，以确保图书的质量，带给读者最大化的价值。

内容的审核，对我们来说也是一份需要反复打磨的细致活。我们结合自己的经验与案例的作者进行探讨，并给出我们的意见及相应的考量因素。每一位案例作者都抱着十分开放的态度听取修改意见，对内容进行调整。同时，我们也尽力做到，让所有案例都能保持作者的核心思路与主旨，以及原有的风格。同时，案例作者的反馈也能帮助我们发现自己的理解偏差或者不足。总之，双方经过多轮平等探讨，力求呈现图书的最佳品质。

【4】感谢

经过几个月的打磨，本书几近成书，我、茹炳晟及 K+峰会组委会要特别感谢提供案例的行业专家与企业人士，他们的案例提供了很多创新内幕与真知灼见，每一个案例分析都让人眼前一亮。在内容定稿的过程中，面对我们无数次的叨扰，他们极富耐心，让我们看到了他们的"匠人精神"。同时，还要感谢编委会的郝景素和孙一竹，我们一起对每个案例都进行了无数次的探讨，她们让我看到了专业人士应有的素养和修为。再次感谢所有对成书有帮助的家人们，是你们成就了此书的最佳品质。

沈剑

2023 年 7 月

目　录

对抗软件规模与复杂度的战争

1.1 从 Google 的一页 PPT 开始谈起

记得曾经参加过一个软件工程的会议，其中一个话题来自 Google，嘉宾 PPT 的第一页给我留下了深刻的印象，大概的样子如图 1-1 所示。

 VS

图 1-1　别人眼中的 Google 和 Google 人眼中的 Google

别人眼中的 Google 是各种高科技的东西，而 Googler 人眼中的 Google，却是老牛拉车。

为什么会出现这种情况呢？当然，其中有 Google 谦虚的一面，更重要的是 Google 看清了当今软件研发的关键问题：规模和复杂度。

1.2 软件研发永远的痛：规模与复杂度

如果你认真思考一下，就会发现软件研发本质上属于"手工业"。虽然"个人英雄主义"的石器时代已经结束，目前人们处于群体协作时代，但本质上依然没有摆脱"手工业"的基本属性。因此，软件研发在很大程度上还是依赖于个人的能力。当软件规模较小时，依赖"手工业"可以解决问题，但是当软件规模大了之后再依赖"手工业"就不行了。

当软件研发团队规模较小时，一个想法从产生到上线，一个人可能就花半天时间。而当软件研发团队发展到数百人时，执行类似的事情往往需要跨多个团队，花费几周时间才能完成。

由此可见，随着时间的推移和团队的发展壮大，软件研发的效率大幅降低，其中一个核心因素就是软件研发规模的扩大和复杂度指数的上升。

软件规模与软件复杂度的关系类似于人的身高与体重的关系。身高为 90cm 的孩子的体重大概是 15kg，180cm 时的体重大概是 75kg，身高增加了 1 倍，体重却增加了 5 倍。我们可以将软件规模类比成身高，将复杂度类比成体重，那么软件规模的扩大必然伴随着软件复杂度更快的提升，如图 1-2 所示。

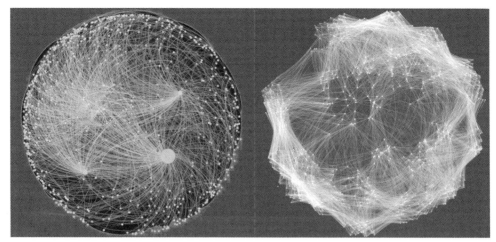

图 1-2　软件复杂度提升示意图

1.3　软件复杂度困局

针对传统事务，复杂问题一般都是肉眼可见的，可以及时找到处理和应对的方法，也能分清相关的责任。但是，软件研发是知识手工业者的大规模协作，随着需求的演进和设计的迭代，各种由复杂度产生的风险只是从眼前分摊出去，再在看不见的地方集聚起来。在这个过程中，每一个具体环节都在做看似正确的事，每一个具体的人都在推动项目的完善。但是整体的结果是，不仅累积了巨大的复杂度风险，而且再也找不到具体的人、具体的环节来对整个软件系统负责。因此，结果是不仅风险大，而且治理起来也特别困难。

软件的复杂度包含两个层面：软件系统层面的复杂度和软件研发流程层面的复杂度。

在软件系统层面上，针对大型软件，"when things work, nobody knows why"俨然已经是一种常态。随着时间的推移，现在已经没有人清楚系统到底是如何工作的，将来也不会有人清楚。

在软件研发流程层面上，一个简单的改动，哪怕只改动一行代码也需要经历一次完整的流程，涉及多个团队和多个工具体系的相互协作。

可以说，对于大型软件来讲，复杂才是常态，不复杂才不正常。

那么，为什么要将大型软件做得这么复杂？复杂度又从何而来？

1.4　软件研发的复杂度从何而来

软件系统很难一开始就做出完美的设计，只能通过功能模块的衍生迭代让软件系统逐步成型，然后随着需求的增加再让功能模块进行衍生迭代，因此本质上软件是一点点生长出来的，其间就伴随着复杂度的不断累积。

是的，你没有听错，软件是生长出来的，而不是设计出来的，如图 1-3 所示。

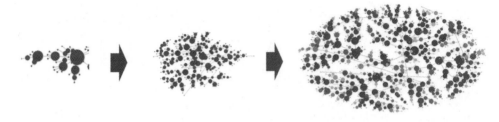

图 1-3　软件生长示意图

无论看起来多么复杂的软件系统，都要从第一行代码开始，都要从几个核心模块开始，这时的架构只是一个少量程序员就可以维护的简单组成。

那么，你可能要问：软件架构师是做什么的？难道他们不是软件的设计者吗？其实，软件架构师只能搭建软件的骨架，至于最终的软件会长成什么样子，他们也很难知道。

软件架构师和建筑架构师有着巨大的差异。

只要建筑图纸设计好了，材料、人力、工期和进度基本就能确定，而且设计变更往往只发生在设计图纸阶段。也就是说，建筑架构的设计和生产活动是可以分开的。

软件的特殊性在于，"设计活动"与"制造活动"彼此交融，你中有我，我中有你，无法分开，软件架构只能在实现过程中不断迭代，因此复杂度一直在不断积累。

另外，建筑架构师不会轻易给一个盖好的高楼增加阳台，但是软件架构师却经常在做类似这样的事，并且总有人会对你说，"这个需求很简单，往外扩建一些就行了"。这确实不复杂，但我们面临的真实场景往往是：没人知道扩建阳台后原来的楼会不会开裂，甚至倒塌。

《从工业化到城市化》这本书中提出了一个很有洞见的观点："工业是无机体，可以批量复制，而城市是有机体，只能慢慢生长"。

"工业化可以被看作一个'复制'的过程。可以想象一下复印店里的复印机，只要有机器、有原件、有纸和墨，就能开始一张张地复印，速度是非常快的。工业化也是类似的，有了技术、资金、劳动力这几个条件，就可以进行大规模的工业生产。但是城市化就不是一个能快速'复制'的过程，而是一个需要'生长发育'过程。城市不仅是钢筋水泥、道路桥梁，更是一套复杂的网络，城市中的生活设施、消费习惯、风土人情等，这些都需要一定的生长时间。"

笔者认为建筑架构更像是工业化的无机体，可以非常规整，而软件架构更像是发展中的城市，需要时间的洗礼，其复杂度和不确定性特别高。因此，维护大型软件的关键是控制复杂度。

注意，我们能做的只是延缓复杂度的聚集速度，无法完全杜绝复杂度的提升。为此，我们要深刻理解软件的复杂度。

1.5 软件复杂度的分类

软件复杂度的分类如图 1-4 所示。

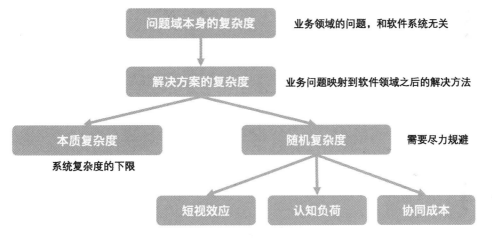

图 1-4 软件复杂度的分类

最上层是问题域本身的复杂度，也称为业务复杂度，该复杂度和软件系统本身无关，在没有软件的时候就已经存在了，代表业务本身。

第二层是解决方案的复杂度，指业务问题映射到软件领域之后的解决方案，描述软件系统处理业务领域问题的具体方法，领域驱动设计（Domain-Driven Design，DDD）就工作在这一层。

第三层是软件的复杂度，分为本质复杂度和随机复杂度。

本质复杂度是软件必须拥有的，继承自问题域本身的复杂度，除非缩小问题域的范围，否则无法消除本质复杂度，本质复杂度是系统复杂度的下限。

随机复杂度是软件可以拥有也可以没有的属性，由解决方案的实现过程附加产生，主要表现为短视效应、认知负荷和协同成本，是我们需要尽力规避的部分，也是需要关注的重点。

1.6 随处可见的随机复杂度

下面通过案例说明随机复杂度的表现形式。

案例 1：如图 1-5 所示，服务 A 和服务 B 调用服务 S，开始的时候一切正常，相安无事。后来，增加的服务 C 也调用服务 S，这时发现服务 S 有一个实现上的缺陷。此时，理论上应该修改服务 S，但由于负责服务 S 的团队怕影响其他现有服务，因此缺乏解决该问题的动力，或者由于负责服务 A 的团队正忙于其他新特性的研发，因此服务 C 的团队不得不"曲线救国"，在自己的服务 C 中实现变通。一段时间以后，服务 B 也发现了服务 S 的缺陷，同样也是自己采用了变通方法。但是服务 B 和服务 C 采用的变通方法可能并不相同，这就为以后的维护挖了"坑"，这些都是在积累系统的随机复杂度。

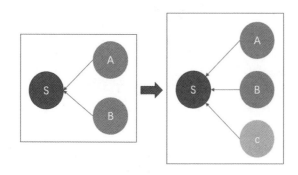

图 1-5　随机复杂度的表现形式案例

案例 2：团队成员因为个人喜好，在一个全部是 Java 体系的系统中加入 Node.js 的组件，这对于其他不熟悉 Node.js 的成员来说，就是纯粹多出来的随机复杂度，而且一旦引入后面再想去掉就难了。

案例 3：团队的不同成员为了快速实现通用功能，使用了能实现相同功能的不同组件，或者即使使用了相同的组件，但是使用的组件版本也各不相同，这种不一致性也直接产生了本不应该存在的随机复杂度。

案例 4：团队新人不熟悉系统，但急于实现一个新特性，又不想对系统其他部分产生影响，就会很自然地在原有代码的基础上添加 if-else 判断，甚至直接复制代码并在复制的代码上做修改，而不是去调整系统设计以适应新的问题空间，这种做法看似"短、平、快"，实则引入了随机复杂度，为以后的维护挖了"坑"。

案例 5：缺乏领域建模，同一个业务领域概念在不同模块中使用了不同的命名，但是领域内涵完全一致。更糟的是，在不同模块中的实现又不同，各自还加入了差异的属性，这样，后续对模块的理解和维护成本都会变得更加复杂。

案例 6：由于项目时间紧张，因此设计的变更直接在代码上修改，使得设计文档和实现不匹配，这也是增加随机复杂度的一个重要因素。

类似的例子，笔者相信你们可以列举更多。

随机复杂度是我们需要重点关注的，其中的短视效应表现为急功近利，这种做法会快速增加系统的技术债务使架构腐化加速，由此造成后续研发认知负荷的增加，更多的协作也会造成协同复杂化，进而降低研发效能。当研发效能降低时，工程师就更倾向于使用急功近利的奇技淫巧来实现交付业务，最终形成恶性循环。

1.7　失控的软件复杂度

软件复杂度失控的原因是多方面的，下面罗列了其中最重要的几条。

（1）软件复杂度失控是商业上成功的企业必然面对的"幸福的烦恼"。

随着企业业务的发展，软件也在不断"生长"，在这个过程中软件需要加入越来越多的新功能，这些新功能必然会引入更多的本质复杂度。而且，因为每次加入新功能都是在原有功能的基础上进行的，所以必然又会引入更多新的随机复杂度。

（2）随机复杂度会随着时间不断积累，如果不进行有针对性的治理，积累的速度会越来越快。

一款软件在商业上的成功意味着其软件生命周期就会比较长，那么，除了考虑当前研发团队的复杂度，还得考虑软件系统历史上的所有复杂度。

（3）软件系统在业务上的成功，必然会带来研发团队的扩大，这更容易带来随机复杂度的急剧上升。当所有人以不同的风格、不同的理解、不同的长短期目标往软件系统中提交代码时，工程一致性的缺失就会使软件的复杂度急剧上升。

（4）重复"造轮子"也是造成复杂度失控的"罪魁祸首"之一。别人的"轮子"不好用、跨部门沟通成本高、绩效考核需要"轮子"作为"道具"，不同部门重复"造轮子"，同部门的不同团队重复"造轮子"，同组的不同成员也在重复"造轮子"，这些"轮子"除沦落为获得高绩效评价而定向"演戏"的工具外，还为软件系统注入了大量的随机复杂度。

那么，我们应该怎么办？我们要避免"有急乱投医"。

1.8　常见的错误应对方式

有时候，资源有限未必是坏事，因为它也是倒逼创新的最好方式。但是从短期视角来看软件研发，这个观点似乎并不明智。

最常见的错误方式是采用 DDD（Deadline Driven Development，期限驱动开发），用 Deadline 来倒逼研发团队交付业务功能。但大量的实践经验告诉我们，软件研发就是在需求范围、软件质量、时间进度这个三角中寻求平衡的，如图 1-6 所示。

图 1-6　软件研发的三角平衡

短期来看，研发团队可以通过更多的加班来赶项目进度，但如果这个时间限制过于苛刻，那么必然就要牺牲需求范围和软件质量。当需求范围不可裁剪的时候，唯一可以被牺牲的就是软件质量了，这实际上就意味着在很短的时间内往软件系统中倾泻大量的随机复杂度。

而且，上述做法从表面上看可以更快地取得进展，快速摘取成功的果实，但是经过一段时间之后（一般是 6~18 个月），负面效果就会凸显出来，会显著降低研发的速度和质量。而且这种负面效果是滞后的，等问题能够被感知到的时候，往往已经形成一段时间，软件架构的腐化就是这样在不知不觉中形成的。

以上这种急功近利的做法，本质上是将长期利益让位于短期利益，过度追求短期交付效率，最终的结果只能是"欲速则不达"。

正确战略方向下的"慢"，远远好过错误方向下的"快"。作为技术管理者必须学会两者之间的平衡之道，并为此长期承担后果。

当然，如果你是在创业项目前期，则可以暂且不关注这些，毕竟几个月后你的项目是不是还活着都是一个问题，但如果创业项目熬过了这段时间，还继续这么做就会很危险。那么，你可能会问创业项目的代码在前期积累了大量的随机复杂度，后续该怎么办？笔者的答案是，在适当的时候另起"炉灶"，在用户无感知的情况下完成后台服务的替换，这个适当的时候往往就是项目的商业模式完全走通的时间点。正确的技术战略需要能够在宏观层面上帮助系统控制复杂度。

记得在一次行业交流的时候，有一位朋友说到一个观点："乱七八糟的生机勃勃，好过井井有条的死气沉沉"，乍一听这个观点还是挺有道理的，但是笔者觉得对于软件工程来讲，这个观点是完全不适用的。这个观点对于需要创意的工作是成立的，创意工作一般是单次博弈（前后两次掷骰子没有关联性），而软件工程是工程，属于连续博弈（前面的行为对后面的有影响），所以笔者认为上面的观点不成立。

另一种常见的错误方式是试图通过招聘或借调更多的人来解决软件项目的进度问题。随着项目参与的人越来越多，分工越来越细，人和人之间需要的沟通量也呈指数增长。很快你就会发现，沟通花费的时间渐渐地比分工省下来的工作时间还要多。简单说，过了一个临界点，不是人越多越帮忙，而是人越多越添乱。一个人 3 个月能完成的事，3 个人 1 个月不一定就能完成，甚至 3 个月也未必能完成，更何况加入的新人还需要填上认知负荷的"坑"，这些都需要时间成本。

GPT-4 开启"软件工程 3.0"全新时代

随着 OpenAI 推出的全新对话式通用人工智能工具——ChatGPT 火爆出圈，人工智能再次受到工业界、学术界的广泛关注，并被认为向通用人工智能迈出了坚实的一步。ChatGPT 在众多行业和领域有着广泛的应用潜力，甚至会颠覆很多领域和行业，特别是在软件开发领域中，它必然会引起软件开发模式、方式和实践发生巨大的变化，为此，笔者经过调研、实验和思考之后，提出了 "软件工程 3.0"。

用软件版本号的方式，如用 1.0、2.0、3.0 分别定义第一代、第二代、第三代软件工程，符合软件工程的规则，而且简洁明了。为了定义 "软件工程 3.0"，让我们先定义 "软件工程 1.0" 和 "软件工程 2.0"。

2.1　软件工程 1.0

"软件工程 1.0"，即第一代软件工程，自然是受建筑工程、水利工程等影响的传统软件工程，它的诞生可以追溯到 1968 年。当 20 世纪五六十年代软件出现危机时，小弗雷德里克·布鲁克斯（Frederick P. Brooks，Jr.）在《人月神话》一书中描述了如下场景：软件开发被喻为众多史前巨兽在焦油坑中痛苦挣扎却无力摆脱，它们挣扎得越猛烈，焦油纠缠得越紧，如图 2-1 所示。"软件危机" 迫使人们去寻找产生危机的内在原因，进而找出消除危机的解决方案。面对 "软件危机"，人们调查研究了软件开发的实际情况，逐步认识到工程化的方法对软件系统的开发和维护的必要性。为了克服这一危机，大家走到一起，共同探讨，以获得问题的解决途径。于是，在 1968 年NATO（North Atlantic Treaty Organization，北大

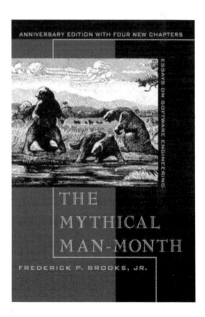

图 2-1　《人月神话》原著封面

西洋公约组织）的计算机科学家在联邦德国召开国际会议讨论软件危机问题，正式提出了 "软件工程"（Software Engineering）这一术语，从此一门新的工程学科诞生了，并得以不断发展，逐渐成熟起来。传统软件工程主要是向土木工程和工业工程学习，吸收其百年实践积累下来的方法和经验，以及沉淀下来的思想。软件工程 1.0体现了以下特征。

（1）产品化：只是交付符合质量标准的组件、构件和系统，没有认识到软件的柔性和数字化特性，把软件当作传统工业的产品，由此产生 "软件工厂" 这样的思想。

（2）结构化：受传统建筑工程的影响，重视框架和结构的设计，表现为以架构设计为中心进行结构化分析、结构化设计、结构化编程等。

（3）过程决定结果：流程质量决定产品质量，一环扣一环，相信良好的过程产生良好的产品，关注过程胜过关注人，非常关注过程评估和过程改进，CMMI（Capability Maturity Model Integration，能力成熟度模型集成）就是其典型代表。

（4）重视质量管理：引入传统的质量管理体系，包括以顾客为中心的全面质量管理和缺陷预防。

（5）阶段性明确：需求评审通过才能开始设计；设计评审通过才能开始实施（编程），编程结束再进行测试等，瀑布模型是其典型代表模型。

（6）责任明确：角色定义清晰，分工细致。

（7）文档规范化：强调规范的文档，定义了大量的文档模板。

（8）计划性强：具有完整的计划并严格控制变更。

（9）注重项目管理：围绕项目开展管理工作，包括风险预防、里程碑控制、关键路径法等。

2.2　软件工程 2.0

在 2008 年笔者写的《软件工程导论》一书中，相对于传统软件工程，定义了现代软件工程，那时，笔者没能预见到人工智能今天的巨大力量。15 年后，笔者将受互联网、开源软件运动、敏捷/DevOps 开发模式的影响，最终形成的建立在 SaaS（Software as a Service，软件即服务）、云之上的软件工程定义为"软件工程 2.0"。

没有互联网，就没有云和 SaaS，我们就不能将软件部署在自己的数据中心，那么持续交付（Continuous Delivery，CD）就没有意义，因为我们无法做到将包装盒形式的软件产品持续交付到客户手中，敏捷、DevOps 也就难以实施，虽然可以在内部实现持续集成（Continuous Integration，CI），但其价值会大大降低。

之后的开源软件运动让我们首先认识到"软件过程"和"软件管理"并非非常重要，至少不是第一要素，因为第一要素还是人；其次是软件架构，简单且能解耦，如采用 SOA（Service-Oriented Architecture，面向服务的架构）、微服务架构来解耦，更具可扩展性；再者是代码的可读性、可测试性，使代码具有可维护性，而流程和管理虽然具有价值，但作用不大。

随着市场变化越来越快，不确定性增强、市场竞争更加激烈，客户或用户始终希望我们能够按时交付高质量的产品，同时还希望软件有灵活性，能够具有随需应变的能力，也能够通过及时、必要的修改来满足业务的新需求。

除了考虑开源软件运动、市场因素，软件还是一种知识型产品，软件开发活动是智力活动，需要很高的创造性，并依赖每个开发人员的创造力、主动性等。所有这些都引导人们对软件工程进行新的思考并不断认识软件工程，从而在 2001 年 17 位软件开发轻量型流派掌门人联合签署了《敏捷软件开发宣言》，如图 2-2 所示。

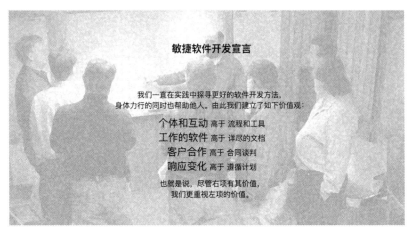

图 2-2 敏捷联盟官网的《敏捷软件开发宣言》截图

之后逐渐形成了敏捷/DevOps 开发模式、精益软件开发模式等，即软件工程进入 2.0 时代。软件工程 2.0 的特征可以简单概括为下列几点。

（1）SaaS：软件更多的是以一种服务存在。

（2）强调价值交付：只做对用户有价值的事情，加速价值流的流动。

（3）以人为本：个体与协作胜于流程和工具，充分发挥个人和团队的创造性与潜力；拥抱变化，敏捷开发或轻量级过程，加速迭代，以不变应万变。

（4）自我管理的团队：像一家初创公司一样运营，具有主动性并能够承担风险，具有自治能力，能自主建立目标和制订计划，不断反思，持续改进。

（5）持续性：阶段性不明确，持续构建、持续集成、持续测试、持续交付，以时间换空间，消除市场风险。

（6）开发、测试和运维的融合：强调测试与开发融合，开发与运维融合，推崇全栈工程师等。

（7）真正把用户放在第一位：用户、产品经理尽可能参与团队开发过程，注重用户体验，千人千面。

（8）知识管理：将软件工程纳入知识管理的范畴，强调将项目的计划、估算等工作授权给从事具体工作的开发人员，如任务安排不再由管理者下达任务，而由开发人员自主选择适合自己的任务。

（9）更有乐趣："史诗故事"、用户故事、站会等让软件开发工作更有趣、更健康。

2.3 软件工程3.0

在技术突破和创新方法的推动下，软件工程发展得越来越快，而最近的突破就是 GPT-4 等人工智能（AI）语言大模型的出现。GPT-4 的诞生，大家都很震惊，尤其惊讶于从 GPT-3 到 GPT-4 的进化速度。GPT-4 是一种基于 RLHF（Reinforcement Learning from Human Feedback，人类反馈的强化学习）和多模态的语言大模型，比其前身 GPT-3.5 有显著的改进。GPT-4 具有强大的识图能力，文字输入限制提升至 2.5 万字，问题回答的准确性显著提高。因此，GPT-4 能够执行一系列复杂的任务，如代码生成、错误检测、软件设计等。正如，谷歌工程主管在文章《程序员的职业生涯将在 3 年内被 AIGC 终结》中的观点："ChatGPT 和 GitHub Copilot 预示着编程终结的开始""这个领域将发生根本性的变化""当程序员开始被淘汰时，只有两个角色可以保留：产品经理和代码评审人员"，这篇文章是在 GPT-4 发布前写的，而真正的 GPT-4 要强大很多，对软件开发的影响会更为显著。

考虑到软件工程的发展速度，在不久的将来，甚至从今天开始，AI 就开始逐渐接手一些软件开发的工作。随着将 GPT-4+（指 GPT-4 及其未来升级的版本）融入软件开发生命周期中，开发人员的使命将会发生变化，因为 GPT-4+重新定义了开发人员构建、维护和改进软件应用程序的方式。之后的软件开发会依赖这种全新的语言交流方式（类似于 ChatGPT），让这类工具理解开发人员交代的任务，自主完成软件开发，如理解需求、自动生成 UI、自动生成产品代码、自动生成测试脚本等。此后，开发团队的主要任务不再是写代码、执行测试，而是训练模型、参数调优、围绕业务主题提问或给出提示。因此，我们说 GPT-4 将开启"软件工程 3.0"新时代，2023年是软件工程 3.0 的元年，软件工程 3 个时代的划分如图 2-3 所示。

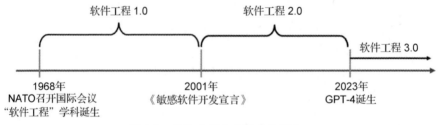

图 2-3　软件工程 3 个时代的划分

先看看 GPT-4 自己是如何说的，如图 2-4 所示。但笔者经过简单的实验，认为它能做的事比它说的要多。

下面展示目前 GPT-4 在软件开发领域所能做的一些工作，顺着这条思路我们想象一下软件工程 3.0 是怎样的一番景象：一些大厂之前有好几万名开发人员，未来可能只有几千人；借助其强大的私有云平台，软件开发效能可以真正实现十倍增长，降本增效不再是公司的核心问题（因为已经得到了彻底解决）。

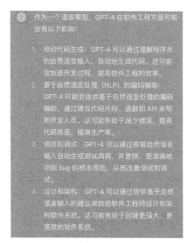

图 2-4 GPT-4 在软件工程上的能力

1）软件需求获取、分析与定义

GPT-4 在需求获取、需求挖掘、需求分析和需求定义的各个环节，都能扮演比较重要的角色，可以基于用户评论数据挖掘软件需求和应用场景，帮助我们完成需求建模或做出决策，最终生成需求文档，如图 2-5 所示。虽然 GPT-4 不能完全解决需求工程中所有的问题，但能帮助我们节省 60%以上的工作量。

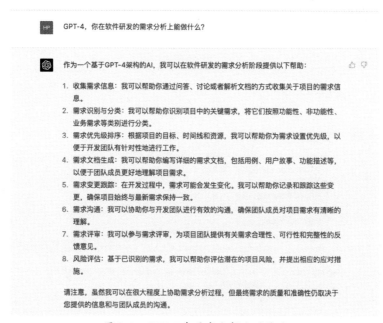

图 2-5 GPT-4 在需求分析上的能力

GPT-4 可以基于简单的描述帮我们完成基本功能分析，如图 2-6 所示。

HP 我想做一个类似上面"极客时间"这样的课程学习App，我首先要实现哪些功能?

为了创建一个类似于"极客时间"的课程学习App，您需要考虑实现以下核心功能：

1. 用户注册与登录：提供用户注册和登录功能，支持邮箱、手机号或第三方登录（如微信、QQ等）。
2. 个人信息管理：允许用户查看和编辑个人信息，如头像、昵称、密码等。
3. 课程浏览与搜索：展示课程列表，并提供搜索功能，让用户能够方便地找到感兴趣的课程。
4. 课程分类与筛选：按照不同的分类组织课程，如技术、商业、设计等，并提供筛选功能，以便用户根据需求查找课程。
5. 课程详情：展示课程的详细信息，包括课程介绍、讲师介绍、课程大纲等。
6. 课程购买与支付：提供购买课程的功能，支持多种支付方式，如支付宝、微信支付等。
7. 学习进度跟踪：记录用户的学习进度，包括已完成的课程、正在学习的课程以及学习时长等。
8. 视频播放：提供视频播放功能，支持多种视频格式和清晰度选择。同时，提供播放控制功能，如播放/暂停、快进/快退、倍速播放等。
9. 评论与互动：允许用户在课程下方发表评论、提问和回答，以实现用户之间的互动和交流。
10. 我的课程：展示用户已购买的课程，方便用户随时查看和学习。
11. 消息通知：向用户发送课程更新、活动推广等相关通知。
12. 帮助与反馈：提供帮助文档，并允许用户提交反馈，以便改进App功能和用户体验。

这些核心功能可以作为您的课程学习App的基础。您还可以根据自己的需求和目标用户群体，添加其他辅助功能，如积分系统、签到功能、社区论坛等，以提高用户的参与度和留存率。

Regenerate response

图 2-6　GPT-4 基于描述进行基本功能分析

进一步，GPT-4 也可以基于需求生成验收标准，如图 2-7 所示。

HP 产品需求通过用户故事描述，其中一个用户故事是这样描述的：
"作为京东电商App的一位购物者，我希望能删除购物车中的某些商品，这样当我改变主意时就可以不购买它了"
你能否帮忙写出其验收标准?

当然可以。根据您提供的用户故事，我们可以为这个功能编写以下验收标准：

1. 用户能够在京东电商App中找到并轻松访问"购物车"功能。
2. 在"购物车"页面，用户可以清晰地看到他们添加的所有商品。
3. 用户在每个商品旁边找到一个选项，允许他们删除选定的商品。
4. 在用户选择删除商品后，系统应弹出一个确认对话框，以避免误操作。
5. 用户确认删除后，选定的商品应从购物车中移除。
6. 被删除的商品不应影响购物车中的其他商品。
7. 用户在购物车中删除商品后，购物车中商品的总价应相应地更新。
8. 如果用户删除了购物车中的所有商品，购物车应显示为空，并提示用户添加商品。

这些验收标准旨在确保开发团队充分理解用户故事的需求，从而为京东电商App的购物者提供方便、灵活的购物车商品管理功能。

图 2-7　GPT-4 基于需求生成验收标准

还能根据需求验收标准生成 BDD（Behavior-Driven Development，行为驱动开发）标准的 GWT（Given-When-Then）格式的需求，如图 2-8 所示。

图 2-8　基于需求验收标准生成 BDD 标准的 GWT 格式的需求

2）软件设计与体系结构

GPT-4 通过提供建议、识别设计模式、分析和优化软件体系结构，以及分享最佳实践和框架方面的知识，为软件开发人员（如架构师）提供有价值的帮助，从而帮助他们做出明智的决策、选择最佳的体系结构并制定健壮的解决方案，即创建可伸缩、可维护和高效的软件解决方案，以满足软件的特定需求。此外，GPT-4 可以促进不同设计选项的评估和比较，确保开发人员选择最合适的演化路径。具体地说，GPT-4 在软件架构设计上可以通过以下几种方式帮助软件开发人员。

（1）提供建议：根据需求和约束等自然语言输入对软件架构提供建议，这些建议可以帮助开发人员针对待开发软件架构做出明智的决策。

（2）识别设计模式：根据自然语言输入识别软件架构中的常见设计模式，帮助开发人员识别潜在的问题并改进软件的整体设计。

（3）分析和优化软件架构：通过分析软件架构并根据自然语言输入提出优化建议，帮助开发人员改进其软件的性能、可伸缩性和可维护性等。

（4）知识共享：提供有关软件体系结构的最佳实践、模式和框架的信息，帮助开发人员跟上软件体系结构的最新趋势，提高在该领域的整体水平。

随着多模态技术的发展，大模型 GPT-4 可以直接读入设计草图，或帮助我们理解图形用户界面、解答关于 UI 设计的问题，并提供设计建议，帮助我们做出更好的设计。

3）代码生成和优化

在编程上，大模型更擅长代码生成、代码补全、代码评审、代码优化等工作。由于开源代码的数据量大、质量高（毕竟要符合代码语法和代码规范），因此模型生成内容的质量自然很高，符合"高质量输入、高质量输出"的标准。

GPT-4 能根据自然语言输入的需求及其上下文生成代码，而且可以用不同的编程语言生成相应的代码段、API（Application Programming Interface，应用程序接口），甚至整个软件模块。它可以帮助开发人员轻松创建复杂的应用程序，甚至还可以帮助他们按敏捷开发模式推崇的 TDD（Test-Driven Development，测试驱动开发）方式完成代码的实现，并支持快速原型化和概念验证开发。这样可以极大地减少人工编码所花费的时间和精力。

4）测试用例和测试代码等生成

作为一种人工智能语言模型，GPT 可以基于自然语言输入生成测试用例，这些测试用例涵盖了基于所接收到的自然语言输入的广泛场景，甚至可以帮助识别需要测试的边缘情况和潜在的边界条件，以确保软件能充分地满足需求。虽然它不能保证能生成所有可能的测试用例，但大量的实验表明这方面的效果不错，可以详见在"软件质量报道"公众号上发表的文章《又一次被震惊：从生成和细化需求到应用各种方法设计测试用例》，文章中展示了 GPT-4 可以基于需求生成测试用例，并通过提示让 GPT-4 不断补充或完善测试用例，而且还可以让 GPT-4 基于不同的设计方法（如等价类划分、边界值分析、决策表、因果图、正交试验法等）生成测试用例。例如，利用正交试验法，列出因子、水平数，选择一个 $L9(3^2)$ 正交表，生成 8 条测试用例。虽然 GPT-4 不能画因果图，但能正确地运用这种方法生成有效的测试用例，如下所示。

因果图方法是一种测试设计技术，通过分析输入条件和输出结果之间的因果关系来设计测试用例。以下是使用因果图方法为文章发布功能设计的测试用例。

1. 确定输入条件（因子）:

1）标题：有效/无效（超过长度限制）

2）摘要：有效/无效（超过长度限制）

3）正文：有效/无效（超过长度限制）

4）标签：有效/无效（超过长度限制）

5）封面图片：有效/无效（非图片格式或超过大小限制）

2. 确定输出结果：

1）发布成功提示信息

2）发布失败提示信息

3）生成的文章详情

3. 分析输入条件与输出结果之间的因果关系，并设计测试用例如下。

测试用例 1：正确的标题和正文

● 输入：有效标题，有效正文

● 输出：发布成功提示信息，生成的文章详情

测试用例 2：标题超过长度限制

● 输入：无效标题（超过长度限制），有效正文

● 输出：发布失败提示信息

测试用例 3：正文超过长度限制

● 输入：有效标题，无效正文（超过长度限制）

● 输出：发布失败提示信息

测试用例 4：有效摘要

● 输入：有效标题，有效正文，有效摘要

● 输出：发布成功提示信息，生成的文章详情包含摘要

测试用例 5：摘要超过长度限制

● 输入：有效标题，有效正文，无效摘要（超过长度限制）

● 输出：发布失败提示信息

测试用例 6：有效标签

● 输入：有效标题，有效正文，有效标签

● 输出：发布成功提示信息，生成的文章详情包含标签

测试用例 7：标签超过长度限制

● 输入：有效标题，有效正文，无效标签（超过长度限制）

● 输出：发布失败提示信息

测试用例 8：有效封面图片

● 输入：有效标题，有效正文，有效封面图片

● 输出：发布成功提示信息，生成的文章详情包含封面图片

测试用例 9：无效封面图片

● 输入：有效标题，有效正文，无效封面图片（非图片格式或超过大小限制）

● 输出：发布失败提示信息

通过基于因果图方法设计的这些测试用例，我们可以全面地测试文章发布功能。如果您还有其他需求，请随时告诉我。

生成测试脚本也是 GPT-4 的强项，在 SauceLabs 的文章"ChatGPT for Automated Testing: From Conversation to Code"（《自动化测试使用 ChatGPT：从对话到代码》）所介绍的实验中，可以让 GPT-4 生成谷歌站点测试的脚本。虽然提示中没有明确说明要在网站上测试什么，但 ChatGPT 仍然生成了一个脚本来测试谷歌网站的主要功能之一——"搜索功能"，甚至正确识别出谷歌搜索栏的名称"q"。进一步，这个实验指示 ChatGPT 可以为元素定位器使用页面对象模型和类变量，还可以生成与某工具平台（如 Sauce Labs）兼容的测试脚本。最后，ChatGPT 可以消除测试脚本中的硬编码（如 URL、用户名"username"和密码"password"），从场景特性文件中获取变量，即参数化脚本（数据驱动脚本），使脚本更容易被维护，如图 2-9 所示。

将测试脚本从一个平台迁移到另一个平台也是大模型的强项，如同翻译，例如 GPT-4 比较轻松地完成测试脚本从 Cypress 迁移到 Playwright。

change the code so you can input the url, username and password in the feature file

Here is an example of a test using Cucumber in Python and a page object model that allows you to input the URL, username, and password in the feature file:

```python
from selenium import webdriver
from selenium.webdriver.common.by import By
from selenium.webdriver.support.ui import WebDriverWait
from selenium.webdriver.support import expected_conditions as EC

class LoginPage(object):
    # Class variables for element locators
    USERNAME_INPUT = (By.ID, "username")
    PASSWORD_INPUT = (By.ID, "password")
    SUBMIT_BUTTON = (By.ID, "submit")

    def __init__(self, driver):
        self.driver = driver

    # Method to enter username
    def enter_username(self, username):
        username_input = self.driver.find_element(*self.USERNAME_INPUT)
        username_input.clear()
        username_input.send_keys(username)

    # Method to enter password
    def enter_password(self, password):
        password_input = self.driver.find_element(*self.PASSWORD_INPUT)
        password_input.clear()
        password_input.send_keys(password)

    # Method to submit the login form
    def submit(self):
        submit_button = self.driver.find_element(*self.SUBMIT_BUTTON)
        submit_button.click()

@given('I am on the login page at "{url}"')
def step_impl(context, url):
    context.driver = webdriver.Firefox()
    context.driver.get(url)
    context.page = LoginPage(context.driver)

@when('I enter a valid username "{username}" and password "{password}"')
def step_impl(context, username, password):
    context.page.enter_username(username)
    context.page.enter_password(password)
    context.page.submit()

@then('I should be logged in')
def step_impl(context):
    # Use WebDriverWait to wait for the login to complete
    wait = WebDriverWait(context.driver, 10)
    element = wait.until(EC.title_is("Homepage"))

@then('I should see my username "{username}" in the top right corner')
def step_impl(context, username):
    # Use WebDriverWait to wait for the username to appear
    wait = WebDriverWait(context.driver, 10)
    username_element = wait.until(EC.presence_of_element_located((By.ID,
"username")))
    assert username_element.text == username

@after.all
def cleanup(context):
    context.driver.quit()
```

In this updated version of the test, the `given` step takes a `url` parameter that specifies the URL of the login page. The `when` step takes `username` and `password` parameters that are used to enter the login credentials. The `then` steps also take the `username` parameter to verify that the correct username appears in the top right corner of the page.

图 2-9　ChatGPT 写出参数化（数据驱动）的测试脚本

5）错误检测和解决

GPT-4 在代码分析和理解方面的能力使其成为检测和解决软件应用程序错误非常有价值的工具。通过仔细检查代码片段和理解上下文，GPT-4 可以识别错误并给出最佳解决方案，甚至可以为现有问题生成补丁。这种功能极大地加快了调试过程，并确保软件产品更加可靠和安全。此外，GPT-4 可以与持续集成和持续部署（CI/CD）流水线集成，以增强自动化测试并促进持续地交付软件，如图 2-10 所示。

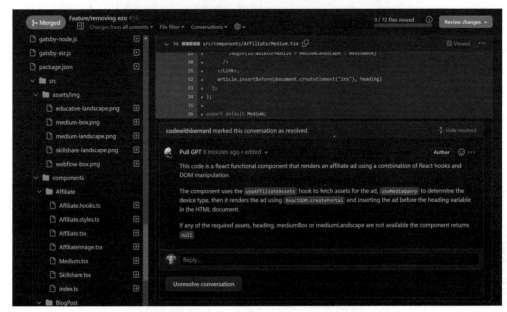

图 2-10　CI/CD 集成 GPT-4 能力的截图

6）协作和知识共享

在当今快节奏和相互关联的开发环境中，协作和知识共享比以往任何时候都更加重要。GPT-4 通过在团队讨论、头脑风暴会议和代码审查期间提供实时帮助，能形成会议纪要和总结，能理清楚逻辑和发现问题，并提供有价值的见解和建议的替代方法，甚至能从其庞大的知识库中提供相关示例。这种人工智能驱动的协作提高了团队生产力，培养了团队持续学习的文化，并为创新铺平了道路。

2.4　总结

GPT-4+支持更智能、更高效和协作的开发方法，给软件工程领域带来了革命性的变化。在进入软件工程 3.0 后，软件开发的范式也发生了很大的变化。软件开发的新范式是模型驱动开发、模型驱动运维，在 DevOps 两环前面，加一个环形成三环联动，如图 2-11 所示，其中机器学习（Machine Learning，ML）中的要素有模型（Model）、数据（Data），而研发经过计划（Plan）、创建（Create）、验证（Verify）、打包（Package）、发布（Release）等环节进入运维，运维有两个关键环节：配置（Configure）和监控（Monitor）。

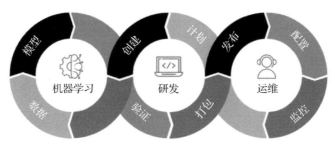

图 2-11　软件工程 3.0 开发范式示意图

由此我们可以看到，在软件工程 3.0 时代，软件即模型（Software as a Model，SaaM），这个模型不同于过去软件工程 1.0 或软件工程 2.0 时代所谈到的抽象模型[（如 UML 中的模型、OMG（Object Management Group，对象管理组织）]所提的模型驱动架构（Model Driven Architecture，MDA）中的模型，而是深度神经网络模型、大型语言模型（Large Language Model，LLM）或其他人工通用智能（Artificial General Intelligence，AGI）模型，可以直接给人类提供服务的模型。大型企业一般会选择训练、精调自己领域的 AI 大模型，中小企业一般会调用专业公司提供的大模型服务接口。在基于 MaaS 的软件工程 3.0 时代，软件以这类 AI 大模型的形态为用户提供各种各样的服务，而且未来会成为一种常态。

在软件工程 3.0 时代，新一代的软件开发平台开始能够理解需求、设计、代码等，软件开发从过去的信息化时代进入真正的数字化时代，这也是一种有重要意义的进步；人机自然对话成为可能，可以告诉新一代软件开发平台我们想要生成的内容，即人工智能生成内容（Artificial Intelligence Generated Content，AIGC），如软件需求定义文档、需求或用户故事的验收标准、代码、测试用例、测试脚本等，软件开发进入 AIGC 时代，软件开发过程就是人与计算机自然交互的过程。

在软件工程 3.0 时代，业务数据和开发过程数据的质量非常重要，可以基于这些数据进行精调，以优化大模型。软件工程 3.0 在新范式下，有如下两条实践路径。

（1）垂直路径：针对特定领域进行模型的训练或精调，并给出具体的提示文本（序列）集，以帮助企业快速发布符合市场的产品、获取用户、收集反馈并持续改进。

（2）水平路径：将生成式 AI 功能引入通用的开发云平台中，实现全新的或重构已有的开发工作流、开发 IDE（Integrated Development Environment，集成开发环境）、测试框架与工具、运维工具。

开发人员不仅会致力于提示工程（Prompt Engineering）、服务于大模型和大数据平台，包括模型创建、训练、调优、使用等，而且他们的工作方式也将发生变化，对他们的要求更多体现在对业务的深度理解、系统性思维、逻辑思维等方面。

虽然软件工程 2.0 已经开始面向 CI/CD，但还存在许多障碍，而在软件工程 3.0 时代，得益于设计、代码、测试脚本等的生成，可以真正实现持续交付，即及时响应客户需求，交付客户所需的功能特性。

表 2-1 是对软件工程 1.0、软件工程 2.0 和软件工程 3.0 的总结。

表 2-1　三代软件工程的比较

比较项	软件工程 1.0	软件工程 2.0	软件工程 3.0
标志性事件	1968 年 10 月在联邦德国召开的软件工程大会	2001 年 2 月签署、发布《敏捷软件开发宣言》	2023 年 3 月 OpenAI 发布大语言模型 GPT-4
基本理念	过程决定结果，如 CMM，其思想来源于传统建筑工程等	软件开发是一项智力劳动，以人为本，尽早持续交付价值	基于 LLM 底座，快速生成所需的代码和其他所需内容
软件形态	（普通的）工业产品	软件即服务（SaaS，包括 PaaS、IaaS）为主	软件即模型（SaaM）并提供模型即服务（MaaS）
运行环境	单机（PC、主机）	网络、Cloud	物联网、人机融合
支撑内容	纸质文档	信息化	数字化
主要方法	面向对象的方法 结构化分析、设计和编程	面向对象的方法 SOA、微服务架构（一切皆服务）	模型驱动、人机交互智能
流程	瀑布模型、V 模型为代表；阶段性明确 	敏捷（如 Scrum）/DevOps； 半持续性（提倡 CI/CD,但做不到） 	模型驱动开发； 真正达成所需即所得，真正做到持续交付服务
工作中心	以架构设计为中心	以价值交付为中心，持续演化	以"大模型+数据"为中心，提供个性化服务
团队	规模化团队	（两个比萨）小团队	团队可能不存在，个体化
开发人员	分工明确、细致	提倡全栈工程师，开发和测试融合	业务/产品人员、验证/验收人员（开发生命周期两头的人员成为主导开发的人）
自动化程度	手工	半自动化（如只是测试执行、部署、版本构建等自动化）	自动化（AIGC），如代码、脚本、设计等生成
对待变化的态度	严格控制,建立变更控制委员会	拥抱变化（其实还是怕变化）	（真正地）拥抱变化

续表

比较项	软件工程 1.0	软件工程 2.0	软件工程 3.0
需求	确定的、可理解的、可表述的产品需求文档	用户故事，具有不确定性，是可协商的	回归自然语言，构建提示词序列
质量关注点	产品的功能、性能、可靠性	服务质量、用户体验	数据质量

最后，通过"软件工程 3.0 宣言"作为对软件工程的未来展望。

软件工程 3.0 宣言：

人机交互智能 胜于 开发人员个体能力

"业务和开发过程"数据 胜于 流程和工具

可产生代码的模型 胜于 程序代码

提出好的问题 胜于 解决问题

笔者相信，通过 GPT-4+的力量，能够解决很多安全、法律、伦理等方面的问题和应对面临的挑战，软件工程的未来特别值得期待。

低成本产品创新的 M2V6P 框架

3.1　今天做产品创新的困境

谁也想不到新冠疫情居然持续了将近 3 年，旅游、餐饮、电影等很多行业损失惨重。过去的 2020 年与 2021 年，中概股的表现简直是"冰火两重天"，互联网平台、教育、游戏、房地产、金融等行业广受影响，还出现了人口趋势、共同富裕等热议话题。而到了 2023 年初，新冠疫情似乎一夜之间过去，市场呈现出一种万物复苏的迹象，到了年中，就业问题又成为热议话题……这些或多或少都会让我们的生活和工作发生变化。

这些都让我们感叹，这确实是一个 VUCA 时代。世界的变化速度太快，问题也越来越复杂，如果我们还是遵循传统的方法做事，则必然会碰得头破血流，产品创新更是如此。

VUCA（中文发音一般为"乌卡"）的含义如下。

- V：Volatility，易变性。
- U：Uncertainty，不确定性。
- C：Complexity，复杂性。
- A：Ambiguity，模糊性。

如果你对 VUCA 时代没有直观的感受，通过下面这个故事，或许你就能明白，我们到底在面临什么样的困境。这个故事来源于笔者组织翻译的《启示录：打造用户喜爱的产品》这本书。

作者 Marty Cagan 当时在如日中天的惠普公司，和优秀的团队一起开发一款技术领先的软件。他们辛勤工作一年多，牺牲了无数个夜晚和周末，为惠普增添了不少专利，也开发出了品质符合要求的产品。随后，团队把产品翻译成多种语言、培训销售团队、做媒体公关，都收到了良好的反馈。在产品发布后，正当大家以为大功告成准备庆贺的时候，问题出现了——没人购买这款产品。

如果你熟悉软件工程，就知道他们的工作模式是很成熟的瀑布模型，即先确定目标，然后设计、开发、测试和发布。但是，这个方法论的有效性是有隐藏前提的，那就是在项目早期可以收集到全部需求，所有需求都是真实的，并且在从开始定目标到发布的这段时间里，需求不会发生变化。因此，才会有类似"需求冻结"这样的节点来保证开发工作的效率。

而在 VUCA 时代，以上假设能成立吗？显然不能。信息无时无刻不在发生变化，用户的需求也无时无刻不在发生变化，甚至用户自己也不知道想要什么。

3.2　产品创新领域的应对——MVP

21 世纪初，产品创新领域提出了 MVP（Minimum Viable Product，最小可行产品）来面对 VUCA 时代，其中的思想源头是人们思维方式的迭代。

让我们回到欧洲中世纪的晚期，当时的人们就发现了"演绎"和"归纳"两种方法论的缺陷。

简言之，演绎都是基于既有的知识做推理的，从理论上讲，推出的知识都不是新知识，只是既有知识的变形表达，换个说法，就是没有信息增量。而归纳无法保证结论正确，即使你看到过一千只、一万只，甚至更多的天鹅都是白的，也无法给出结论——天鹅都是白的，这个结论可以轻易地被一只黑天鹅推翻。

幸运的是，到了中世纪晚期，有思想家提出了一种全新的方法论，我们不妨把它叫作"假设-演绎"。这种方法论的逻辑是，先提出一个假设，注意这个假设是待验证的"新知识"，然后去演绎它，再观察结果。如果结果符合假设，则认为假设暂时有效，即在发现反例之前先用着；如果结果与假设不符，则否定原有假设，提出新的假设，继续循环。

这样，人类的"知识大厦"就可以不断添砖加瓦，得到演化。我们心态上接受被否定，就可以不断进步。图 3-1 所示为演绎、归纳和假设-演绎逻辑。

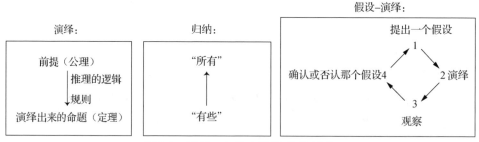

图 3-1　演绎、归纳和假设-演绎逻辑

后来，在很多领域中，都能看到这种方法论的应用。

比如，医学领域的诊疗循环，假设你去医院看病，医生先诊断，然后开药，一定会嘱咐一句"三天后来复查"，这就是要做"假设-演绎"方法论中的观察，要形成闭环。再如，军事领域中的包以德循环、管理领域中的戴明环［PDCA：Plan（计划）、Do（执行）、Check（检查）和 Act（处理）］，以及精益、敏捷的概念等都是这种方法论的应用。

这种方法论天生可以随机应变，而不是一条路走到黑。

而 MVP 就是产品人对"假设-演绎"方法论的应用。通过 MVP 方法不断完善产品，这是一个螺旋上升的过程，每一次产出既是目的，也是手段。作为目的，创造了用户价值，满足了用户需求；作为手段，让我们获得反馈，知道下一次迭代应该做什么。这样，我们就把做产品从一次研发的"有限游戏"变成不断螺旋上升的"无限游戏"。

3.3　从 MVP 到 M2V6P 框架

在 MVP 的基础上，笔者扩展出了自己的 M2V6P 方法论框架，主要原因是觉得一开始就做产品还不够"低成本"，其实可以更灵活。

M 是 Minimum，最小化的意思，意味着每一步都要尽量少地投入。

2V 是 Viable（可行性）和 Valuable（有价值），这里加了一个 V，是因为产品创新要面临两大风险，这里用 Viable 表示要对抗技术风险，用 Valuable 表示要对抗市场风险。

6P 的含义：

第一个 P 是 Paperwork，案头研究，重点考查问题是否存在，是否值得解决。

第二个 P 是 Prototype，原型样机，重点考查是否有解决方案。

第三个 P 是 Product，产品本身，要看解决方案能不能产品化。

第四个 P 是 Promotion，营销推广，考虑的是如何把数量做大。

第五个 P 是 Portfolio，产品组合，是在单一产品的基础上，要推出更多相关的成功产品。

第六个 P 是 People，人才，考虑的是更长周期，即当行业兴衰不可避免时，组织如何永续。

其中，前两个 P（Paperwork+Prototype）对应前产品阶段。

中间两个 P（Product+Promotion）对应单一产品阶段。

最后两个 P（Portfolio+People）对应产品矩阵阶段。

下面对每个 P 进行详细介绍。

1. Paperwork

Paperwork 产出物是纸面研究的结论。

这个阶段产品创新还处在想法阶段，验证的重点是问题本身。也就是说，需要确认你的问题到底是不是一个真实存在的问题，有多少人有这样的问题，是否已经有人解决了这个问题，等等。

在这个阶段，任务可以由单人完成，基本上都是纯案头的工作，可以通过查看行业报告、做竞品分析、和用户聊天来过滤各种不靠谱的想法。

2. Prototype

经过 Paperwork 阶段筛选的想法会进入 Prototype 阶段。

在这个阶段，验证的重点是解决方案，但因为还没有真正的产品，所以使用某种形式的产品原型（或者叫作样机、Demo）来验证。我们要考查用户是否能理解这个解决方案，以及这个方案和既有方案相比是否有足够的额外价值让用户愿意转移，等等。

这时候，我们需要具有原型能力的角色加入团队，在方案层面"先发散，后收敛"，做出原型并让用户试用，获得反馈后再不断修正原型，甚至回到 Paperwork 阶段修正想法。

3. Product

通过 Prototype 阶段会进入产品化阶段，即 Product，也就是产品经理最熟悉的 MVP 了。

在这个阶段，验证的重点是解决方案能不能变成一个产品，真实产品是否可以培养出用户习惯，是否能更高效地解决用户需求和创造价值，并且让用户愿意反复使用。这时候，我们会关注某些和用户留存有关的指标。

到了这一步，实现真实产品的团队就需要介入了。针对 IT 行业来说，比如开发工程师团队要完成产品设计、开发、测试、发布的闭环，做出一个最小化的、有价值的产品。

特别要注意的一点是，此阶段切忌引入过多用户，因为用户往往只给你一次机会。在用户习惯验证完成之后，就要进入营销阶段了。

4. Promotion

这是营销阶段，我们主要验证产品增长渠道和成本，如有哪些让产品增长的渠道可以用？哪种分销渠道获取的客户质量最高、成本更低？

这时候，营销团队就需要发力了，先找到各种可能的方式做小规模推广尝试，测试渠道，然后逐步确定优选渠道，降低分销成本。

5. Portfolio

在前 4 个 P 中，我们都在探讨单一产品如何成功。但任何一家企业，甚至一个业务，都不是依赖单一产品获得成功的，而是依靠产品矩阵及背后的人与团队。

因此，第五个 P（Portfolio）借用了投资组合的意思，意味着产品组合。

每个单一产品都有它自己的生命周期，且都会消失。随着单一产品的"长大"，必然会进入产品矩阵阶段，那么我们就需要实现从单一产品的成功到可持续的成功。而随着产品创新者的成长，其承担的责任越来越大，也不会只局限于负责某一个产品或满足某一类用户。这时，产品创新者就会碰到一些新问题，比如对平台和生态的思考，以及对收入和盈利的探索。

6. People

在进入产品矩阵阶段后，为了一个又一个产品的持续成功，除了用上之前产品的积累，人的因素也无法避而不谈。对企业和个人来说都是这样的，在产品矩阵足够复杂以后，就必须要投入足够多的关注在团队和组织建设上，并且持续不断地培养创新人才来推进产品矩阵的发展。

这方面的内容在笔者常用的方法论里也有不少。比如，如何定义特定组织里的产品岗位模型、如何对人员分级、如何确定人才的成长路径、如何做产品经理的选育留用、如何培养可持续发展的产品团队、如何建立产品创新的文化和机制，等等。

有了后两个 P 的跃迁，就意味着你不会再只想着给手头的唯一产品续命，而是更宏观地去想：哪些产品应该加大投入、哪些产品应该减少投入等，背后的团队应该如何与产品互相成就。

下面对以上 6 个 P 做如下说明：

第一，在上面的每一步中，用户的参与都是必需的，因为身处 VUCA 时代，信息和需求瞬息万变，我们必须紧跟信息的来源，而很多信息其实就是用户和市场告诉我们的。

第二，因为以上每一步的资源投入都越来越大，所以过滤器的开口应该越来越小，即进入下一轮的产品越来越少，最终是集中优势兵力重点突破极少量的产品。

第三，不同的产品形态，在每一轮停留的时间、投入的资源也不尽相同。比如"造车"相比于"做微信小程序"，对真实产品的投入大了很多，因此"造车"会倾向于在早期轮次中做更多的工作，而"做微信小程序"则会选择先把产品做出来，错了再改的模式。

第四，这只是一个方法论框架，里面包含很多具体的方法，希望以后有机会和你深入交流。

3.4　M2V6P 框架的应用

只在理论上知道"M2V6P 框架是如何运行的"还不够，接下来通过例子介绍它是如何运行的。

1. 关于 Paperwork 的案例

笔者坚信，一个值得解决的问题通常已经有解决方案了，只是解决效率有高有低。因此，当你要验证想法的时候，去问问用户"现在是怎么解决这个问题的"，往往就能得到很有价值的答案。

这是一位朋友讲述的故事，他们发现图片识别技术可以用来区分小鸡的公母，认为可能找到了一个创业机会，于是很兴奋地去做调研，却发现市场根本没有需求。

简单地讲，现在的养鸡场分为大、中、小三种。大型养鸡场的典型客户是肯德基这样的，公母都要，不用区分；中型养鸡场会根据客户的需要来决定，不会主动区分，比如客户只要母鸡，他们再做挑选，选好了给到客户，而这里的额外成本可以忽略不计，甚至可以转嫁给客户；而小型养鸡场就是农户，他们典型的客户是餐厅，通常会让客户自己到地里抓鸡，也没有区分公母的必要。

于是，他们做了几天的 Paperwork 就把想法放弃了，节省了大量的时间和资源。

2. 关于 Prototype 的案例

几年前，有一位创业者说发现了一个机会，随着"双创"大潮的涌来，越来越多没经验的创业者开始创业。于是，他认为创业者很可能需要一个"创业者的 hao123"（hao123.com 是 PC 互联网时代一个著名的网址导航站点），简单地讲，就是做一个网站，把创业各个阶段用到的产品和服务汇集起来，创业者可以按需索取，降低成本，提高创业成功率。

笔者很难直接判断这个想法是否靠谱，于是让他先做一个原型，比如先写一篇文章，把他认为对创业者最有价值的一些服务罗列一下，然后把这篇文章发到创业者聚集的微信群里，看看浏览、转发、收藏等数据是否漂亮，接下来再决定下一步怎么做。后来，他这么做了，发现并没有出现火爆的现象，于是他就回去继续优化想法了。

这其实就是一个很简单的用原型来验证解决方案的例子。

3. 关于 Product 的案例

早些年，有一个兴趣爱好社区想做自己的交易系统，对想解决的问题和解决方案都没有疑问，重点在于，一开始上线的系统应该做到多复杂？举个例子，先聚焦到一个点，第一个版本要不要做"退款/退货"这种"逆向交易"功能？因为正常的正向交易流程可以满足买卖双方之间下单、付款、发货、收货等常规需求，是交易系统必备的，而"退款/退货"会使系统复杂度大幅增加，实际工作量不只翻倍，往往会超出 3~5 倍。

那么，如何来验证开发"逆向交易"功能的必要性呢？笔者给他们这样的建议，先在线上做一个假的"退款/退货"按钮，用户点击该按钮以后系统直接给客服人员发邮件，由客服人员人工完成处理。这样运行几周后看看效果，如果客服人员只收到几封邮件，那么就继续采用人工处理；如果收到的邮件多到人工处理不过来，就可以理直气壮地将"逆向交易"功能上系统了。

4. 关于 Promotion 的案例

前面几关都过了，假设你手里有一笔推广预算，如何才能让这笔推广预算的投入产出比最高，这就是分销冲刺要解决的问题了。

以笔者公司的良仓孵化器为例。我们做过一个面向创业者的类似 Mini-MBA 的培训项目，当时有很多渠道可以接触到潜在客户，不过哪个渠道好，一开始谁都不知道。于是，我们做了为期两周的分销冲刺，大家分头向各个方向发力，直接看签约、付款的结果。有人主攻良仓已经服务过的企业高层，有人主攻良仓合伙人的朋友圈，有人主攻高校 MBA 的渠道，有人主攻商会类的渠道……两周以后，有了结论，分兵几路的人马只保留一路，合力主攻效果最好的渠道。

5. 关于 Portfolio 的案例

当年，阿里巴巴收购了盒马，为什么要把它纳入阿里巴巴的产品矩阵呢？

笔者的理解是，阿里巴巴已经有很多不错的产品，再加一个产品是为了让不同产品之间彼此赋能。

首先，盒马可以复用阿里巴巴已有的数据资源，比如，在选址时，利用阿里巴巴积累的零售数据，知道哪些城市、哪些小区用户的消费能力与盒马比较匹配，消费的商品在盒马有供应链优势。

其次，盒马线下、线上产生的各种交易都是直接数字化的，可以回馈给阿里巴巴整个数据池，丰富整个电商数据，让其他产品获益。

最后，2019 年，阿里巴巴发现盒马的业务和天猫超市的业务有很大的关联性，于是又做了一些业务和团队上的整合，该增强的增强、该减弱的减弱、该砍掉的砍掉，这波操作就是通过"关、停、并、转"来提升整个产品矩阵的效率。

6. 关于 People 的案例

2021 年，互联网教育行业受到政策因素的影响，很多企业一蹶不振。但我们看到，俞敏洪带领的新东方团队带着特有的团队韧性、信念和底层方法论不断尝试，最终转行到直播电商领域并做得有声有色，这就是人才和团队给组织带来的"基业长青"。

3.5 方法论无法"包治百病"

M2V6P 是一个方法论框架，它好比盖楼时的脚手架。

我们可以抬头看一下身边的各种高楼大厦，只要它们呈建成状态，你就看不到盖楼时无比重要的脚手架。我们知道，盖好的大楼不再需要脚手架，我们也不会怀疑脚手架对盖楼过程的重要性，但日常中看着一幢幢大楼，却很少会思考盖楼时到底用了哪些脚手架、应该怎么用这些脚手架。

虽然脚手架不可或缺，但笔者也希望你不要忽视方法论的局限性。

如果有人和你说有一个适用于所有场景的方法论，那么笔者会认为要么他是一个骗子，要么这个方法论就是一堆无法落地的废话。

只有卖药的人才会说自己的药包治百病，医生则会用"诊疗循环"方法给病人治病。

任何方法论都一定有它的适用场景，比如 M2V6P 框架，在开始就能确定需求且需求不变的场景下并不必要。如图 3-2 所示，如果一开始我们就知道用户要的是什么样的跑车，那么就按照图 3-2 中的上半部分把跑车做出来就好，显然就不用一步步做滑板车、自行车、摩托车了，特别是在用户自己就很专业的时候。

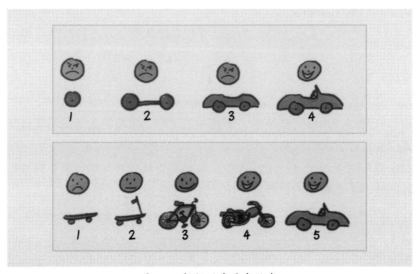

图 3-2　根据用户需求做车

我们在做产品创新时，更是经常碰到下面的局面。

第一轮：

用户：我需要一个交通工具。

我们：能多说几句吗？说具体一点儿。

用户：我也不知道，不然你先做一个给我看看。

我们：看看，这个滑板车怎么样？

用户：嗯嗯，最好能方便地控制转向。

第二轮：

我们：加一个龙头把手，如何？

用户：要一直站着吗？挺累的，希望可以坐着。

第三轮：

我们：这个自行车能满足你吗？

用户：前进完全靠自己踩啊，能不能给点动力？

第四轮：

我们：嗨，摩托车，给油就走。

用户：偶尔还会带个人，坐起来得舒服点。

第五轮：

我们：客官，这是你要的敞篷跑车？

…………

这样做的关键就在于速度快、成本低，尽量用现成的方案和竞品做出一个"缝合怪"去刺激用户，让用户告诉我们应该怎么调整。

1982 年，有人在乔布斯的办公室里问他做不做市场调研，他说：不，因为用户也不知道自己需要什么，直到你把产品拿到他的面前，他才会跟你说"这不是我想要的"。

而在笔者看来，这就是乔布斯做调研的办法——先用产品去刺激用户，然后进行调整。那么，关键点就是如何降低每一轮产出物的成本。

乔布斯说的"不要听用户的"，笔者的理解是"用心听，不照做"。

而方法论另一个很容易被忽视的要点是，其只能用来提高下限，却无法提高上限。在探索产品改进方向、新业务的时候，不少企业都希望有一套方法论来严格推导出最优选择，经过多年的尝试，笔者基本已经放弃了这个不切实际的幻想。

方法论只能告诉我们哪些方向是大概率要失败的，即方法论可以帮助我们避开"天坑"，做减法。具体一点，M2V6P 方法论可以帮助我们更早发现错误，从而减少时间、人员、金钱的损失。这有点像很多伟大的球星，通过日常的刻苦训练增强体能，做好每一个基本动作，成功的概率就自然提升了。

因此，笔者会说：我作为产品创新顾问有点像"职业杀手"，任务是根据 M2V6P 把明显不靠谱的产品"杀死"在摇篮之中。我的任务完成后，产生的结果就是资源被释放，并且能够自然流向成功概率更高的地方。

提高下限可以利用方法论，那么突破上限该怎么做？

貌似运气、灵感、情怀这些更重要。举个最简单的例子，笔者在做咨询的时候，很关注现场讨论的气氛，大家的情绪也很重要。在聊到某些方向的时候，如果多数人眼里无光、心中没火，只关注数字计算，那么估计这些方向是成不了的。

3.6 最后再聊聊"低成本"

低成本产品创新在顺风和逆风的大小环境下的意义不同，我们可以套用项目管理的"TRQ"目标，也就是时间（Time）、资源（Resource）、质量（Quality）。

顺风时，重点是要快，用更短的 T，即迭代周期占得先机，抢夺稍纵即逝的时间窗口，这时候时间成本更高；逆风时，重点是要给自己更多"下注"的次数，降低每次尝试的资源消耗，即 R，"留得青山在，不怕没柴烧"。对于 Q，在低成本的逻辑下，我们守住底线就好。

这几年，创新的大环境不太好，面对新冠疫情、经济状况、国际局势等带来的挑战，很多组织不敢投入资源做产品创新，毕竟，创新的 ROI（Return On Investment，投资回报率）很难预料。

此时此刻，先"活"下来才是最重要的，把资源多投在已有确定性的产品上，无可厚非。

但长期来看，所有的趋势都可能是周期的一部分，即所谓的"凑近了全是趋势，拉远了都是周期"。

第一曲线总有衰退的一天，如果始终没有对第二曲线的探索，组织必然会逐渐消亡，就算熬过了冬天，春天来了也和你没关系。

而且，在萧瑟中保持着创新的探索更像一缕微光，一种希望，一颗种子，给我们和团队带来温暖与信心。

最后思考一个问题，有不用考虑"低成本"的时候吗？

笔者想：也是有的，比如一些需要"不惜一切代价"的项目，你看，"低成本"这几个字也有局限性。

惟客数据湖仓一体化实践

4.1　背景

近年来，随着互联网、大数据、云计算、人工智能、区块链等技术的快速发展，信息技术在国民经济和社会发展的各个领域都得到广泛应用，各类企业在技术创新与鼓励信息化政策的加持下纷纷加入数字化转型的浪潮中。在中央网络安全和信息化委员会印发的《"十四五"国家信息化规划》中明确指出将推动数字经济与实体经济融合发展，以数字化转型整体驱动制造业、服务业、农业等各产业实现数字化、智能化生产，数据已成为企业重要的数字资产，通过数据驱动企业的内部管理与外部管理提效。

惟客数据是以大数据和 AI 为核心的数字化产品供应商，主要为地产、汽车、泛零售、金融等行业的企业提供基于数据驱动的客户经营服务，目的是助力企业实现客户经营数字化和资源管理数字化，增加企业收益。惟数云是一款基于大数据分布式计算和存储底座搭建的一站式数据开发平台，其产品服务了各个行业的众多头部企业，为这些企业构建了高效、完善的大数据处理能力。随着企业业务的不断发展与变化，惟数云为了满足企业需求和解决企业问题不断进行技术升级，一步一步向湖仓一体架构演进。

4.2　惟客数据湖仓一体的演进

1. 惟客大数据技术的历史状况

最初，惟客数据的中台产品——惟数云的架构是基于 Hadoop 生态体系构建而成的，在存储方面使用了分布式文件系统 HDFS（Hadoop Distributed File System），首先利用自研的数据同步工具 Data-in 定时同步业务系统的数据到数据中台，然后利用不同的数据处理引擎分别进行离线和实时计算的加工。

离线数仓（数仓为数据仓库的简称）的加工采用 Hive 作为离线数仓工具，以 Tez 为数据计算引擎的架构方案，每天定时对数据进行加工和处理并给到业务方，如图 4-1 所示。离线数仓的数据采集、计算任务的调度周期大多数都以天为颗粒度。为了能够在第二天上班前计算好报表数据，数据采集任务都集中设置在凌晨执行，因此凌晨成为资源消耗的高峰期。针对需要实时处理的场景，需要再投入大量资源建设一个实时数仓；由于离线与实时使用的技术栈不统一，因此系统需要投入更多的资源来维护。这种数仓架构存在诸多弊端：首先，每天将数据全量同步给数据库，给数据库造成非常大的压力，增加了业务系统的不稳定因素，同时也给集群的存储带来较大的成本压力。其次，集群的资源利用率不均，主要体现为凌晨高峰期资源紧张，经常出现作业排队的情况，但在白天资源大部分都处于闲置状态。这种高度集中的调度作业会使资源高度负载，作业的失败概率也会上升，如果出现关键作业失败，则会直接导致当天的数据报表无法使用。因此，为了保障数据能够被正常计算出来，需要安排专人值班，加重了相关人员的工作负担。

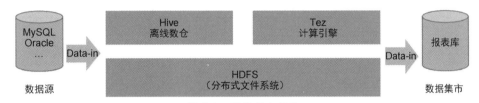

图 4-1　离线数仓架构

惟数云在实时数仓上采用的是 Lambda 架构，设计之初是为了在处理大规模的数据时，同时发挥流处理和批处理的优势。通过批处理提供全面、准确的数据；通过流处理提供低延迟的数据，从而达到平衡延迟、吞吐量和容错性的目的。Lambda 架构有实时链路和批处理链路两条数据链路，数据采集使用流式同步工具，数据流实时地流向两条链路，Lambda 架构如图 4-2 所示，实时数仓使用 Canal、Debezium 等 CDC（Change Data Capture）工具。批处理链路的数据会落地到 Hive 数仓；实时链路为了提升数据使用的可重复性，将数据写入 Kafka 消息队列。在实际的业务场景中，一般企业的做法是同时利用 Lambda 和离线数仓两种方式搭建架构。这种架构的缺点是引入的组件多、架构复杂，维护成本高；实时计算和批处理的计算结果不一致会导致数据质量等问题；存在两个编程接口，需要开发两套程序，增加了开发人员的工作量与代码的维护难度。

图 4-2　Lambda 架构

2. 惟客大数据技术遇到的挑战

随着惟客数据所服务客户业务的复杂度不断提升，数据计算任务随之不断增加，这在应用层面上对惟数云的技术提出了新的挑战。

（1）离线和实时的任务分离。数据开发人员需要维护两套不同的技术代码和任务：基于 Flink 的实时采集运算和基于 Hive 的离线任务调度，使数仓的开发、使用、运维都有诸多不便。同时，也会导致数据计算冗余。Flink 处理当天的实时数据，每日凌晨离线的 Hive 又将业务系统白天产生的数据重新加载一遍进行批量计算，这样同一份数据在实时计算与离线计算中分别被存储起来，增加了额外的存储成本，而且因为离线计算需要在每日新增数据全部被重新采集后才能进行数仓模型的运算，所以就使得前端数据指标的计算时间被压缩。

（2）历史数据更新困难。在传统企业中，由于交易性数据业务的特殊性，需要更新历史订单数据，Hadoop 并不支持对行级数据的单独更新和删除操作，因此需要将历史数据与变动数据进行全量匹配才能找出更改的部分，需要将历史数据与变动数据进行重新合并才能实现数仓中的数据与业务系统中的数据的一致性，这样通常会因为对一小部分历史数据的更新而把上千万条历史数据进行重算，大大浪费了服务器的资源。

惟数云团队秉承技术适配业务优先的原则，需要寻找更优的技术方案来解决这些问题。

3. 数据架构技术发展阶段

随着企业业务与技术的发展，大数据架构也经历了数据仓库、数据湖、湖仓一体三个发展阶段。

数据仓库之父比尔·恩门（Bill Inmon）在 1991 年出版的 *Building the Data Warehouse* 一书中提出了数据仓库的概念，这一概念被广泛接受并发展成为行业标准。数据仓库主要满足了企业内部业务部门对经营数据局部数字化分析的需求，让结构化数据能够被标准化加工处理和分析应用。

2011 年，伴随着大数据技术的发展，衍生出基于"数据湖"的大数据架构技术，典型的开源技术是以 Hadoop 提供分布式存储和分布式计算为基础的大数据架构中的"数据湖"技术。数据湖的特点：数据存储的格式灵活多样，针对结构化、非结构化的原始数据都能进行很好的兼容，强调存储与使用的灵活性和兼容性，方便使用者随取随用。

湖仓一体的概念于 2020 年被首次提出，指将数据湖与数据仓库的架构进行融合，是一种将数据湖的灵活性和数据仓库的易用性、规范性、高性能结合起来的新型融合技术，这项技术既满足了数据仓库的规范化建设，也体现了数据湖使用的便捷性。

4.2.1 湖仓一体技术趋势

湖仓一体技术的核心思想是将数据仓库和数据湖之间进行联通，实现数据存储和计算架构的统一化与标准化。同时，数仓一体技术还能够支持多种数据类型的存储和访问，并通过提供统一封装的接口实现数据之间的共享。湖仓一体技术的最大优势在于，它兼具了数据仓库的高性能和标准化管理能力及数据湖的灵活性与扩展性。它能够充分利用现有的数据资源降低数据管理的成本，同时提高数据分析与挖掘的效率和精度。通过湖仓一体技术的应用，企业可以更加高效地管理数据资源，优化数据应用的质量和效果，进而实现更高的数据价值。同时，随着数据的不断增加和多样化，传统的数据管理方式已经不能满足企业的需求，采用湖仓一体技术可以更好地应对这些挑战，拓展数据应用的领域和范围。

通过将数据仓库构建在数据湖上，让存储变得更为廉价，降低了企业的存储成本。湖仓一体架构能充分发挥数据湖的灵活性与生态的丰富性，也能兼顾数据仓库的成长性，以构建企业级的数据管理能力。湖仓一体架构能够帮助企业建立数据资产，实现数据业务化，进而推进全线业务智能化，实现企业在数据驱动下的数据智能创新，全面支撑企业未来大规模的业务智能落地。

提到湖仓一体的架构，就不得不提到业界流行的"数据湖三剑客"：Delta Lake、Apache Iceberg 和 Apache Hudi，这三项技术的设计初衷都是为了解决企业在实际业务场景中遇到的数据处理问题，但是由于设计思想不同，它们有各自的优劣和不同应用场景下的定位。

Delta Lake：它的设计定位于流批一体的数据处理，是 Databricks 公司基于 Spark 推出的数据湖方案，增强 Spark 在流批处理场景下支持数据库事务的 ACID〔ACID 是指数据库事务正确执行四要素的首字母缩写，原子性（Atomicity，或称不可分割性）、一致性（Consistency）、隔离性（Isolation，又称独立性）、持久性（Durability）〕能力。早期，客户在建设实时数仓时通常采用 Lambda 架构，该架构的实时场景使用 Kafka 作为存储层，流批处理任务都从 Kafka 获取数据进行分析处理。这种情况存在一些问题：Lambda 架构方案需要的组件多、架构复杂，Kafka 存储能力有限；缺失全局的 Schema 规范，上下游处理时导致 Schema 不一致；数据操作过程没有 ACID 保障，可能会读到中间状态的数据；不支持历史数据更新。为此，Databricks 公司推出了 Delta Lake 方案来解决由 Lambda 架构维护实时、批量两套数据处理逻辑带来的重复开发、数据口径不一致、架构复杂等问题。

Apache Iceberg：Apache Iceberg 技术定位于高性能的分析与可靠的数据管理，其设计目标是一种开放通用的表格式实现方案，可以认为是介于上层计算引擎和底层存储格式之间的一个中间层，通过定义数据的元数据组织方式向计算引擎提供统一的类似于传统数据库中"数据表"的语义。Netflix 公司早期基于 Hive 构建数据湖方案，但发现 Hive 在设计上存在诸多不足，如 Hive 分区颗粒度太大，分区的数据文件多；在执行简单查询时，分区裁剪阶段耗时长；依赖外部数据库存储信息；处理流程烦琐，先要通过数据库获取分区信息，再通过 HDFS 在每个分区上按目录遍历所有文件。当文件很大时，这种遍历非常耗时。因此，Netflix 设计了自己的轻量级 Apache Iceberg 数据湖方案。在设计之初，Apache Iceberg 的定位是一个通用的数据湖方案，因此在架构上做了高度抽象的设计。

Apache Hudi：Apache Hudi 是 Uber 基于自身的业务特点发明的一个增量处理框架，以低延迟和高效率为业务关键数据管道提供动力，目的是解决 HDFS 增量的更新能力。Hudi 通过对文件的插入更新和增量拉取两种方式来实现流式入湖和增量更新的功能。Uber 的核心业务场景是将线上业务库的数据实时同步到数据中心，供上层业务做分析处理。Uber 的早期方案也是基于 Kafka 做数据处理，这种设计最大的问题是无法快速 Upsert 存量数据。为了解决数据的更新问题，Uber 团队在设计 Hudi 时，提供了 COW（Copy On Write）和 MOR（Merge On Read）两种数据格式。其中，MOR 表是为快速更新而设计的；COW 表在写入时将新数据和旧数据合并后再写入全量数据，写入延迟高。

上述三种数据湖技术均通过不同的方式实现了支持事务的 ACID 特性、多种存储类型（HDFS、对象存储），适配多种主流计算引擎（Spark、Flink）、模式演化、开放数据格式（Parquet、Arvo），历史数据回溯等。三种技术的实现逻辑均是数据湖和数据存储的中间层，核心管理能力都是基于 Meta 的元数据文件，通过统一的处理语言来实现处理和更新底层不同类型的数据文件。Meta 文件的作用类似于数据库中的 Catalog 和 WAL，能够管理 Schema、事务等。Meta 文件包含大量的元数据信息，基于这些元数据信息，数据湖技术可以实现数据表的 Schema 演化、事务 ACID 的支持等核心特性。由于 Meta 文件的内容每次发生变更都会生成一份全新的 Meta 文件，因此存在多个版本的 Meta 文件，这样系统在上层功能就可以实现数据的多版本控制。数据湖技术通常都会强依赖这些 Meta 文件来管理表信息，若 Meta 文件被删除或者存放的目录被更改，数据就会受到永久破坏。

4.2.2　湖仓一体实践案例

湖仓一体采用经典的分层架构模式，这是运用最为广泛的一种架构模式，具有高内聚、低耦合的特点，可以降低数据存储的耦合，各层承担各自的职责，结构清晰、可扩展性高。惟客数据基于 Hudi 的湖仓一体顶层架构设计分为三层：数据存储、资源计算和数据应用，如图 4-3 所示。每一层都专注于各自的领域，实现最佳技术组合与实践；由于技术栈的高度标准化，每一层都覆盖了前沿的创新技术，从技术产生的作用这一维度，每一层又可细分为多层。综合以上湖仓一体架构设计思想所遵循的标准化、规范化、精细化、敏捷等特点，企业可以灵活选择最优的方案。但是，由于湖仓架构设计覆盖面广、技术栈众多、技术细节复杂，因此企业在推动建设"湖仓一体"数据中心之前，需要充分考虑当前的业务场景、发展规模、企业的中远期战略规划等综合因素。

图 4-3　惟客数据湖仓一体顶层架构设计图

　　在引入 Hudi 之后，惟客数据湖仓一体不仅可以统一对接各种格式的数据（包括结构化数据和半结构化数据）存储，并且支持 OSS、S3、HDFS 等存储系统，而且还可以提供对 ACID、表结构的变更。另外，基于对 Snapshot 读取不同历史版本数据等功能的支持，惟客数据湖仓一体不仅可以管理数据湖的存储，而且还可以做到对原有数据仓库进行统一管理，在表结构层做到统一入口，图 4-4 所示为基于 Hudi 架构的数据文件合并原理图。

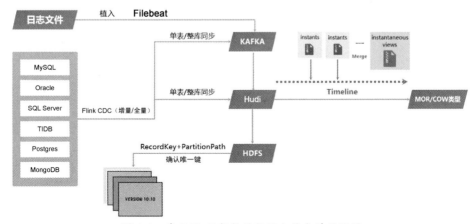

图 4-4　基于 Hudi 架构的数据文件合并原理图

惟客数据中台的湖仓一体架构基于 Flink CDC、Hudi、Hive、Presto 等技术实现数据实时、增量入湖的能力，同步方式支持单表、多表、整库多种模式。数据源类型支持行业主流的数据库，如典型的 MySQL、Oracle、MongoDB 等数据库。通过 Flink CDC 技术监听数据库的归档日志，在上层业务增加、更新数据库之后，同步任务会先接收到数据变更事件，再通过数据管道流向 Hudi 并最终落地形成文件。Hudi 内核支持 ACID 特性，为了提高 Hudi 的整体读/写吞吐量，使用缓冲、增量日志追加等方式写入文件系统。Hudi 写入时会先写入固定大小的 instant 文件块，Hudi 内部会维护一个 Timeline（时间线），并记录 instant 在时间轴上的操作。在 Hudi 接收到 Compaction 合并事件后，Hudi 会启动独立作业执行合并动作，将 instant 文件中记录的更新、删除等操作合并到列式存储格式的数据文件中，供上游查询和分析使用。Hudi 整库同步能力可以将大量任务合并成一个任务，简化了任务配置。所需的资源用量有所下降，集群的资源利用率得到整体提升，为企业的数字化建设降本增效。

4.3　商业地产建设案例

1. 建设背景

国内某头部商业地产投资开发运营商在信息化阶段已经经历了流程信息化、业务线上化的阶段，积累了大量数据，也建设了一些数据应用平台，基于 HDFS+Hive 标准的离线架构构建了一套传统的数据仓库架构，所有指标、画像、标签、业务数据的时效都是 T+1 天。但是随着业务复杂度的提升，业务团队对 IT 部门处理数据的要求越来越高。另外，在业务发展到一定规模以后，离线数据的缺点愈发凸显，计算延迟严重，数据无法及时与业务数据源保持一致，比如当业务人员修改数据时，如何及时更新使数据湖的数据与业务库的保持一致；当业务用户需要及时查询数据进行分析时，线上数据如何快速准确地与线下数据融合，这一系列问题使得旧的数据架构已经无法满足用户的诉求。IT 部门负责的项目众多、覆盖面广，面对迅速增加的数据量，该部门无法满足数据时效的更高需求。为了解决这些问题，IT 部门实施了惟客数据基于湖仓一体的数据中台解决方案。

2. 湖仓一体的落地

由于客户已经自建了 HDFS，并且在旧架构的基础上有一定的数据建设基础，因此惟客数据需要提供一套可融合的技术架构来对旧架构进行升级。基于 Hudi 支持快速 Upsert、流式写入、CDC 增强、增量 ETL [ETL 为 Extract（抽取）、Transform（转换）、Load（加载）的缩写]、模式演化等技术的特点，在对技术的吻合度，以及如何更好地与客户业务场景配合等进行多方面的考虑之后，我们设计了基于 Flink CDC + Hudi 的技术架构，其能实现数据的实时秒级同步，针对变动数据进行增量更新，数据采集的方式包括单表和整库，从架构设计上充分保证数据与数据源的一致性。图 4-5 所示为基于商业地产客户的湖仓一体架构图。

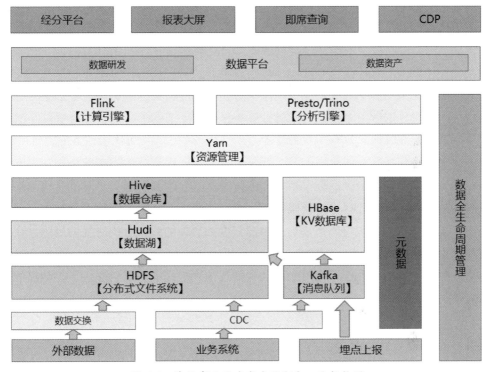

图 4-5　基于商业地产客户的湖仓一体架构图

　　这种设计降低了数据同步的资源压力，可以让数据从下层存储架构基于客户已有的 HDFS+Hive 技术复用以前的建设成果。数据湖技术选用的是 Hudi，Hudi 基于增量数据管道来构建流式数据湖，开源社区活跃，近些年与 Flink 的集成也愈发成熟，该技术具有成熟性和稳定性的特点。同时，Hudi 内置的很多功能可满足各种实时场景。Hudi 的增量更新能力搭配 CDC 工具，以流式形式实现实时采集数据，规避了因离线定期将全量数据同步给数据库所造成的压力。由于增量同步方式只存储一份数据，因此降低了存储成本。

　　为了创建和管理基于湖仓一体的大数据运算任务，惟客数据中台构建了集数据开发、数据质量管控、数据安全管理、数据服务能力等功能于一体的一站式数据开发及管理平台，通过对底层复杂的大数据技术的封装形成低代码的开发能力，以减少底层复杂的技术环节，在保证数据安全的同时，利用平台的低代码能力让数据开发人员可以快速、专注地面向业务需求的数据进行开发和运维；实现了敏捷开发、质量管理、安全保障的目标；对企业数据进行统一管理与运营，提升了数据质量和交付效率，能更快、更准、更便捷地获取与使用数据。

通过对该企业数据仓库架构的升级，提高了数据计算和存储的效率，节约了画像标签及数据报表的产出时间。以前，基于离线计算的报表和标签，由于需要进行针对历史数据的更新，因此每日不得不刷新近百张数据表，其中有些数据表的数据量达到数千万行，历史数据从采集到合并的过程耗费近 4 小时的计算时间。在采用了湖仓一体架构之后，利用 Flink CDC 可以捕获历史变动的单条数据，并实时更新到数据湖，让数据湖中的数据无须经过快照匹配就能与数据源保持一致，整个计算过程大大缩短，给后续大批量的画像标签与报表计算节约了时间，充分保障了第二天数据产出的准时性。

在未升级到湖仓一体架构前，运营人员每天都要观测整体的运营数据，以便及时对业务进行调整。由于旧数据不支持更新操作，因此每间隔一小时都要将新增数据接入，与历史数据进行比对形成最新快照供前端查询，但由于数据量过大，基于 Hive 的分析查询效率较慢，所以前端用户获取到最新的数据有小时级的延迟。在升级到湖仓一体架构后，Flink CDC 的及时入湖及上层 Trino 的快速访问和计算能力，使数据在业务系统中更新后，10 秒之内就能反馈到前端业务运营报表上，数据的及时性得到大大提升。

4.4　总结

企业在从信息化到数字化转型的过程中，数据已经成为企业重要的资产，并且随着业务的发展，数据量还在不断增加，未来针对数据的管理和处理都会给企业和 IT 人员带来巨大的挑战。企业如何通过存储和处理这些数据来进行数据驱动和价值挖掘，将会是数字化转型中的一个重要课题。在经历了数据仓库、数据湖到湖仓一体的技术演进之后，湖仓一体技术也逐渐成为当前主流的解决方案。这一技术在众多数字原生的互联网企业及非数字化原生的企业中均发挥着重要的作用。对于当前希望通过数字化转型不断追求卓越的企业，利用湖仓一体的大数据存储架构能够更合理、更高效地使用数据、挖掘数据的价值、支撑业务的发展。湖仓一体技术在数字化转型过程中将会起到关键作用。

开源云计算软件技术创新实战

云计算的发展催生了对软件开发思路的创新，软件开发思路的创新也深刻地影响着云计算软件的协同开发与合作。本章的内容包括两部分：软件开发从 CI/CD 到 DevOps 的创新思路和开源云计算软件技术的功能开发与创新。在第二部分里，首先，介绍开源云计算软件的上半场——开源基础设施，主要围绕计算、网络和存储三个方面展开，主要包括 OpenStack 功能开发和 PCI SR-IOV（Peripheral Component Interconnect Single Root-I/O Virtualization）功能创新案例；其次，介绍开源云计算软件的下半场——云原生技术，主要包括编排项目 Kubernetes 功能开发和自动扩展方案创新，以及服务网格项目 Istio/Envoy 功能开发和它使用双向传输层安全协议的安全增强及性能优化案例；最后，对云计算技术的发展趋势进行展望。

5.1　从 CI/CD 到 DevOps 的创新思路

随着人类科技的不断发展，个人计算机和互联网的相继问世，我们已经进入了全民拥抱信息化的时代。现在，没有一家企业或个人可以离开信息技术，各家企业都把计算机作为业务辅助工具，上云及数字化转型成为企业信息化的新目标，以此提升生产效率，降低运营成本。这些转变都离不开软件，软件从零到最终交付，主要包括设计、编码、构建、测试、发布、部署、运维等阶段。

在计算机软件技术发展的初期，由于软件规模不大，程序都比较简单，一个工程师或几个工程师之间的简单协作，就可以完成软件工程的所有阶段，他们既可以做开发，又可以做测试和部署。但是，随着软件技术的日益发展，软件规模逐渐扩大，且复杂度不断攀升，一个人或一个小团队已然无法胜任上述的工作。因此，软件工程师要根据工作重心进行精细化分工，主要分为开发、测试和部署三大职责：首先由软件开发工程师编写代码，然后交给软件测试工程师进行各种测试，最后将发行版交给软件运维工程师部署和维护。这就是我们俗称的瀑布模型，即在上一个阶段的工作完成之后，再进行下一个阶段的工作。

但是，软件项目不可能是单向发展的。有的时候，客户会有需求变化，对项目的功能进展也会有反馈，客户反馈会直接影响软件项目的后续发展，而且软件产品也会有 Bug，需要改进功能和提升性能等。随着时间的推移，一方面客户对软件的需求不断增加；另一方面周期却越来越短，项目交付日期临近。在这种情况下，瀑布模型逐渐变得无法满足需求。这时，敏捷开发模型应运而生。敏捷开发模型是一种能应对快速变化需求的软件开发能力模型。简单来说，就是把大项目分解成许多小项目，把大里程碑点变成许多小里程碑点。

敏捷开发大幅提高了软件研发团队的工作效率，加快了版本的更新迭代速度。它可以帮助研发团队更快地发现问题，更快地将软件产品交付到客户手中，也可以更快地得到客户的反馈，进而更快地响应相关变化。敏捷开发每次带来的版本变化比较小，带来的项目风险会更小。但是，敏捷开发的效果仅限于软件开发环节，即只影响开发人员和测试人员。在企业上云的大背景下，对于运维人员，就需要DevOps。

DevOps 其实是开发（Development）和运维（Operation）两个词的英文组合。它是一组过程、方法与系统的统称，用于促进软件开发、技术运维和质量保障部门之间的沟通、协作与整合。从目标来看，DevOps 就是让开发人员和运维人员更好地沟通合作，通过自动化流程使软件生产的整体过程更加快捷和可靠。在执行DevOps 时，有几方面需要考虑：首先是思维的转变，如开发人员一般认为"我们都没错，要错也是客户用错了"，运维人员一般认为"稳定性压倒一切""不做就不会错"。如何消除他们互相推诿、排斥变化的思维是一门艺术，而 DevOps 不仅是对组织架构的变革，更是对企业文化和思想观念的变革。其次要根据 DevOps 思想重新梳理全流程的规范和标准。例如，在 DevOps 的流程下，运维人员要在项目开发期间就介入到开发过程中，了解开发人员使用的系统架构和技术路线，从而制定合适的运维方案。而开发人员也要在运维的初期参与到系统部署中，并提供系统部署的优化建议。

因此，DevOps 不仅是一种软件方法、一种工具，更是一门艺术、一种哲学思想。伴随着 DevOps 出现的还有 CI/CD 的概念。

CI/CD 是一个面向研发团队和运维团队的解决方案，主要针对集成新代码时引发的问题。CI/CD 可以让持续自动化和持续监控贯穿于软件应用的整个生命周期，即从开发、集成和测试阶段，延伸到交付和部署阶段。

那么，为什么说这种软件开发思路的转变是云计算技术催生的？除上述我们提到的运维人员介入 DevOps 外，我们再以云原生技术为例进行阐述，CNCF（Cloud Native Computing Foundation，云原生计算基金会）对云原生技术的解释是，云原生要用一个开源软件栈解决三个问题：第一个是把软件应用程序切分为多个微服务；第二个是把每个部分打包成容器；第三个是动态地编排这些容器以优化系统资源。因此，把一个单体软件应用解耦成许多微服务，并让这些微服务在各自的容器中高效协作，是云原生的重要内容和发展方向。

过去，我们的应用程序基本上都是单体式的，所有的业务流程逻辑、存储读写、网络通信、数据库访问及用户界面操作都被放到一个可执行的文件中，这是在没有进入 DevOps 时代时，我们进行软件开发和运维的思维模式。现在，微服务架构更为盛行，所谓微服务，就是将原来黑盒化的一个整体软件应用进行拆分和解耦，将一个提供多种服务的整体拆成多个提供不同服务的个体。

在微服务架构下，不同的软件工程师可以对各自负责的模块进行处理。例如，不同人员负责不同服务模块的开发，其他人员则进行测试、部署和运维，周而复始地进行迭代。微服务架构的出现使得 DevOps 思想更加现实，更加便利。云计算中的虚拟机和容器，为每个微服务创建了不同的运行环境，也使得运行的系统之间可以相互隔离。这种服务与环境打包的方式，也加快了软件应用和服务的部署速度。

毫不夸张地说，云计算技术为 DevOps 创造了很好的前提条件，改变了现代软件的开发和交付模式，提供了一种创新思路。进一步来说，包括云计算软件开发本身，也都被这种软件开发和交付模式深刻地影响着。

5.2 开源基础设施 OpenStack 项目背景

在开源基础设施领域中，OpenStack 是绝对的领导者，这是毋庸置疑的。作为一个 IaaS 范畴的云平台，OpenStack 一方面负责与运行在物理节点上的虚拟机管理软件进行交互，实现对各种硬件资源的管理与控制；另一方面为用户提供满足需求的虚拟机。

OpenStack 主要包括 6 个核心组件，分别是计算（Compute）、对象存储（Object Storage）、认证（Identity）、块存储（Block Storage）、网络（Network）和镜像服务（Image Service）。计算组件根据需求提供虚拟机服务，比如创建虚拟机或对虚拟机做热迁移等；对象存储组件存储或检索对象（或文件），能以低成本的方式通过 RESTful API 管理大量无结构的数据；认证组件为所有 OpenStack 服务提供身份验证和授权，跟踪用户及他们的权限，提供一个可用服务和 API 的列表；块存储组件提供块存储服务；网络组件用于提供网络连接服务，允许用户创建自己的虚拟网络并连接各种网络设备接口；镜像服务组件主要提供虚拟机镜像的存储和检索服务，通过提供虚拟磁盘映像的目录和存储库，为虚拟机提供镜像服务。

OpenStack 拥有一个紧密团结了众多使用者和开发者的社区。这个社区包含来自 195 个国家和地区的超过 10 万名社区会员，以及近 700 家的企业会员。社区始终遵循开放源码、开放设计、开放开发和开放社区这 4 个开放原则。在 OpenStack 社区中，开发人员可以就架构设计进行讨论，运维人员也可以提出使用 OpenStack 的反馈意见和需求建议。与所有开源软件项目一样，在由这么多开发人员和运维人员组成的社区里同时协作修改软件代码，本身就是一件十分具有挑战性的任务。

5.3 在 OpenStack 项目中开发 PCI SR-IOV 新功能实战

曾经听说，OpenStack 的最初代码是运维人员写的，是运维人员在运营云基础设施时，发现有很多地方可以改进和脚本归纳，从而不得已将运维变成开发，就出现了早期的 OpenStack。在 OpenStack 中，DevOps 被体现得淋漓尽致。随着 OpenStack 子项目的增加，代码量也随之增加且复杂度升高，但是经过若干年的发展，OpenStack 已有一套成熟、高效的体系来保证代码的质量与项目的稳步推进。

第一是编码规范。对于达到百万行代码量级的 OpenStack 来说，它有自己的一套编码规范来约束及预防众多开发者将自己的创造力用于构建一个蓬勃发展的开源云项目。

目前，与 OpenStack 息息相关的 Python 代码静态检查工具主要有 Pylint、Pep8、Pyflakes、Flake8 等。其中，Flake8 是 Pyflakes、Pep8 及 NedBatchelder's McCabe script（关注 Python 代码复杂度的静态分析）三个工具的集大成者，综合封装了三者的功能，在简化操作的同时还提供了扩展开发接口。OpenStack 使用的代码静态检查工具正是 Flake8，并实现了通过一组扩展的 Flake8 插件来满足 OpenStack 的特殊需求，这组插件被单独作为一个子项目存在，就是 Hacking。Hacking 在注释、异常、文档、兼容性等编码规范方面，实现了近 30 个 Flake8 插件。

第二是代码评审。对于 OpenStack 来说，为了保证代码评审的有效进行，首先需要做的是把分散在全球各地的 OpenStack 开发者联合起来，借用一个联结的平台 Gerrit，让他们发表自己的意见和看法。OpenStack 也将 Gerrit 引入自己的代码管理中，且使用 Jenkins 完成自动化测试。

代码提交审核流程是，首先在本地代码仓库中做出自己的修改，然后通过 git 命令（或 git-review 封装）将自己的代码 push 到 Gerrit 下的 Git 版本库中。Jenkins 会对提交的代码进行自动化测试并给出反馈，其他开发者也能使用 Gerrit 对提交的代码给出他们的注释与反馈，其中，项目的 Core Developer 反馈权重最高（+2），如果 Patch 能够得到两个 "+2"，则表明该 Patch 将会被合并到 OpenStack 的源码树中。

由于所有注释、质疑、反馈、变更等代码评审的工作都通过 Web 界面来完成，因此 Web 服务器是 Gerrit 的重要组件，Gerrit 通过 Web 服务器实现对整个评审工作流程的控制。

第三是单元测试。概括来说，OpenStack 的单元测试追求的是速度、隔离及可移植性。对于速度，要求测试代码不能与数据库和文件系统交互，也不能进行网络通信。另外，单元测试的颗粒度要足够小，一旦测试失败，确保能够很容易迅速地找到问题的根源。可移植性是指测试代码不依赖于特定的硬件资源，能够让开发者在任意平台上运行。

单元测试的代码位于每个项目源码树的\<project\>/tests/目录下，遵循 oslo.test 库提供的基础框架规范。通常单元测试的代码需要专注在对核心实现逻辑的测试上，如果需要测试的代码引入了其他依赖，比如依赖某个特定的环境，那么我们在编写单元测试代码的过程中就必须花费相当一部分时间来隔离这些依赖，否则即使测试失败，也很难定位问题。

SUT（System Under Test，被测试系统）完成隔离的基本原则是引入测试替身，用测试替身来替代测试中的每一个依赖。测试替身有多种类型，如 Mock 对象、Fake 对象等，它们都可以作为数据库、I/O（Input/Output，输入/输出）、网络等对象的替身，并将相应的操作隔离。在测试运行过程中，当执行到这些操作时，不会深入方法内部执行，而是直接返回我们假设的值。

执行单元测试的途径有两种：Tox 和项目源码树根目录下的 run_tests.sh 脚本，通常使用的是 Tox。Tox 是一个标准的 virtualenv 管理器和命令行测试工具，可以用于检查软件包能否在不同的 Python 版本或解释器下正常安装，以及能否在不同的环境中运行测试代码，可作为持续集成服务器的前端，大大减少测试时间。

第四是持续集成工具 Jenkins。通俗地说，持续集成需要对每一次提交的代码进行从代码集成到打包发布的完整流程，以判断提交的代码对整个流程带来的影响。而这个过程中所使用的手法严重依赖于团队成员的多少、目标平台、配置等因素。例如，只有一个人面向一个平台，那么当每次有一个 Commit 时，通过手工测试就能基本知道结果，完全不需要其他更为复杂的工具与手段。

但是，对于 OpenStack 这样的项目，显然没有这么简单，它涉及一个由版本控制软件维护的代码仓库、自动的构建过程，以及一个持续集成服务器，其中自动构建过程包括自动编译、测试、部署等。OpenStack 使用 Jenkins 搭建持续集成服务器。对于一般的小研发团队，通常可能会先提交代码再运行 CI，而 OpenStack 则不同，它通过 Gerrit 对每次提交的内容进行 Review，这时，Jenkins 会执行整个 CI 的过程，通过标记"+1"，否则标记"-1"。

Jenkins 需要依托大量的单元测试及集成测试代码，单元测试的代码位于各个项目的源码树中，而 OpenStack 的集成测试则使用 Tempest 作为框架。

在我们提交代码到 Gerrit 后，Jenkins 会执行包括集成测试在内的各项测试，但有时候仍然需要我们在本地执行集成测试。比如，针对新功能 Patch 引发的 Tempest 使某些测试用例执行失败，我们需要修改 Tempest 代码（通常的做法是注释掉这个失败的测试用例，并将修改提交给 Tempest，等 Tempest 接受后，原来的 Patch 集成测试会成功通过，等到它们被相应的项目接受后再修改 Tempest 代码并提交）。

最后，在 Jenkins 系统中，还存在第三方 CI 系统。Jenkins 是 OpenStack 的官方 CI 系统，每一个 Patch 在最终合并前都必须通过 Jenkins 的测试。除此之外，还有第三方提供的许多自动化测试系统可用于验证和测试特定的 Patch，这些由第三方提供的自动化测试系统被统称为第三方 CI 系统。第三方 CI 系统也是通过 Gerrit 系统接入 OpenStack 开发流程的。每提交一个 Patch，Gerrit 就会发布一个事件，Jenkins 就会通过监听 Gerrit 事件启动 Patch 测试或者 Gate（将代码合入主干）流程。第三方 CI 系统一般都只关注某个官方项目，测试专门的代码。

第三方 CI 系统基本上都基于成熟的 Jenkins 测试系统，最基本的配置包括一个 Jenkins Master 和几个测试端，以及一个用于发布测试日志开放的 Web/FTP 服务器，测试日志至少要保留几个月。OpenStack 基础设施团队对 Jenkins 和 Web Server 的设置都有具体的规定和指导。Jenkins 官方提供了 Gerrit trigger 插件，第三方 CI 系统安装这个插件后，可以通过它连接到 OpenStack Jenkins 上接收官方 Gerrit 事件，并在 Gerrit trigger 插件内过滤出感兴趣的变化，触发 Jenkins 具体的测试。在测试完成后，需要将测试日志发布到公开的 Log Server 上，并根据测试将结果反馈给 Gerrit，同时将日志链接一并发回给 Gerrit。之后开发者就能看到测试结果并访问测试日志了。

根据 OpenStack 的官方要求，第三方 CI 系统都需要申请一个专用的 OpenStack 账号，用于接入官方 CI 系统。申请人需要确保第三方 CI 系统能反馈给社区有意义的结果，并保证 7×24 小时运行，对出现的问题要及时处理，确保 OpenStack 基础设施团队可以联系到维护人员。

下面以 PCI SR-IOV 功能为例，简单介绍其在 OpenStack 软件中的开发过程。

传统的 I/O 虚拟化方法主要有"设备模拟"和"类虚拟化"两种。前者通用性强，但性能不理想；后者性能不错，却缺乏通用性。如果要兼顾通用性和高性能，最好的方法就是让虚拟机直接使用真实的硬件设备。这样，虚拟机的 I/O 操作路径几乎和没有虚拟机时相同，从而获得与没有虚拟机环境几乎一样的性能。因为这些是真实存在的硬件设备，虚拟机可以使用自带的驱动程序发现并使用它们，通用性的问题也得以解决。但是，虚拟机直接操作硬件设备需要解决两个问题，即如何让虚拟机直接访问硬件设备真实的 I/O 空间，以及在硬件设备进行 DMA（Direct Memory Access，直接存储器访问）操作时如何访问到虚拟机的内存空间。

Intel 的 VTx 技术已经能够解决第一个问题，允许虚拟机直接访问物理的 I/O 空间。Intel 的 VTd 技术可用于解决第二个问题，它提供了 DMA 重映射技术，以帮助虚拟机管理软件的实现者达到目标。在网卡虚拟化中，VTd 技术可以直接将一个网卡分配给虚拟机使用，从而达到和物理机一样的性能，但是它的可扩展性比较差，因为一个物理网卡只能分配给一个虚拟机，而且服务器能够支持的最多 PCI 设备数是有限的，远远不能满足越来越多的虚拟机数量。

因此，SR-IOV 被引入来解决这个问题。SR-IOV 是 PCIe（PCI express）规范的一个扩展，定义了可以共享的新型设备。它允许 PCIe 设备（通常是网卡）为每个与其连接的虚拟机复制一份资源（如内存空间、中断和 DMA 数据流），使数据处理可以不再依赖虚拟机管理软件。SR-IOV 功能对云计算中的网络工作负载十分有效，它除了可以支持将物理网卡虚拟成多个虚拟设备，满足越来越多虚拟机的要求，也可以利用硬件设备加速虚拟网卡的网络处理，大大提高工作负载的网络性能，这在由运营商主导的网络功能虚拟化（Network Function Virtualization，NFV）场景中非常有用。

从技术上讲，SR-IOV 是一种硬件虚拟化技术，允许多个虚拟机共享一块物理网络适配器（即网卡），而且每个虚拟机可以获得自己独立的虚拟网络适配器。

在 OpenStack 中，PCI SR-IOV 可以帮助用户提高虚拟机的网络性能和吞吐量，降低网络延迟。诚然，由于具体的性能对比数据会受到多种因素的影响，如硬件配置、网络负载、应用负载等，因此不同的场景下性能对比数据可能会有所不同，但通过下面简单的数据对比，可以看到 PCI SR-IOV 的优势。例如，传统虚拟化技术中使用的虚拟交换机可以实现每秒约 250 000 个数据包的处理能力；而使用 PCI SR-IOV 可以实现每秒约 4 000 000 个数据包的处理能力，性能提升达到 16 倍。在基于 OpenStack 的云环境中，使用 PCI SR-IOV 可以将虚拟机的网络吞吐量提高到 10 Gbps 以上，而传统的虚拟化技术则只能实现约 1 Gbps 的网络吞吐量。另外，PCI SR-IOV 还可以减少虚拟机对物理主机 CPU 的占用，从而降低虚拟机的 CPU 消耗和响应延迟。

该功能涉及设备资源管理和虚拟网卡，我们需要对 OpenStack 的 Nova 和 Neutron 进行相应的代码修改，如图 5-1 所示。

其中，系统由 Nova 负责，虚拟网络端由 Neutron 负责。用户通过 Nova CLI 发起启动虚拟机 VM（Virtual Machine）的请求，在该请求里用户标注需分配 SR-IOV VF（Virtual Function）网卡。Nova 调度器中含有专门的 PCI 调度器，负责查询后台数据库发现的 SR-IOV 资源和具有该资源的物理主机，并与用户需求匹配。在找到对应物理主机和 SR-IOV 资源之后，使用哪种网络虚拟化技术及如何分配给 VM，由 Neutron 负责提供信息。在 Nova 负责给 VM 分配和设置 SR-IOV VF 之后，由 PCI 跟踪器记录状态和管理设备资源的使用信息。

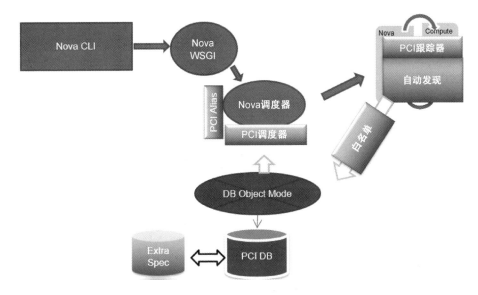

图 5-1　OpenStack 中 PCI SR-IOV 的实现

SR-IOV 在 OpenStack 中的工作流程是这样的。首先，在物理主机上配置 SR-IOV 物理网络适配器，并将其划分为多个 VF；接下来，在节点上安装和配置 SR-IOV 驱动程序，以支持 VF 的分配和管理。在 Nova 中，用户可以通过配置 Flavor 和 Image 等参数来指定虚拟机所需的 VF 数量和类型。而 Nova 分配 VF，首先要发现系统中可用的 PCI 信息，包括 VF，然后给 VM 调度分配合适的 VF，最后将这些 VF 分配给虚拟机。当 Nova 启动 VM 时，会根据与 VM 关联的网络或者 Neutron 端口信息通过 Neutron 查询端口类型，如果是 Macvtap 或者 Direct，就意味着需要给 VM 分配一个 VF。这个过程有一个天然的限制条件，就是 VF 对应的 PF 必须接入 Neutron 虚拟网络对应的物理网络中，这需要 Neutron 和 Nova 的配置互相协调。一旦获得了这些信息，在调度 VM 之前 Nova 就拥有了分配和配置 VF 接口的所有信息，Nova 调度器就可以根据这些信息寻找合适的物理主机，并在启动 VM 时通知虚拟机管理软件配置 VF 给 VM。一旦 VF 被分配给虚拟机，Neutron 就会为每个 VF 创建一个虚拟网络适配器，并为其分配 IP 地址等网络参数。用户可以通过配置 Neutron 网络和子网等参数来控制 VF 的网络连接方式和流量管理。

由于涉及 Nova 和 Neutron 两个项目的代码修改，因此还需要专门设置一套第三方 CI/CD 系统，以确保新的代码修改不会对 PCI SR-IOV 功能产生破坏。当新的代码被提交到 OpenStack 上时，Jenkins 会触发 CI/CD 系统运行，并向其他子系统发送事件。PCI SR-IOV 子系统（Intel PCI CI）也会收到该事件，从而触发 PCI SR-IOV

的 CI/CD 子系统运行，并将运行一切正常的结果汇报给 Jenkins，或报错以引起新代码作者的注意。

Intel PCI 第三方 CI 系统也是通过 Gerrit 系统接入 OpenStack 开发流程的。Intel PCI Test 只接受 Nova Patch Set Create 事件，启动针对 PCI 子系统的测试，并将测试结果通过 Gerrit 反馈给 OpenStack 社区，在该 Patch 相应 Gerrit 评审页面的 Reviewer 一栏能看到 Intel PCI Test 的测试结果，如图 5-2 所示。

Reviewers	Citrix XenServer CI Intel NFV CI Jenkins XenProject CI
	Dan Smith IBM PowerKVM CI Intel PCI CI Jay Pipes John Garbutt Mellanox CI Microsoft Hyper-V CI Moshe Levi Paul Carlton Quobyte CI Sergey Nikitin VMware NSX CI Virtuozzo CI Virtuozzo Storage CI melanie witt
Project	openstack/nova
Branch	master
Topic	bug/1512880
Strategy	Merge if Necessary
Updated	14 hours ago

Code-Review

Verified   +1 Citrix XenServer CI Intel NFV CI Jenkins XenProject CI

Workflow

Jenkins check	Aug 25 11:23 PM
gate-nova-docs-ubuntu-xenial	SUCCESS in 3m 55s
gate-nova-pep8-ubuntu-xenial	SUCCESS in 8m 42s
gate-nova-python27-db-ubuntu-xenial	SUCCESS in 13m 38s
gate-nova-python34-db	SUCCESS in 10m 57s
gate-nova-python35-db-nv	SUCCESS in 11m 41s (non-voting)

图 5-2　Intel PCI Test 界面的测试结果

第三方 CI 系统的基本架构，如图 5-3 所示。

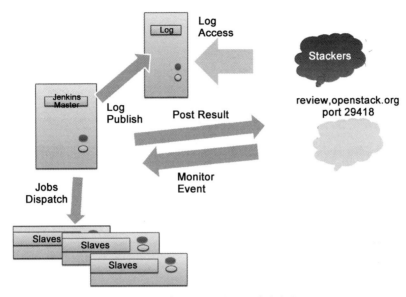

图 5-3 第三方 CI 系统的基本架构

OpenStack 官方对第三方 CI 系统，包括 Intel PCI CI，最重要的要求如下。

（1）及时处理问题，更新 CI 状态。

（2）积极参与基础设施团队的 IRC 会议。

（3）及时处理 CI 出现的各种问题。

许多企业和组织都在使用 OpenStack 的 PCI SR-IOV 功能。例如，AT&T、华为、Rackspace 等均通过使用 OpenStack 和 PCI SR-IOV 来提供高性能、低延迟的云计算服务，以支持其业务和网络服务。SR-IOV 在 OpenStack 中的应用可以为用户提供更高的网络性能、更低的网络延迟、更好的网络隔离、更灵活的网络配置等，具体如下。

- 更高的网络性能：使用 PCI SR-IOV 技术可以让虚拟机获得更高的网络性能，因为每个虚拟机都可以独立访问物理网络适配器，避免了传统的虚拟化技术中存在的虚拟交换机等网络设备的性能瓶颈。

- 更低的网络延迟：由于 PCI SR-IOV 可以避免虚拟交换机等网络设备的性能瓶颈，因此可以降低虚拟机访问网络的延迟，提高应用程序的响应速度。

- 更好的网络隔离：使用 PCI SR-IOV 可以为每个虚拟机分配独立的虚拟网络适配器，从而实现更好的网络隔离，保障虚拟机之间的安全性和隐私性。

- 更灵活的网络配置：使用 PCI SR-IOV 可以为虚拟机提供更灵活的网络配置选项，例如可以通过配置不同的虚拟网卡来连接不同的网络，或者使用不同的网络传输协议等。

5.4 云原生背景

在开源基础设施发展的同时，云计算还有另一条道路在发展，那就是云原生。相比虚拟化技术，云原生的容器技术在做到应用隔离的同时，也没有性能的损失，这是一个很明显的技术优势。因此，在注重计算性能的云计算场景中，部分用户更倾向于使用容器作为底层基础技术。当然，安全性是容器技术的短板，随后很多安全隔离增进技术也层出不穷，从不同的角度来弥补可预期的安全隐患。

2014 年 Google 开源了容器编排项目 Kubernetes，把 Kubernetes 定位为容器云环境的管理软件，从系统的整体设计上充分考虑了容器技术的特点。在资源的定义上，Kubernetes 以容器为基础元素，引入了"Pod"的概念，把运行相同应用的多个容器实例看作一个管理和调度单元，即 Pod。而一个 Pod 又需要运行在单个 Minion 中，故 Minion 可以被理解成一个主机（Host）。在一个集群中有多个 Minion，统一被中央控制节点 Master 管理。而在 Pod 的基础上，Kubernetes 又抽象出 Service 的概念，Service 是多个 Pod 一起工作提供服务的抽象。

后来，Kubernetes 被捐献给 CNCF，成为该基金会的明星项目。围绕 Kubernetes，CNCF 维护了一张云原生技术全景图，该全景图包括了与云原生相关的大部分有影响力的开源项目。在全景图中，云原生以容器为核心技术，分为运行时和编排两部分，其中运行时负责容器的计算、存储、网络；编排负责容器集群的调度、服务发现和资源管理。全景图下方是基础设施和相关的配置管理工具。容器可以运行在各种系统上，包括公有云、私有云、物理机等，同时还依赖于自动化部署工具、容器镜像工具、安全工具等。全景图上方是容器平台的应用层，类似于手机的应用商店，分为数据库与数据分析、流处理、SCM（Software Configuration Management，软件配置管理）工具、CI/CD 和应用定义，不同公司根据自己的业务需求有不同的应用体系。全景图还包含平台和观察分析。平台是指基于容器技术提供的平台级服务，比如常见的 PaaS 和 Serverless 服务。观察分析是指基于容器平台的运维，从日志和监控方面给出容器集群当前的运行情况，以方便分析和调试。

总而言之，云原生包含容器和微服务两大块内容，涵盖 Kubernetes、containerd、CRI-O、Istio、Envoy、Helm、Prometheus、etcd 等项目，各大厂商可以自由且开放地围绕云原生项目在社区讨论技术和提交代码。

5.5 在 Kubernetes 项目中开发自动扩展功能实战

相对于物理机和虚拟机而言，容器是很轻量化的技术，在等量资源的基础上能创建出更多的容器实例。一方面，当面对分布在多台主机上且拥有数百个容器的大规模应用时，传统或单机的容器管理解决方案就会变得"力不从心"。另一方面，由于为微服务提供了越来越完善的原生支持，因此一个容器集群中的容器颗粒度越来越小、数量越来越多，在这种情况下，容器或微服务都需要接受管理并有序接入外部环境，从而完成调度、负载均衡、分配等任务。简单且高效地管理快速增长的容器实例，是容器编排系统的主要任务，而 Kubernetes 就是容器编排和管理系统中的最佳选择。Kubernetes 的核心是如何解决自动部署、扩展和管理容器化应用程序。其发展路线注重规范的标准化和厂商"中立"，支持 Rkt 等不同的底层容器运行时和引擎，逐渐解除对容器的依赖。

下面就 Kubernetes 自动扩展功能修改后的创新方案进行介绍。Kubernetes 的弹性扩展是指根据应用程序的实际负载自动调整集群中 Pod 的数量。这种功能使得 Kubernetes 集群能够在负载增加时自动扩展资源，以满足应用程序的需求，同时在负载降低时释放资源，以提高资源利用率并降低成本。Kubernetes 的弹性扩展可以帮助用户实现更加高效、可靠的应用程序部署和运维。在 Kubernetes 中，弹性扩展主要通过两种方式实现：水平弹性扩展（Horizontal Pod Autoscaling）和垂直弹性扩展（Vertical Pod Autoscaling）。水平弹性扩展根据应用程序的 CPU 使用率、内存使用率或者自定义指标自动调整 Pod 副本的数量。当监控到某个指标超过预定阈值时，Kubernetes 会增加 Pod 副本数，从而分摊负载，如图 5-4 所示；而当指标低于阈值时，Kubernetes 会减少 Pod 副本数，释放资源。垂直弹性扩展根据应用程序的实际资源使用情况自动调整 Pod 的 CPU 和内存资源限制，会根据过去的资源使用记录为 Pod 推荐合适的资源配置，并在必要时重新启动 Pod 以应用新的资源配置。垂直弹性扩展可与水平弹性扩展共同工作，以实现更加灵活的弹性扩展策略。

图 5-4　Pod 级别的水平弹性扩展

Kubernetes 的弹性扩展虽然在很大程度上提高了资源利用率和应用程序的可用性，但它也存在一些诸如响应延迟、预估不准确、资源限制等缺点和挑战，其中最重要的是响应延迟和资源限制等问题，即弹性扩展在负载突然增加时，可能需要一定时间才能扩展足够数量的 Pod 来应对负载。在某些场景下，这种延迟可能会导致服务暂时不可用或性能下降，而且在扩展过程中，集群的物理资源（如节点数量、CPU 和内存）可能会成为瓶颈。如果集群没有足够的资源来满足扩展需求，那么弹性扩展可能就无法正常工作。

基于此，我们创新性地提出并实现了一种全新的 Kubernetes 自动扩展方案，此方案不需要复制 Pod 资源，只复制 Pod 的应用容器即可。这是一种针对 Kubernetes 水平弹性扩展的优化方案，主要解决了传统的水平弹性扩展在延迟响应和资源限制方面的问题，为 Kubernetes 的水平弹性扩展带来了更高的响应速度和资源利用率。如图 5-5 所示，由于复制的资源变少了，所以应用容器变多了，在某些场景下也能提高业务请求处理能力，满足了需求。

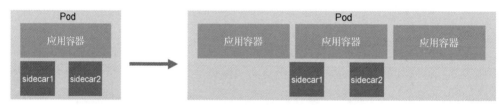

图 5-5　Pod 内部容器级别的水平弹性扩展

该方案具备以下创新和优势。

- 动态调整扩容速度：该方案利用自适应算法来动态计算扩容速度。这种算法根据实时监控数据（如 CPU 利用率、内存使用率等）和预测模型来确定何时以何种速度扩展 Pod 副本数量。这样，系统可以在负载增加时更快地提供所需资源，同时避免过度扩容导致的资源浪费。这有助于缩短响应时间，提高服务可用性。

- 突破资源限制：该方案在扩容时可以自动调整 Pod 的资源限制，使其能够充分利用节点上的可用资源。这可以通过修改 Kubernetes 资源对象（如 Deployment、StatefulSet 等）中的资源限制来实现。在扩容期间，系统会动态调整资源限制，以便 Pod 能够在需要时获取更多的 CPU、内存等资源。这有助于提高资源利用率，降低运营成本。

- 预热容器：该方案使用预热容器来减少扩容时的启动延迟。预热容器是一组预先创建并初始化的容器，它们在正常情况下保持"空闲"状态，等待接收负载。在负载增加时，预热容器可以快速切换到"运行"状态，以缩短扩容所需的时间。预热容器的创建和管理可以通过 Kubernetes 的控制器和操作器来实现，这有助于进一步缩短响应时间，提高服务性能。

- 精细化资源控制：通过在 Kubernetes 资源对象中定义资源需求和限制实现，该方案支持更细颗粒度的资源控制，允许用户根据需要为 Pod 分配不同类型的资源。在运行时，该方案会根据实际负载情况动态调整资源分配，以实现更加高效和灵活的资源管理，同时优化策略。

这种创新技术方案在 FaaS（Function as a Service，功能即服务）应用、机密计算、容器网络功能等情况下能达到优化性能的目的。初步实验证明，这种自动扩展应用的新方案可实现 2～3 倍的性能提升。

新的自动扩展方案的实现不仅涉及对 Kubernetes 核心组件（如 API 服务器、控制器、调度器等）的修改和扩展，以实现所需的动态调整、预热和资源控制功能，而且还需要深入了解 Kubernetes 的内部原理和架构，以确保与现有功能和生态系统的兼容性。为了确保代码质量和项目稳定性，Kubernetes 项目遵循一定的软件开发流程，下面介绍 Kubernetes Pull Request（简称为 PR）软件开发的简单流程。与其他开源软件项目类似，Kubernetes 的源代码托管在 GitHub 上，开发人员可以通过各种 Git 工具提交 PR，发起对 Kubernetes 代码的改动。

由于 Kubernetes 项目非常重视代码质量和稳定性，因此项目中广泛使用自动化测试和 CI/CD 来确保新代码的可靠性。Kubernetes 项目包含大量的自动化测试，包括单元测试、集成测试和端到端测试。这些测试用于确保代码修改不会破坏现有功能，并确保新功能按预期工作。在提交 PR 之后，由于 GitHub 会执行一些自动化的测试，因此，我们在开发解决方案时，要确保添加了单元测试或集成测试，以验证代码的修改和预期的一样。

就 CI/CD 而言，与 OpenStack 使用 Jenkins 和 Zuul 等通用 CI/CD 系统的不同之处是，Kubernetes 项目使用 Prow 作为主要的 CI/CD 系统。Prow 是一个基于 Kubernetes 的开源 CI/CD 系统，由 Kubernetes 项目的维护者开发和维护。Prow 的架构充分利用了 Kubernetes 的特性，如弹性伸缩、自动恢复和容器化，这使得 Kubernetes 的 CI/CD 系统能够更好地应对项目规模的增长和复杂性的增加。另外，为了使 Kubernetes 的 CI/CD 系统可以轻松地得到扩展和定制，以适应不断变化的项目需求，Prow 提供了一套可插拔的插件系统，允许维护者根据需要添加或修改 CI/CD 功能。在提交 PR 之后，Prow 会为有 /ok-to-test 标签的 PR 运行所有的单元测试和集成测试。

在提交 PR 之前，也可以在 Slack 频道上发送消息，以确认有人能帮助你审查代码 PR。对于非 Kubernetes 项目的成员，我们也需要在相关的特别兴趣组 Slack 频道中，找 Kubernetes GitHub 组织的成员对 PR 添加评论/ok-to-test 标签触发 CI/CD，否则 CI 任务不会自动执行。在测试完成之后，GitHub 也会自动为 PR 分派一些标签，以帮助代码审阅人明确自动化测试结果。如果需要，代码修改人员也可以向 PR 添加标签。在代码审阅过程结束后，审阅人会合并 PR，这样代码修改就会上线了。

5.6　在 Istio 和 Envoy 项目中开发安全增强及性能优化功能实战

就云原生而言，随着互联网场景及用户业务复杂度的提升，传统的微服务架构越来越难以满足，诸如快速变更、快速响应等应用需求，这就催生了微服务架构的进一步升级。服务网格就是一种以松耦合、低侵入性的架构服务于大量微服务，为微服务提供高性能的网络代理和安全可靠的服务间通信的新一代微服务架构。

服务网格将架构分为两部分，即控制平面和数据平面。控制平面主要负责控制和管理数据平面中的 sidecar 代理，以完成配置分发、服务发现、负载均衡、鉴权授权等多项功能。数据平面则是以上功能的实际执行方，一般以 sidecar 代理的形式与用户应用相依，作为应用代理来协调和管控应用微服务之间的网络通信。Istio 和 Envoy 两个项目就是服务网格中控制平面和数据平面的最佳实践。

Istio 是由 Google、IBM 和 Lyft 在 2017 年发起的开源服务网格框架，并在 2022 年加入 CNCF，成为社区孵化项目中的一员。它提供了一整套针对微服务的操作控制和行为探查的解决方案。作为控制平面，Istio 负责微服务间的流量管理、故障转移、身份验证等配置工作，同时也是为拓展性而设计的，充分满足了与现有 ACL（Access Control List，访问控制列表）、日志、监控、配额、审查等解决方案的集成。因此，用户不仅可以通过 Istio 自由控制流量的进出，截获故障及异常，而且也可以利用 Istio 的默认服务间通信保护协议，即双向传输层安全性（mutual Transport Layer Security，mTLS）协议，在跨不同协议和运行时的情况下实施一致的策略，还可以利用 Istio 的追踪和监控特性深入了解服务的部署。

Envoy 是 2016 年由 Lyft 开源的一款 L7 代理和通信总线，并于 2017 年加入 CNCF，目前已经成为社区中为数不多的毕业项目之一。作为 Istio 默认的数据平面，Envoy 利用本身的高级负载均衡、服务发现、健康检查、动态配置、HTTP L7 路由/过滤、L3/L4 过滤等功能，充分满足了服务网格的需要。同时，这款现代化、高性能且小体积的边缘及服务代理工具也使用了对服务透明的方式，这使得其易用性大幅上升，深受用户喜爱。图 5-6 所示为基于 Istio 和 Envoy 服务网格的基本架构。

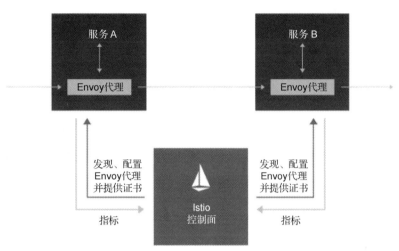

图 5-6 基于 Istio 和 Envoy 服务网格的基本架构

在介绍安全增强和性能优化两项功能之前，我们先简要阐述一下 Istio 和 Envoy 的开发流程。与 Kubernetes 类似，目前 Istio 和 Envoy 的源代码均在 GitHub 中进行托管，用户可以通过提交 PR 的方式参与两个项目的开发，并确保在提交之前，PR 已经通过项目的单元测试及集成测试。Istio 和 Envoy 项目也都默认支持 CI/CD 系统。在 Istio 项目中，CI/CD 系统由 Prow 和 TestGrid 两部分完成。当代码修改在被审核中或批准后，代码维护人员可以通过添加评论/ok-to-test 标签来触发测试。Envoy 项目则使用了 Google 测试框架来支持所有的测试内容，代码提交后会自动触发 CI/CD 系统并完成测试。一旦审核和测试通过，代码修改就可以被合入代码上游仓库。为了提高代码审核效率，两个项目均通过设立对应的 Slack 频道来提供沟通渠道，帮助开发者找到代码审阅/维护人。此外，开发人员也可以通过参与社区会议的方式，与社区维护者针对具体 PR 进行讨论，以加速代码审阅过程。

无论是控制平面，还是数据平面，服务网格都在流量控制、服务间安全及可观测性上下足了功夫。从安全的角度来说，虽然服务网格默认开启的双向 TLS 机制已经在一定程度上解决了微服务间安全连接的问题，但是这也意味着负责证书签名的证书颁发机构所持的私钥，以及验证身份时需要的私钥异常重要，它们是身份验证的基石，一旦受到攻击和篡改，后果不堪设想。如何确保这些重要资产在使用中不被攻击和篡改，彻底保障微服务间的安全通信成为接下来要解决的问题。

硬件的可信执行环境（Trusted Execution Environment，TEE）是实现安全保障的最佳选项。硬件的可信执行环境利用其保障使用态安全的特性，能够确保上述两种关键资产的安全使用。例如，使用 Intel SGX 的硬件可信执行环境技术，可以打造出可信的安全飞地（Secure Enclave），其容纳了上面提及的两种关键资产，保护了证书颁发机构所持的私钥及双向 TLS 机制中 TLS 握手过程所使用证书对应的私钥，下面详细介绍这套解决方案。

首先，我们先来了解一下如何保护证书颁发机构所持的私钥。为了保障该私钥的安全性及后续签发的所有证书的安全性，该私钥的存储和使用都需要在以 Intel SGX 为基础的安全飞地中完成。从 Istio 项目的原生设置来看，Istiod 是负责证书签发的原生组件，也就是 Istio 内部的证书颁发机构，同时，它的可扩展机制也支持由第三方机构代理完成这部分签发证书的工作。在这套解决方案中，另一个开源项目 Cert Manager 会被引入，作为证书颁发机构完成对证书生命周期的管理。通过其中实现的以 Intel SGX 技术为基础的第三方签发插件（External Issuer），Cert Manager 能够与 Istio 项目配合，实现在安全飞地内部完成与私钥相关的操作，包括私钥的存储、证书的签名等，这样就确保了服务网格的安全屏障不会受到侵害。图 5-7 所示为针对服务网格中双向 TLS 机制的安全加强。

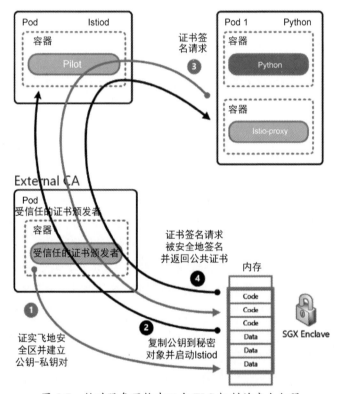

图 5-7　针对服务网格中双向 TLS 机制的安全加强

然后，来了解一下如何保护双向 TLS 机制中 TLS 握手过程所使用证书对应的私钥。该私钥主要在 TLS 握手过程中进行使用，为了保障认证过程的安全，该私钥的存储和使用都需要在以 Intel SGX 为基础的安全飞地中完成。我们在服务网格默认的数据平面 Envoy 中加入对应的安全飞地的支持，并利用硬件可执行环境的认证机制，在证书认证过程中增添对硬件安全情况的校验，进一步提升认证强度，确保服务间通信的安全。

这套安全升级解决方案在 CNCF 社区多次被宣讲并得到了不错的反馈，有些服务网格厂商也考虑采用该方案提高服务网格产品的安全性。

下面介绍 mTLS 带来的缺陷，以及一个基于硬件优化性能的方案，目前该方案已经被应用在阿里云服务网格应用服务加密通信中。

Kubernetes 为托管和编排微服务提供了一个出色的平台，但是在默认情况下，微服务之间的所有交互均要通过纯文本 HTTP 进行通信，这显然无法满足安全要求。如果只依赖网络边界来保证安全，一旦内部的某个服务被攻陷，那么边界安全手段就如马其诺防线，攻击者可以将该服务所在的机器作为跳板来攻击内网。

在私钥飞地保护中提到，基于 TLS 协议的安全数据传输可以贯穿于整个服务调用的链路中，包括外部对入口网关的 HTTP 请求、网格内部服务之间横向调用过程中的 mTLS 认证、网格内部对外部的访问请求等。但是，在目前非常流行的 Istio 项目中，Envoy 无论是作为网格入口流量网关，还是作为内部微服务的 sidecar 代理，都需要处理大量的 mTLS 请求，包括握手和数据传输。握手阶段最重要的任务是先使用非对称加密技术协商出一个会话私钥，然后在数据传输阶段，使用协商的会话私钥对数据执行对称加密操作，最后进行传输。

同时，mTLS 加密算法的应用会带来较高的资源消耗，尤其在握手阶段的非对称加解密的操作中，需要消耗大量的 CPU 资源，也会增加微服务调用之间的延迟时间和入口网关的服务响应时间，这给大规模的微服务场景及计算资源有限的边缘计算场景都带来了棘手的性能挑战方面的问题。因此，大量用户在希望通过服务网格技术实现更高的安全防护能力的同时，也对该技术所带来的性能压力心存顾虑。图 5-8 所示为服务网格中 TLS 握手所带来的时延问题。

Intel 通过对指令集的创新、微体系结构的改进和软件技术的优化，在降低和优化密码算法的计算成本方面一直处于业界领先地位。第三代 Intel 至强可扩展处理器引入了 Intel Crypto Acceleration，大大提升了加密与解密性能，能够显著加速 TLS 等流行协议的应用。Crypto Acceleration 提供了公钥加密（Public-Key Cryptography）功能，通过新的指令集 AVX512_IFMA 能够对公钥加密中常见的"大数"乘法提供支持。另外，Crypto Acceleration 还搭载了 Multi-Buffer（多缓冲区）处理技术。Multi-Buffer 是一种用于并行处理密码算法中多个独立数据缓冲区的创新高效技术，最多可支持 8 个操作请求（如 RSA 加密算法处理），每个请求都相互独立，因此可以并行处理。

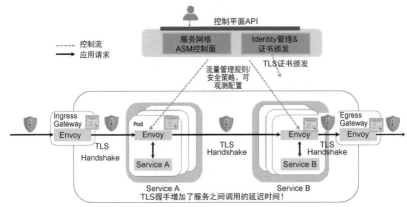

图 5-8　服务网格中 TLS 握手所带来的时延问题

目前，Multi-Buffer 技术通过集成性能基元（Integrated Performance Primitive，IPP）集成的 Cryptography Multi-Buffer Library 加密库向上对 TLS 应用提供接口调用，该库基于 Intel AVX-512 操作提供了 RSA、ECDSA 等算法的多缓冲区优化版本。

Envoy 使用的 TLS 实现库是 BoringSSL Library，该实现库提供了一个名为 Private Key Provider 的框架，用户只需按照 Private Key Provider 框架的要求实现相关的功能接口，就可以集成外部自定义的加密与解密操作实现。本方案针对 Multi-Buffer 技术实现了一个名为 CryptoMB 的 Private Key Provider 扩展。

同时，为了利用 Multi-Buffer 技术的优势并行处理 8 个加密操作，BoringSSL 的 TLS 握手过程被重构实现为异步模式。在这些异步操作中，还可以使用 AVX512 指令进行处理，大大提高了整体性能。为了平衡 TLS 握手请求处理吞吐量和时延的关系，我们还引入了一个计时器变量。当 TLS 操作满足填满 8 个缓冲区或者计时器超时两个条件时，当前缓冲的所有 TLS 操作都将被一次性处理。目前，除在 Istio 和 Envoy 上游社区集成 Multi-Buffer 技术外，该技术已经应用于阿里云服务网格产品 ASM（Alibaba Cloud Service Mesh）中，其流程图如图 5-9 所示。

（1）在服务网格控制面，通过扩展 MeshConfig 实现了对 Multi- Buffer 配置的支持。配置的信息除了包括必需的 Private Key 的文件和相应路径，还有 Private Key Provider 处理的消息、CryptoMbPrivateKeyMethodConfig 类型，以及每个线程处理队列的等待时间 poll_delay。

（2）数据平面通过结合 Intel 开源的 IPP Crypto Library 和 CryptoMB Private Key Provider 实现，ASM 服务网格实现了对 TLS 握手操作的加速，以处理更多连接，降低延迟并节省 CPU 资源。

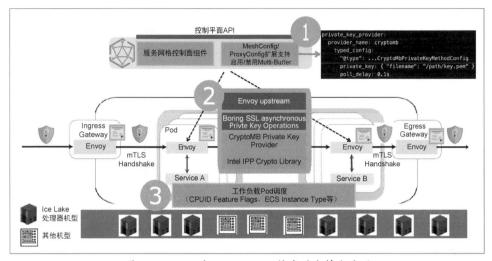

图 5-9　ASM 对 Multi-Buffer 技术的支持和应用

（3）通过检查 CPUID Feature Flags 或者机器型号，ASM 启动工作负载并把它调度到资源池中具备 Multi-Buffer 功能的物理主机上。

实验结果表明，阿里云服务网格 ASM 显著提升了 TLS 应用的性能，降低了 CPU 资源开销。同时，由于硬件资源得到更加充分的利用，用户能够降低在云实例采购等方面的成本，提升云服务网格应用的整体投资回报率。目前，搭载 Multi-Buffer TLS 加速功能的阿里云服务网格产品 ASM 已经得到广泛应用，帮助用户有效提升 HTTP/TLS 应用的请求效率。

我们通过上面两个案例介绍了在云原生服务网格中如何进行 mTLS 安全增强和性能优化方面的技术创新，并介绍了如何提交代码进入上游 Istio 和 Envoy 社区。

5.7　云计算技术的发展趋势

2023 年，随着云基础设施、网络和存储等技术发展的深入，以及以容器和微服务为代表的云原生技术的兴起，云计算的发展呈现如下趋势，也带来了新的挑战与机遇。

1. 绿色云计算

绿色云计算也被称为可持续计算（Sustainable Computing），随着云计算的普及，数据中心作为云计算的基础设施，消耗大量电力并产生大量温室气体，数据中心的能耗和碳排放问题日益严重，政府、企业和公众对此越来越关注。一方面，能源成本上升使得运营数据中心的成本增加，为降低成本，企业开始寻求能效更高的解决方案；另一方面，各国政府对碳排放的限制和法规，以及环保组织的倡导，促使企业采取更环保的措施。绿色云计算是指在云计算环境中采取节能、低碳、环保的方法和技术，以减少能源消耗、降低运营成本并减缓气候变化。绿色云计算的目标是在维持服务质量的同时，降低能源消耗和对环境的影响。

目前已有多种应用于绿色云计算的技术方案，除利用太阳能、风能、水能等可再生能源为数据中心供电，降低碳排放外，也可以利用绿色建筑设计、合理布局、高效照明等手段，降低数据中心的能源消耗；还可以采用低功耗处理器、高效内存和绿色存储技术，减少设备的能源消耗。不论是大型数据中心（如 Google、Microsoft 和 Amazon 等云计算提供商正在利用可再生能源为其数据中心供电），还是中小型数据中心都可以利用绿色云计算技术帮助企业降低能源成本，提高设备的能效，降低对环境的影响，而且采用绿色云计算技术还可以使企业在遵守法规的同时，提高竞争力和市场声誉。

在软件方面，人们通过虚拟化技术对服务器进行资源整合，提高资源利用率，从而降低能耗。在容器方面，值得一提的是 NRI（Node Resource Interface）技术可用于控制节点资源的公共接口，是 CRI（Container Runtime Interface）兼容的容器运行时插件扩展的通用框架。NRI 技术为扩展插件提供了跟踪容器状态并对其配置进行有限修改的基本机制。目前，已经有越来越多的节点资源细颗粒度管理方案开始探索使用 NRI 实现，包括为了可持续计算而管理的资源。在 NRI 成为节点细颗粒度资源分配管理方案后，可以进一步提高资源管理方案的标准化，提高相关组件的可复用性。

在冷却技术方面，人们还可以采用高效的冷却系统和设备（如液冷、自然冷却和热管技术）来降低数据中心的冷却成本。例如，2022 年浪潮宣布的浪潮服务器要"All in 液冷"。

人们还可以采用智能能源管理系统，实时监控数据中心的能源消耗，采取节能措施以优化资源分配。许多大型数据中心都在采用绿色云计算技术，以降低能源消耗和环境影响。绿色云计算已经成为一个重要的议题，越来越多的企业、政府和组织开始关注并采取措施降低云计算对环境的影响。通过实施绿色云计算技术和策略，我们可以在享受云计算带来的便利和高效率的同时保护地球环境。

2. 人工智能和机器学习

随着大数据和计算能力的发展，人工智能和机器学习技术在过去的几年里取得了显著的进展，它们可被应用于如自动驾驶、金融风控、智能医疗和智能制造等各个领域。企业、研究机构对于利用人工智能与机器学习技术解决复杂问题和提高工作效率的需求日益增长。

2022 年，ChatGPT 的流行更是把人工智能发展推向了新高潮。ChatGPT 是一款由 OpenAI 开发的大型自然语言处理模型，基于 GPT-4 架构。它可以生成自然语言文本，广泛应用于聊天机器人、自动摘要、翻译等多个领域，深刻地影响着我们的生活、工作和学习。

在这个爆发式增长的行业里，云计算为人工智能和机器学习提供了基础算力服务，云计算提供商如 Google、Microsoft 和 Amazon，不仅提供了一系列预构建的人工智能即服务（AI-as-a-Service，AIaaS），如语音识别、图像识别和自然语言处理等，使企业能够轻松集成和部署 AI 功能，而且还提供了强大的分布式计算能力，支持在多台计算机上并行执行机器学习训练任务，从而缩短训练时间。除此之外，云计算提供商还提供了基于 GPU 和专用 AI 芯片（如 Google TPU）的计算资源，为 AI 提供了强大的计算能力。

3. 云原生技术

在如今的云下半场中，如火如荼的云原生技术是云计算发展的主线。未来，随着云原生技术的发展和成熟，企业会更多地采用云原生技术，而 Kubernetes 可能会发展成为云原生应用部署和管理的事实标准。

4. 云安全

云计算的基础是资源共享，随着越来越多的企业将其基础设施迁移到云端，云安全将成为关键领域。云提供商可能会继续加大投资以确保客户的数据安全，并采取更严格的合规和隐私政策，因此未来安全服务在云计算的发展过程中会越来越重要。众所周知，数据在存储态和传输态时都已经有相应的加密机制对其进行有效保护，保障了数据的机密性和完整性，而数据在使用态时的保护正亟须新的技术填补空白。机密计算（Confidential Computing）基于硬件的受信任执行环境中的执行计算来保护正在使用的数据，同时基于建立硬件的可信执行环境，如英特尔 SGX 和 TDX，ARM TrustZone、AMD SEV/SEV-ES/SEV-SNP、RISC-V Keystone 等技术，为数据在云原生环境中的安全使用提供保障。随着容器化和微服务架构的普及，确保这些技术的安全性已成为一个关键议题。云服务提供商和企业可能会采取更多措施来保护容器和微服务，包括运行时保护、网络隔离和加密等。目前，CNCF 有 Inclavare Containers、Confidential Containers 等开源机密计算项目，它们已经成为云安全的新趋势。

5. 5G 与云计算的融合

5G 与云计算的融合为各个行业与应用带来了巨大的潜力。5G 技术提供了更高的带宽、更低的延迟和更强的连接密度，这些特点使得 5G 与云计算的融合可以大幅提升现有应用的性能，同时创造出全新的应用场景。

例如，边缘计算是一种将计算资源和服务部署在网络边缘（靠近数据源或用户）的技术。从某种意义上来说，边缘计算可以被认为是云计算的扩展和延伸。5G 的低延迟特性使得边缘计算成为现实，可以在云计算和本地设备之间实现更高效的资源分配，但是构建分布式边缘计算的基础设施工具和架构仍处于初级阶段，仍有诸多问题有待解决。国内厂商发起的 KubeEdge、OpenYurt、SuperEdge 等开源项目继续推进，通过边缘自治、云边流量治理、边缘设备管理等功能来实现云边协同。边缘计算可以减少数据传输延迟，提高实时性能，特别适用于自动驾驶、工业自动化、增强现实和虚拟现实等应用场景，这些边缘应用场景都是 5G 与云计算融合的典型案例。

再例如，在物联网（Internet of Things，IoT）领域，5G 可以支持更高的连接密度，这意味着大量的物联网设备可以同时连接到网络。与云计算相结合，物联网应用可以实现更高的数据处理能力、智能分析和远程管理，这对智能城市、智能交通和智能家居等领域具有重要意义。随着 5G 技术的不断发展和推广，5G 与云计算将形成更紧密的结合，创造出更多创新应用，为各种行业和领域带来巨大的商业价值和社会影响。可以说，5G 与云计算的融合将成为推动数字化转型和智能化发展的关键力量。

打造高效研发团队

2015 年，笔者加入特赞，带领一支小规模的研发团队。那时，特赞还在进行天使轮融资，团队最大的目标是让产品上线，并证明我们的商业模式是可行的。三个月后，团队实现了这个目标，公司的第一笔订单产生。随后，公司拿到了 A 轮融资，开启了新的征程。在接下来的两年中，团队不断研发新的产品功能，不断优化现有的产品特性，但似乎总是很难感受到研发对业务产生的直接影响。

2018 年，公司拿到了 B 轮融资，这一年是公司的重要转折点，也是公司业务和规模同步增长的重要时期。本案例是对当时团队中有价值且有意义的一些工作的总结，希望能给业界同行一些帮助，或者给大家带来新的启发和思考。

下面从组织架构、研发流程、绩效考核、团队文化几个方面，与大家探讨如何打造一支高效的研发团队。

6.1 组织架构篇

1. 矩阵式组织架构

如果研发团队的规模大于 10 人，并且希望团队以最高效的方式实现项目交付，那么不妨采用矩阵式组织架构，如图 6-1 所示。该架构能让团队更加专注于研发工作，而且整个架构的可扩展性也非常强。

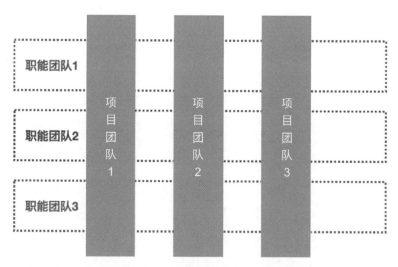

图 6-1　矩阵式组织架构图

我们将横向的"职能团队"比喻为"虚线团队"，将纵向的"项目团队"比喻为"实线团队"。矩阵式组织架构以实线的项目团队为主，以虚线的职能团队为辅，纵横交错，形成一个优雅的矩阵，横向可扩展，纵向可延伸。

2. 横向的职能团队

根据团队成员专业技能的不同，可将成员划分为多个职能团队，也称为"小分队"，如前端小分队、后端小分队、测试小分队、运维小分队等。当然，也可以根据我们面临的实际环境，灵活划分合理的职能团队。

需要注意的是，每个职能团队都必须有一名队长，但不要让同一个人担任多个小分队的队长。因为划分职能团队的目的就是将专业技能聚焦，队长的职责之一就是帮助队员在专业技能上得到成长，为职能团队赋能。

除了以上团队类型，也可以搭建更有意思的职能团队，如技术委员会。

我们需要让队员知道，能够加入技术委员会的人都是团队中技术水平最高的人，这会让加入技术委员会的人有一种荣誉感。技术委员会的成员可能来自前端、后端、测试、运维等小分队，但人数一定不能太多。

技术委员会有一名"技术主席"，也称为"技术委员长"。技术主席是整个技术委员会的权威，拥有最高的技术决策权，其他成员统称为"技术委员"，都属于"技术专家"，而技术主席是"首席技术专家"。

随着团队规模的扩大，如果团队其他队员希望加入技术委员会，则必须得到技术委员的一致认可，技术主席拥有最终决定权。加入技术委员会可能需要笔试或面试，也可以增加一些投票环节，还可以把这个过程设计得更好玩一些。

除了技术委员会，还有产品委员会和设计委员会。产品委员会的成员往往都是产品经理，当然也欢迎具备产品思维能力的工程师们加入，产品委员会主席拥有决定权。设计委员会的成员一般都是设计师，同样也包括对设计感兴趣的其他成员。

需要强调的是，委员会的成员务必要少而精，且都要有自己的责任。

可见，职能团队包括"小分队"与"委员会"两种形式，都有一名负责人。小分队的负责人是"队长"，委员会的负责人是"主席"，他们都是职能团队的核心，其首要职责是帮助成员提高专业技能，从而提高整个职能团队的战斗力。

职能团队的负责人并非空降或任命，而是由职能团队成员共同选举产生的。每隔半年，团队全员通过投票的形式，匿名选举出自己认为最称职的职能团队负责人。也就是说，职能团队负责人任期为半年，其间他们需要努力改善所负责的职能团队，让团队和队员都得到成长。

下面是绘制的职能团队的组织架构图（如图6-2所示），你也可以根据实际情况进行合理设计。

图 6-2　职能团队的组织架构图

横向关注人员成长，纵向关注项目落地，下面我们一起来搭建纵向的项目团队。

3. 纵向的项目团队

在纵向上，我们还搭建了一些项目团队，并确保这些项目团队是可以并行工作的，也就是说，他们的工作一般彼此隔离，不会相互干扰。

在业务发展过程中，难免存在一些实验性的工作。一方面，业务团队希望研发团队能够快速给出产品方案，并以最快的速度上线且投入市场，通过试错来验证业务的意义。研发团队也希望能快速响应业务的变化，以提升产品和技术的价值。因此，我们搭建了功能团队。功能团队的成员面向业务实验性的新功能进行快速研发，并确保这些功能可以尽快上线，但质量上却不能打折扣。

另一方面，已经上线的产品功能还需要在业务上不断磨合，通过不断收集用户反馈来持续迭代，只有这样才能打磨出优秀的产品。我们需要在已有产品功能上进行调优，以不断适应业务的需求。因此，我们搭建了效率团队，让他们跟踪已经上线的产品功能，并通过数据和反馈来驱动产品的不断优化。

公司的主营业务固然重要，而创新性业务会为公司带来更多的商业机会。因此，我们搭建了创新团队。创新团队是我们的"独立团"，需要为其寻找一名称职的"团长"。

此时，项目团队的组织架构图如图 6-3 所示，每个项目团队都有负责人，也可以根据实际情况将团队划分为多个项目小组，确保大家都能并行工作。

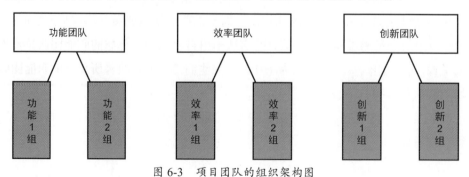

图 6-3　项目团队的组织架构图

需要注意的是，由于项目周期是变化且短暂的，因此每个项目的负责人也是动态的，可能由团队负责人来担任，也可能由团队负责人授权一名项目成员来担任，但团队负责人需要为项目最后的结果负责。

如果说功能团队的职责是实现产品功能从 0 到 1，那么效率团队的工作就是完成产品从 1 到 100，功能团队与效率团队的关系如图 6-4 所示。

图 6-4　功能团队与效率团队的关系

我们可以将实验性的功能交给功能团队来研发，将优化性的工作交给效率团队来跟踪。

各个团队对队员的选拔也十分重要。功能团队的队员要有较高的技术实现能力，尤其在做新功能的时候，需要考虑新功能对整个系统架构的影响，不仅需要新功能有较高的效率，还需要确保其有较高的质量。效率团队的队员要有较高的业务理解能力，当他们对现有功能进行优化时，需要通过业务反馈和数据表现做出正确的判断，以指导下一步的工作。

在功能团队所负责的项目上线后，该项目会被交接给效率团队，随后效率团队会对功能团队的交接情况给出评价，评价结果会影响功能团队的绩效考核成绩。关于绩效考核问题，在"绩效考核篇"中与大家探讨。

我们认为员工之间不应该存在"双线汇报"的关系，这样只会让组织架构变得更复杂。项目团队为公司目标负责，职能团队为团队成长负责。换言之，项目团队帮助公司成长，员工可拿到项目奖金；职能团队帮助员工成长，让员工实现升职加薪。

4. 小结

对于一支高效的研发团队而言，需要拥有合理的组织架构、高效的研发流程、科学的绩效考核、良好的团队文化。如果缺乏这些方面的建设，那么研发管理工作将变得痛苦且低效。我们应该做的是，从管理中追求效率，从效率中提升价值。

杰克·韦尔奇曾经说过：Before you are a leader, success is all about yourself. When you become a leader, success is all about growing others.（在你成为领导者之前，成功的全部就是自我成长；当你成为领导者时，成功的全部就是帮助他人成长。）

笔者想说：当你在赛场上踢球时，你应该考虑做一名优秀的球员；当你成为一名优秀的球员时，你应该考虑做一名优秀的教练。

从技术到管理，正是球员转变为教练的过程，我们不能停止前进的脚步。团队的成功才是我们的成功，我们的职责是给团队赋能。

6.2　研发流程篇

在研发团队组织架构搭建完毕后，接下来需要思考的是，如何让这个架构跑起来，同时还要跑得快、跑得稳。此时，我们需要定义一个高效的研发流程，还要尽可能降低研发过程中遇到的风险，确保在流程的每个环节都不能出错。

在定义具体的研发流程之前，需要从整体入手，首先把研发流程体系架构定义清楚，便于团队从全局上把控整个过程。然后，从局部入手将研发流程中所涉及的操作步骤罗列出来，便于指导团队完成具体工作。

现在，我们从整体开始对研发流程的体系架构进行探讨。

1. 研发流程体系架构

高效的研发过程应该具备"多线程"的特性，仿佛多条并行流淌的河流，上游是业务，中游是产品，下游是技术，流量取决于业务，流速取决于产品和技术。

需要说明的是，这里的"业务"其实包括两类人：一类是公司内部使用产品的业务同事，另一类是公司外部使用产品的最终用户。为了便于描述，下文统一将他们称为"业务需求方"或"业务方"，简称为"业务"。

根据"组织架构篇"可知，整个研发流程体系架构是职能团队与项目团队的有机结合，各个团队职责清晰且协作高效（如图 6-5 所示）。

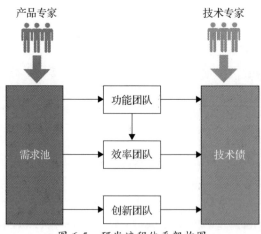

图 6-5　研发流程体系架构图

在职能团队中，产品委员会的产品专家将业务需求统一记录到"需求池"中。需求池中的每一个需求不仅要描述业务的当前现状，还要包括业务对产品的未来期望。每隔一段时间（一般是 1～2 周），产品委员会会对需求池中记录的需求细节加以讨论，并将优先级较高的需求进行立项和排期，这样项目团队可知晓近期需要实现的业务需求，整个团队的方向感也更加清晰。

需求池中一个典型的需求可包括以下字段。

（1）需求名称：用一个关键词描述，最多15个字。

（2）需求来源：该需求来自哪里，包括业务、运营、财务、法务、市场、其他等部门。

（3）业务痛点：为何要实现该需求，即业务当前的现状。

（4）需求描述：该需求的具体内容，即业务将来的诉求。

（5）渴望程度：期待上线的时间，包括本周、本月、下个月、本季度、下个季度、未来或具体截止日期。

（6）需求类型：包括新功能（从0到1）、优化（从1到100）。

（7）需求规模：包括大（两周以上）、中（一至两周）、小（一周以内）、未知。

（8）备注：对需求的补充或疑问，以便深入交流。

（9）附件：通过相关文档对需求进行补充描述。

（10）创建人：需求的创建者。

（11）处理状态：包括未处理（默认）、处理中、已处理、关闭。

（12）优先级：包括A（重要&紧急）、B（重要&不紧急）、C（不重要&紧急）、D（不重要&不紧急）、X（待定）。

（13）负责人：需求的跟进者。

在需求池比较简单的情况下，我们可以通过电子表格的方式维护，比如Numbers、Excel等；当然也可以通过在线方式进行管理，比如石墨文档、金数据等。

需要注意的是，需求池对公司全员共享，由产品委员会管理并维护，其他人员只能阅读，无法编辑。产品专家只有在和业务需求方进行有效沟通，深刻理解他们的业务痛点与未来期望后，才能将需求入池。

从需求池中挑出的高优先级需求会分别"流入"对应的项目团队，在项目的执行过程中难免会遇到技术上的遗留问题，然而团队不希望因为这些问题导致项目工期受到影响。因此，这些技术遗留问题将被列为"技术债"，技术委员会的技术专家要对技术债加以管理和跟踪，后期要有针对性地解决这些技术问题，偿还技术债。

2. 研发流程操作步骤

将需求转化为项目是一个复杂的过程，如果只是一个体系架构，恐怕就是空中楼阁，我们有必要对整个研发流程体系架构进行细化，为其设计具体的操作步骤，以便让整个流程可以顺利落地。

我们通过图6-6所示的10个操作步骤，将需求转化为产品，将产品转化为项目，并将项目顺利上线。

角色	阶段	任务	会议
产品委员会 业务代表	01 业务交流	・产品需求池分析（痛点、需求） ・需求优先级确定（分为 A、B、C、D 四类）	业务交流会
产品经理 项目负责人 设计师	02 产品调研	・客观因素分析（时间、人力、法律、政治） ・PRD 方案编写（功能、逻辑、界面、交互）	
产品经理 设计师 项目负责人 项目团队 业务代表	03 产品评审	・PRD 方案评审（业务准确性、技术可行性）	产品评审会
设计师 产品经理 项目负责人 项目团队	04 设计评审	・产品设计稿确定（定稿）	需求定稿会
项目负责人 项目团队	05 项目计划	・开发任务分解 ・项目成本估算（人力成本、时间成本） ・上线时间确定	
项目负责人 项目团队	06 项目启动	・项目需求确定（反讲） ・项目启动申请（目标、验证、成本、计划） ・项目启动通知（组内邮件）	需求反讲会
项目负责人 项目团队	07 项目执行	・前端开发 ・后端开发 ・API 测试 ・前后端联调 ・集成测试	每日站会
产品经理 设计师 业务代表	08 项目验收	・预发环境检验（功能、样式）	
项目负责人 项目团队	09 项目上线	・生产环境检验 ・项目上线通知（全员邮件） ・上线后进行演示或培训（可选）	
项目负责人 项目团队 产品经理 业务代表	10 项目总结	・项目经验总结	项目总结会

图 6-6　研发流程操作图

　　以上 10 个操作步骤涉及不同角色的人员，每个阶段都需要包含当前所要完成的任务，也涉及相关的例行会议。我们将这份操作步骤打印出来，发给每一位研发人员，并贴在会议室的墙壁上，在每日站会的时候，团队成员都能看到它。这样，慢慢就会发现，每个项目团队都具有了相同的工作习惯，大家还可以不断优化这份操作步骤。

需要注意的是，在产品调研阶段，产品经理必须了解业务的当前现状，弄清楚业务痛点。我们不妨这样做业务调研：如果产品没有某项功能，则业务人员需要花多少时间、多少人力来完成工作？当前的获客成本是多少？订单转化率是多少？产品经理需要将这些信息和数据记录下来，并丰富到需求池中。此外，在每次启动项目之前，需要知道该项目的目标及如何来验证目标。

另外，还需要定期对已上线项目进行复盘，可以通过以下"复盘四步法"来完成。

（1）审视目标：当初设定的目标是什么？目前达成的现状是什么？差异是什么？

（2）回顾过程：整个过程是如何进行的？大致分为几个阶段？每个阶段发生了什么？

（3）分析得失：哪些方面做得好？哪些方面做得不好？为什么？

（4）总结规律：再次做同类项目应该怎么做？完成该项目对未来的工作有何指导，有何规律、原则、方法论可借鉴？

使用以上项目流程与复盘方法，可确保以正确的方法将事情做正确。但是，这只能解决研发部门内部的闭环问题，似乎无法解决研发部门和业务部门之间的外部闭环问题，也就是说，研发部门和业务部门之间的高效协作问题还需要进一步探讨。

3. 研发部门与业务部门如何高效协作

这个问题也许在很多企业中都存在，毕竟业务部门和研发部门的工作性质不同，关注点也不同，因此考虑问题的方式也会不同。

业务人员心中可能会这样认为：为何研发部门总是迟迟不解决我们提出的需求？

研发人员心中可能会这样认为：为何业务部门总是迟迟不反馈我们上线的功能？

这似乎是一个"死锁"问题，彼此都在等待对方。业务部门提出的需求得不到研发部门的及时响应；而研发部门响应后，却又得不到业务部门的反馈。久而久之，业务部门和研发部门之间就会失去信任，从而严重影响企业的可持续发展。

这里，笔者向大家介绍一种新方案，它能让业务部门和研发部门得到更好的闭环，让双方的协作过程变得更加顺畅，我们称这个方案为"特赞之声"，如图6-7所示。

游戏规则

特赞之声
Tezign Voice

特赞币

- 每个部门发放固定数量的特赞币
- 提出痛点将消耗特赞币(可使用多个币表示高优先级)
- 提供反馈将获得特赞币(包括对已有功能的称赞或吐槽)
- **"脑洞"被采纳可得到特赞币**
- 特赞币数量可根据情况加以适当增发

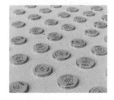

让我们用产品来安慰你的痛:D

- 目前产品还未提供支持的业务痛点
- 请描述清楚痛点及期望
- 提痛点将消耗特赞币,每个痛点最少用1枚特赞币
- 优先级比较高的痛点可通过增加特赞币来表示
- 卡片使用特赞币进行固定
- 产品委员会每两周就痛点内容进行沟通及清理

我很痛诶!

| 痛点名称 |
| 痛点描述 |
| 痛点期望 |
| 姓名 |

你提反馈的样子怎么那么好看:)

- 对已上线项目/功能提供反馈意见
- 新上线项目的反馈会在白板上有单独反馈区域及时效
- 老项目/功能的反馈在白板下方区域统一反馈
- 卡片使用普通磁铁石进行固定
- 反馈可以是称赞鼓励, 也可以是痛点吐槽
- 反馈上板后, 可申请特赞币, 1个反馈 = 1枚特赞币
- 产品委员会每两周就反馈内容进行沟通及清理

我有反馈!

| 项目名称 |
| 我的体验 □ 满足期望 □ 不满足期望 |
| 反馈描述 |
| 姓名 |

就喜欢你那深不可测的"脑洞":~

- 欢迎任何对产品有关的奇思妙想!
- **提"脑洞"不需要消耗特赞币!**
- 卡片使用普通磁铁石进行固定
- **"脑洞"被采用后,提出者有机会获得数量不等的特赞币**

脑洞太大!

| "脑洞"名称 |
| "脑洞"描述 |
| "脑洞"期望 |
| 姓名 |

图 6-7 "特赞之声"方案

在公司内部，我们制作了一种名为"特赞币"的虚拟货币，其实特赞币只是普通的磁铁贴上自制的图案而已。我们给业务部门发放固定数量的特赞币，为了避免"通货膨胀"，一次不要发太多，后期可根据实际情况适当增发。

当业务部门遇到痛点时，可在痛点卡片上手动填写具体痛点，并用特赞币将卡片固定在白板上。此时，需要消耗一枚或多枚特赞币，如果一次性使用多枚币，则表示痛点的优先级较高。在项目上线后，业务部门提供使用反馈会得到一枚特赞币，提出的反馈包括对已有功能的称赞或吐槽。

也就是说，提需求要"花钱"，提反馈可"赚钱"，这样可确保业务部门所提需求都是最大痛点。由于特赞币数是固定的，因此业务部门需要通过提反馈来获得特赞币，这样研发部门和业务部门自然就建立了有效循环。除了痛点和反馈，公司全员还可以提出"脑洞"，也就是对产品的奇思妙想，"脑洞"被产品委员会采纳后，可向提出者赠送一定数量的特赞币，可使用特赞币将痛点吸附在白板上，反馈和"脑洞"可使用普通磁铁来固定。

使用特赞之声，我们获得了以下收益。

（1）业务人员：业务痛点得到重视，得以更快速地解决。

（2）研发人员：产品价值得到更好的体现，研发人员获得更大的成就感。

（3）彼此双方：业务部门与研发部门不再孤立，形成了完美的闭环。

4. 小结

没有人愿意在一个复杂的流程上投入太多的时间，流程可以帮助我们更规范地做事情，目的是避免犯错。因此，在流程上，我们可以先简单后精细，简单才便于操作，精细才易于管理。

以上我们提到的研发流程的 10 个操作步骤只是一个参考模型，大家需要根据自身实际情况做出合理的调整，这样流程才能发挥最大的作用。否则，它可能会变成一种负担，降低我们前进的速度。

研发流程是团队的行动规范，是大家共同智慧的沉淀，只有流程高效，产出才能高效。

6.3 绩效考核篇

业务人员的绩效很容易考核，签订的订单数量和盈利多少清晰可见，很容易被衡量。对于产品研发人员来说，成本很好计算但价值却很难衡量。业务团队为公司赚钱，研发团队却花公司的钱，故研发团队就变成了公司的"成本中心"。

我们需要有一套合理的绩效考核机制来衡量并验证团队与个人的价值。这套机制需要简单易懂、操作方便，而且能通过数据说话。另外，有数据还要有对比，要与自己比较，还要与别人比较。下面结合前面的内容，针对研发团队的考核模型进行深入探讨。

1. 研发团队考核模型

由于我们的研发团队分为横向的"职能团队"与纵向的"项目团队"，所有的研发人员都在职能团队中，同时也都在所在的项目团队中体现自己的工作绩效，因此，绩效考核是基于项目团队进行的，而不是基于职能团队。针对不同类型的项目团队，需要制定不同的团队目标，采用不同的考核方式，项目团队考核方式如图6-8所示。

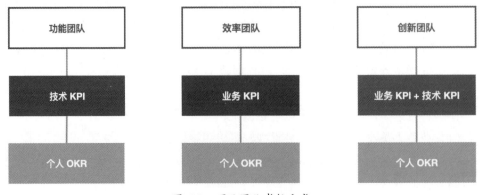

图 6-8　项目团队考核方式

其中，项目团队都有共同的考核部分，那就是个人 OKR（Objectives and Key Results，目标与关键结果）。它包括两方面：一方面是个人成长，另一方面是团队贡献。个人成长又包括专业技能和综合技能两方面：专业技能是"硬技能"，综合技能是"软技能"。个人是否能得到成长，取决于和曾经的自己做比较，而非与他人做比较。团队贡献包括的方面较广，比如技能培训、经验分享、偿还技术债、制定并落地规范、组织团队活动等。

需要注意的是，个人 OKR 需要个人结合团队目标来定义，由个人所在职能团队来评审个人 OKR。也就是说，OKR 是自底向上的，而 KPI（Key Performance Indicator，关键绩效指标）却是自顶向下的。此外，我们认为 OKR 和 KPI 不冲突，还能相辅相成。将 OKR 与 KPI 有效结合，不仅可以激励团队成长，还能促进团队完成公司的核心目标。

对于功能团队而言，他们的目标是确保以最快的速度让项目高质量地上线。然而，速度和质量往往是相互制约的，速度太快，质量一般不会太高。也正因如此，我们才需要对功能团队的速度加以限制，否则项目上线后难以维护，可以想象，随后效率团队一定会踩"坑"无数。因此，我们需要对功能团队定义一些"技术 KPI"

（比如上线时间、代码质量、产品质量等），这样才能确保项目的顺利交接。

对于效率团队而言，他们的目标是优化现有产品功能并帮助业务团队实现目标。可见，业务团队的成功取决于效率团队的成功。我们无须像要求功能团队那样去要求效率团队，因为效率团队关心的不再是质量，而是如何不断提升业务效率，帮助业务团队实现业务目标。因此，我们可将业务KPI作为考核效率团队的参考标准。

对于创新团队而言，他们的目标是帮助公司创造新的商业机会与盈利方式，往往需要通过收入的多少来考核团队，同时需要设置业务KPI与技术KPI来验证该团队的价值，即投入与产出。

当然，不论哪种项目团队，都需要考核项目是否延期，以及项目上线后是否有Bug，而且这些标准都应该是事先确定清楚并和团队达成共识的。我们相信：只有达成共识才有共赢。

以功能团队和效率团队为例，在绩效考核的具体操作层面上，我们采用了"打分制"，即针对具体情况进行加分或减分，绩效考核打分制如图6-9所示。

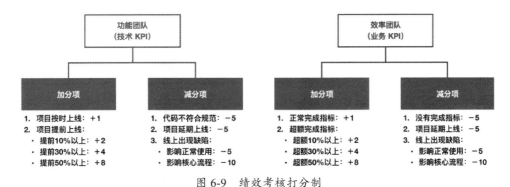

图6-9　绩效考核打分制

需要注意的是，效率团队会对功能团队的交付成果进行考核，不仅包括代码，还包括文档，确保功能团队的1.0项目——这根"接力棒"可以顺利传递下去，未来在效率团队的手中，让1.0项目升级为1.1、1.2、1.3项目等。若要研发产品的2.0功能，则可以认为这是新的尝试，同样需要功能团队来研发，在产品2.0功能上线后再次交给效率团队进行功能迭代。

每个季度进行一次绩效考核，具体的考核成绩分为S、A、B、C四个等级，S表示大家心中充满美好期待的那根线，A表示努力跳起来就能够得着的那根线，B表示及格线，C表示不及格线。绩效考核的成绩要公示，考核结束后要根据具体成绩进行奖金发放。同时，也要在每个季度结束时对个人OKR进行考核，但考核结果不是体现在季度奖金中，而是体现在每年的加薪幅度上，因为个人OKR是个人能力提升与团队贡献程度的表现，与薪资挂钩会更加合理。

虽然个人 OKR 无法直接反映在绩效上，但它对团队的成长至关重要，因为只有团队成长了，绩效才能提高。下面介绍 OKR 的十大要领。

2. OKR 十大要领

OKR 最早出自 Intel 公司，随后在 Google 公司得到了更好的应用，现在全球杰出的互联网公司几乎都在用 OKR。要想更好地在企业中应用 OKR，完全取决于我们对它的认识。

OKR 包括两大要素："O" 和 "KR"，"O" 是 Objectives（目标）的缩写，"KR" 是 Key Results（关键结果）的缩写。"O" 用于描述我们心中希望达到的美好目标，"KR" 用于描述实现这个目标的关键结果。

为了让大家更好地理解 OKR 的精髓，我们提出了 OKR 的十大要领。

（1）OKR 不是一款绩效考核工具，而是一款目标管理工具。

（2）OKR 包括自顶向下（制定）与自底向上（评审）的全过程。

（3）"O" 既要做到简洁有定性，又要能鼓舞人心。

（4）"KR" 需要做到明确且定量，用数据说话。

（5）一个季度制定一次 OKR，季度结束时需要对 OKR 进行评审。

（6）每周做一次 OKR 回顾，每月做一次 OKR 调整。

（7）OKR 的制定过程需要进行多次评审，以确保它与上级目标不冲突。

（8）"O" 一般不要超过 5 个，"O" 所包含的 "KR" 一般为 2～4 个。

（9）OKR 需要做到透明化，向团队完全公开。

（10）OKR 评审结果可作为加薪的重要参考依据，但不是唯一依据。

对于 OKR 而言，很多人容易将它理解为绩效考核工具，认为它和 KPI 是同一类，这是一种误解。如果将 OKR 理解为考核工具，则一定无法用好它，也更无法从中受益。OKR 是一款目标管理工具，管理我们制定的目标，让目标更加清晰且容易实现。

KPI 是自顶向下的，高层管理者定义 KPI，各级管理者去 "背" KPI，员工去完成 KPI。然而，OKR 却是自顶向下和自底向上的全过程，高层管理者结合企业战略定义企业级 OKR，各级管理者结合企业级 OKR 制定团队级 OKR，员工结合团队级 OKR 制定个人 OKR，这是 OKR 的制定过程。通过一段时间的努力，随后进入 OKR 评审过程，员工评审个人 OKR，各级管理者评审团队级 OKR，高层管理者评审企业级 OKR。可见 OKR 既包括自顶向下的制定，也包括自底向上的评审。

我们务必要做到能用一句话来描述 "O"，这句话要让团队所有人都能完全理解，既要简洁有定性，又要能鼓舞人心。

每个 "O" 都有对应的 "KR"，它们用来说明为了实现 "O" 应该做到的关键结果是什么。"KR" 需要做到让团队的所有人都能被完全衡量，既明确、定量，还要做到用数据说话。例如，目前系统架构中微服务的颗粒度较大，代码的可重用性比较低，为了解决这个问题，我们希望对微服务边界进行切分，如果将其中一个"KR"写成"切分颗粒度较大的微服务"是不合乎要求的，我们可将其表述为"至少切分3个颗粒度较大的微服务"，通过增加数字描述让"KR"更容易被衡量。数字是最容易被考核的，此外"有"和"没有"也比较容易被考核。

通过实践，我们发现一个季度制定一次OKR是非常合理的，季度结束后需要对制定的OKR进行评审。OKR并非制定后就无法调整了，自己每周可做一次OKR回顾，自行将有问题的地方记录下来，职能团队每月可做一次OKR调整，及时修正OKR。个人OKR在制定过程中需要进行多次评审，以确保它与团队级OKR不冲突。

最后，需要说明的是，OKR要做到透明化，可用电子表格或纸质卡片来管理，这些表格需要向团队完全公开。

团队管理者也需要制定自己的OKR，以下是一位研发团队管理者的OKR示例，如图6-10所示。

O	KR
O1：制定更高效的研发流程，从本质上提高研发效率	KR1：改进现有研发流程并形成一份规范性文档
	KR2：至少给出3个方面的研发规范并顺利执行
	KR3：重新梳理并搭建团队共享文档资料库
O2：增强业务团队与研发团队之间的交互，让大家成为一个团队	KR1：成功落地"特赞之声"并使双方都能参与进来
	KR2：每月组织一次业务团队与研发团队的交流会
O3：搭建研发核心团队，让团队关系变得更加融洽	KR1：每月组织一次项目管理经验分享
	KR2：每月组织一次领导力话题分享
	KR3：每月与核心团队做一次聚餐
O4：更加合理地切分微服务边界，有效提高代码可重用性	KR1：至少切分3个颗粒度较大的微服务
	KR2：成功解决服务之间的通信问题
O5：打造更好的团队文化，让大家爱上团队	KR1：成功落地"学习型"团队并结束第一期课程
	KR2：发起一次"黑客马拉松"活动
	KR3：发起一次线下技术分享活动

图6-10　一位研发团队管理者的OKR示例

3. 小结

一个团队需要有目标，也需要对目标完成情况加以考核，目标与考核往往是相辅相成、缺一不可的。如果只有目标没有考核，则无法检验团队的价值；如果没有目标只有考核，则团队将离我们越来越远。

OKR 不是绩效考核工具，而是目标管理利器，所有人都能理解 OKR 的定义，但不是每个人都能很好地应用它，这也正是 OKR 的魅力之处，好的工具往往都有类似的特性。大家可参考以上 OKR 十大要领，并根据自身实际情况加以调整，就能顺利地实施 OKR，在组织中发挥它的价值。

我们认为，衡量结果好与坏最简单的手段就是数据，只有数据才能让人信服，绩效考核关键就是用数据说话。

6.4　团队文化篇

软件研发是一场需要集体智慧的工作，它的成功不完全属于团队中的任何一个人。然而，团队成员做人、做事的风格却不完全一样，因此我们需要通过"团队文化"把大家的心聚集在一起，齐心协力完成目标。

下面从团队文化入手，站在软件研发的角度，介绍工程师文化是如何打造出来的，其中包含可立即落地的一些实践方法，大家可根据自身实际情况灵活运用。

1. 什么是团队文化

我们认为，团队文化主要包含团队气氛、做人原则和做事方式三个方面。

（1）团队气氛。我们每个人都希望团队有一个好的气氛，而不希望气氛变得糟糕，因为糟糕的气氛会让人的心情也变得糟糕。我们的工作性质决定了，我们每天都要与人协作和沟通，如果缺乏好的团队气氛，合作关系就会变得很冷漠，对工作也会失去激情。然而，在营造好的团队文化中，起到决定性作用的就是团队领袖。公司就是一个最大的团队，公司文化取决于公司老板。道理很简单，团队成员能否加入这个团队，是由这位团队领袖决定的，团队领袖决定了团队成员的构成，团队成员决定了团队的气氛。

（2）做人原则。坦率地说，人的性格是多元化的，团队中每个人的性格不尽相同，但也必须求同存异，同类型的人只会让团队的短板更加明显。我们相信，没有完美的个人，只有完美的团队。但是，做人原则与人的性格不同，做人原则是态度和行为的根基，如果这个根基不对，那么就很难做成一件成功的事情。团队领袖的做人原则就是团队做人原则的根基，团队领袖说的每一句话，做的每一件事，团队成员都看在眼里，大家都会以他为标准。如果团队领袖是一位正直的人，那么"邪恶"的人也无法留在他的团队中。正所谓，物以类聚，人以群分。

（3）做事方式。做人原则决定了"做事方式"。如果团队成员都是性格直爽的人，那么团队的做事风格一定是爽快的、雷厉风行的；如果团队成员都是溜须拍马的人，那么团队的做事风格一定是喜欢用表象掩盖事实的。不得不说，在一些互联网公司中，很多老板很喜欢看数据，也很相信数据。这时如果没有一个求实的团队文化，员工就会拿数据来欺骗老板，因为老板相信数据，员工就会给老板看数据。做事情的方式不同，效果也会完全不同。一位求实的员工一定会用数据说话，但不是单纯地给老板看数据，他会将数据背后的本质原因分析给老板听，帮助老板正确地做出决策。团队的做事方式同样也取决于团队领袖，他是一个怎样的人，就会带出怎样的团队。

综上所述，团队气氛、做人原则、做事方式这三点构成了团队文化，而且都由团队领袖决定，如果你是一位团队领袖，那么不妨思考以下三个问题：

（1）你想要怎样的团队气氛？

（2）你的做人原则是怎样的？

（3）你的做事方式是怎样的？

你可以把以上三个问题的答案写在纸上，反复思考自己是不是这样的，想明白后就去亲自实践，在实践中可以用以下准则去要求自己。

（1）守信——对自己的承诺负责。

（2）进取——勇敢面对新的挑战。

（3）高效——追求高效的工作方式。

（4）学习——不断学习新的技能。

（5）分享——乐于分享个人收获。

其中，守信是做人的原则，进取是做事的态度，高效是做事的方式，学习是对自己的要求，分享是对团队的贡献。

需要注意的是，团队文化必须体现在日常工作中，通过文化来影响每个人、指导团队的行为，以及融入更多的新人。团队文化不是喊出来的口号，也不是贴在墙上的标语。只有我们心中认可的文化，才是真正的团队文化。同样，软件工程师也需要有"工程师文化"。

2. 什么是工程师文化

弹性的工作时间、优雅的办公环境、穿着自由且随意、做自己喜欢的工作、工程师说了算等，这些就是工程师文化吗？显然不是，这些只是工程师文化的表象，而非本质。学习工程师文化，一定要抓住其本质，否则会舍本逐末，不伦不类。

有些互联网创业公司对外号称弹性工作，但当员工做完当天工作并按时下班时，老板却认为这些员工不够努力，因此感到心寒，但束手无策，只能在内心埋怨。在这样的事情屡次发生后，老板对员工会产生更加强烈的不满，离员工的距离也会越来越远，从而不再信任他们。

笔者有一位朋友，他在一家公司做技术高管，公司提倡工程师文化。他的老板经常对工程师说："大家白天写代码，晚上可以做业务嘛，这么早回家干什么呢？做业务的同事天天加班到深夜，凌晨给他们发微信，他们都是秒回的。"当老板说出这样的话时，也就注定了这家公司不可能拥有真正的工程师文化，他所号称的工程师文化其实都是表象，其实他根本就不理解工程师文化，公司也留不住优秀的工程师。果不其然，笔者的这位技术高管朋友无法承受老板的态度和行为，选择了主动离职，他的离开影响了整个技术团队的稳定性，导致优秀工程师大量流失，公司业务也受到了影响。

我们认为，工程师文化是以共同解决实际问题为目标的团队文化。工程师文化并非由工程师自发创建，更不是工程师的一种自嗨行为。工程师文化由团队文化决定，团队文化由老板决定，老板必须理解工程师这个群体才能把合适的工程师放在合适的位置上，才能真正领悟工程师文化的真谛，才能做成一家真正的互联网技术型公司。

可以抽象地认为，工程师文化只是一个代号、一种象征。工程师文化强调的是团队有目标、有分工、有协作，而且团队所解决的是当前面临的实际问题，并非一些不切实际的问题，更不是加班这种表面上的东西。

工程师文化不是由一个人或几个人打造的，需要公司老板及高管的认同，自顶向下地影响并鼓励自己的团队。

3. 怎样打造工程师文化

如果你是一位技术负责人，很希望打造公司的工程师文化，但你的老板又不太懂技术，那么你需要掌握正确的操作方法才能打造出良好的工程师文化，否则后面迎接你的将是一场"噩梦"。

你要做的第一件事情是，让老板理解软件研发是一项工程，需要工程师一起合力完成，还要让老板看清工程师的价值。因为在不懂技术的老板眼中，工程师的工作成本是相当昂贵的，工程师做的东西老板又看不懂，所以老板不知道钱花得有没有价值。工程师每天都在做什么？为何项目不能直接开始做，还要先去估时，估时会不会有水分？我们必须站在老板的角度去理解他，把他心中的这些顾虑全部消除，让他觉得软件研发是一项复杂的工作，需要工程师用科学的方法来避免风险，从而让项目得以顺利交付。很多技术负责人可能都忽略了这个过程，导致后面做的一系列事情，老板都看不懂，也不认为项目有价值。

在你让老板理解了软件工程及工程师的价值以后，接下来可以做以下几件事情。

（1）团队扁平化管理，你和团队一起工作。

（2）没有 Leader，只有 Owner。

（3）没有"你们"，只有"我们"。

（4）一切以数据说话，分析数据的本质。

（5）可以加班，但拒绝无意义的加班。

以上这些事情，你需要确保自己能做到，这样才有可能打造出真正的工程师文化。

接下来，你需要不断培养队员的软技能，其中以下三点非常重要，它们决定了团队做事的行为。

（1）主动担当任务，并非被动等待。

（2）具备用户思维，产出有用成果。

（3）具备服务意识，乐于帮助同事。

你还可以做以下这些事情。

（1）让大家成为朋友。

（2）缩短项目迭代周期。

（3）为每个项目找到 Owner。

（4）选择最合适的技术。

（5）尽可能让技术自动化。

（6）注重代码质量。

（7）建立开放与共享。

（8）预留学习时间。

（9）不追究任何责任。

（10）只招最对的人，不招最贵的人。

你还可以组织一些有意思的活动，比如茶话会、小黑屋、经验分享、内部演讲、摄影比赛、话题辩论、健身、户外运动、技能培训、读书会、黑客马拉松等，只要是对团队成长有帮助的活动，都可以大胆尝试组织。

4. 小结

想要打造一支高效的研发团队，组织架构、研发流程、绩效考核和团队文化这四点缺一不可。其中，团队文化至关重要，它是团队价值观的主要体现，是大家做人、做事的行为准则。

我们非常提倡工程师文化，但也要用正确的方法去打造它，一方面需要让自己的上级产生信任感，另一方面也要让自己的下级产生幸福感，只有做到这些，才能打造出真正的工程师文化。

从 0 到 1，创新项目取舍之道

互联网公司最重要的资产是什么？是客户、数据、代码，还是人才？的确，这几种资产都很重要，但别忘了还有一种重要资产是创新能力。

对于创新，大公司与创业公司的做法并不相同。大公司虽然兵强马壮、资本雄厚，但是往往惯性过大、决策反馈慢、投入资源有限、关注不足，反而拖慢了创新速度。创业公司在创新方面更为灵活，一旦确定目标就全力投入，但可能缺少人才和资本，做出来的 MVP 难以获得市场认可。它们各有各的优势和劣势，也正因此，充满不确定性的创新总能带来各种惊喜和遗憾。

作为技术团队，在"唯快不破"的创新业务项目中如何配置团队，如何进行架构设计和持续迭代？在成熟的技术体系中如何快速创新？如何扬长避短？从 0 到 1，我们是一开始就搭建大的架构还是慢慢搭建架构？在敏捷迭代中怎样管理技术债？技术如何与创新业务齐头并进？这些都是下面所要解决的问题。

7.1 案例背景

无人货架曾是新零售行业的创新风口，曾经无人货架赛道在半年内涌入超过 50 家创业公司和接近 50 亿元的风险投资。随着这种商业模式被验证失败和技术的进步，如今无人货架已演变为很多公司办公室里的智能货柜。饿了么内部孵化的无人货架项目叫"饿了么 NOW"，本案例结合饿了么北京研发中心快速上线"饿了么 NOW"系统的过程，分享在成熟体系内做创新项目的经验，为更多的创新团队提供借鉴。

无人货架指在封闭公共空间内摆放的开放式货架或者货柜，当消费者想吃零食或者想喝饮料时，到无人货架选货并扫码付款即可。这比点外卖或者出去购买更快，且不用自己囤货，还有更多品类可供选择。

无人货架的核心问题：

（1）有限的摆放空间如何最大程度地满足客户"想吃就有"的需求。

（2）提供新的口味选择，为食品厂商做新品推广和试水。

（3）进一步探索流量转化的可能性，售卖货架之外的商品，比如预订水果、早餐，此类商品可以批量送货，并分别放在冷柜和热柜里，使货架成为反向 O2O 的入口。

在 B 端，需要对接供应链、批量采购、入库存储、根据销量配货、调度运力补货、定期回收滞销/临期商品、库存盘点等，对全国数万个网点的统一管理需要相对完善的系统。无人货架作为创新业务，上线前期最需要实现的是网点管理、货架管理、商品展示、库存管理、价格管理、促销管理和扫码支付的 C 端能力。

7.2　创新项目从 0 到 1 的演进策略

无人货架业务的系统演进策略步骤是快速迭代、赋能业务、深度体验、优化线上线下。项目节点如图 7-1 所示。

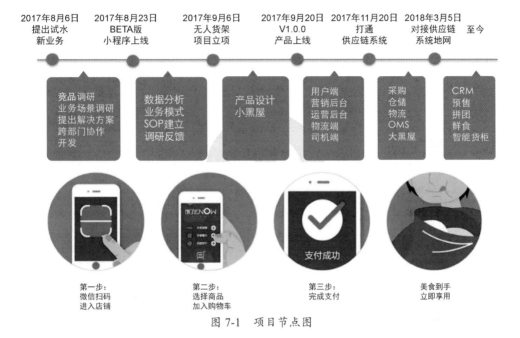

图 7-1　项目节点图

2017 年 8 月 6 日，新零售业务团队提出要试水无人货架业务，当时一些创业公司如猩便利、七只考拉已经在这方面做得风生水起，而一些大公司如京东、顺丰、苏宁也都在跟进布局。我们是后来者，后发优势是知道别人怎么做，但面临的竞争压力也很大。在试水期间（8 月 6 日～23 日），技术团队做了竞品调研、业务场景调研，提出了可行的解决方案——基于饿了么已有架构跨部门协作开发，8 月 23 日先做 Demo 小程序在公司试用，通过调研反馈打磨业务模式，最终建立了 SOP（Standard Operating Procedure，标准作业程序）。

9 月 6 日，无人货架正式立项，命名为饿了么 NOW；技术团队快速成立项目组，开启“小黑屋”模式封闭突击开发，仅用六天就完成了小程序可用版本的交付。9 月 20 日，V1.0.0 产品正式上线。整个过程很顺利，业务团队总体反馈很好。但当时系统只是 MVP，没有 APP 用户端、物流端和司机端，没有任何后台体系，比如营销后台、运营后台等，只是业务团队买了一堆货，自己往货架上放，这种模式完全不可控，不具备可扩展性。这些都会影响到业务运营和客户体验，需要在接下来的两个月里迭代上线，以支持业务快速扩张。

11 月 20 日，我们打通了饿了么原有的供应链系统。随着业务的发展，技术团队也在不断扩充，从"小黑屋"搬到"大黑屋"。到 2018 年 3 月 5 日，对接了新零售地网供应链系统，打通了采购、仓储和物流。后续尝试扩展 CRM（Customer Relationship Management，客户关系管理）、预售、拼团、鲜食，同时与硬件团队一起设计智能货柜产品系统，持续降低线上线下的成本，提高效率和加强用户体验。

互联网业务的开展必须依赖系统，在业务从 0 到 1、从无到有的过程中，技术团队不可或缺。饿了么 NOW 作为与大公司同场竞技的创新业务，系统方面提供了非常有力的支持。

7.3　在成熟技术体系中如何快速创新

饿了么技术架构的特点是大型、成熟、多活、弹性。饿了么技术体系支撑千万级别的日订单量，整个技术团队有上千人，对系统指标要求很高，基础设施比较完善，不必手工操作；架构设计有严格的评审机制和规范的工程操作流程。2017 年，饿了么做了行业领先的"异地多活"架构升级，在两个机房之间可以调度流量，并进行日常演练，确保系统高可用。在弹性维度上，建设了资源的容器化、混合云等能力。基于如此复杂的大规模技术体系，无人货架这种短、平、快的小项目该如何应对？成熟体系内的创新业务系统该怎么做，有哪些优势和劣势？

1. 优势和劣势

创新业务的要求是快，业务未定型，需求变更频繁，技术团队要做到敏捷迭代、快速试错、灵活响应。

饿了么的优势在于有非常完善的技术体系，充足的高水平人才，想成立一支项目团队很容易。在同一个体系内，产品设计、开发测试、项目管理几乎不需要磨合，团队配合度很好，不需要从 0 到 1 建设一个新团队，这方面足以令创业公司眼红。至于平台能力更是强大，平台的用户群、商品、交易与支付系统、营销与供应链功能都非常健全。

劣势则是有太多条条框框，架构规范严格，若复用平台能力就需要跨团队协作，但这是有一定成本的。而在平台团队眼中，创新项目的优先级一定比不上公司主营业务需求的优先级。另外，如果我们的系统出了 Bug 需要修复数据，则有严格的操作流程，必须进行评估才能修复。

2. 建立一支能打的团队

我们要把这件事情做成，就需要有一支能打的团队：召之即来、来之能战、战之必胜。我们做的是一个独立的项目和全新的系统，但是所有参与项目的人都是从各个团队拉过来的。团队成员坐在一起，"小黑屋"的环境相对来说比较封闭，能让团队成员更专心，工作更高效。团队成员以创业的状态进行工作，把所有的任务都排好后再进入开发环节，直到所有的任务都是完成状态。我们最终用 6 天时间完成了第一个可用版本。

3. 架构如何取舍

第一版系统的架构方案，我们以具备基本功能，最快满足业务上线为目标，在多个维度进行了如下讨论。

微服务：尽管一开始没有那么多要拆分的微服务，但是毕竟是互联网主流架构，所以还是要把系统做得特别灵活，以便后期进行拓展。

技术栈：将饿了么现成的技术栈拿过来用，因为大家都熟悉。

自有 IDC：很多创业公司的架构都是在公有云上做起来的，我们当时也考虑过用公有云，不用再受公司条条框框的限制。但考虑到系统要跟饿了么用户系统、支付系统打通，还是需要用饿了么自己的基础设施，否则需要很多时间成本和协同的人力成本。

异地多活：这有没有必要呢？有必要，因为毕竟未来要在全国开展业务，但是初期可以先绕过，因为实现多活更复杂，要在多个机房部署。

中间件：一定是公司已有的、成熟的中间件，包括数据库的中间件、数据的备份等。

测试环境：用现有的测试环境，不需要重新申请资源和部署。

持续部署：需要知道谁发了什么版本，而且有工具能快速回滚，线上应急非常有效，需要用公司的成熟体系。

容器化：暂不考虑。我们直接把虚拟机当成裸机来用也可以，容器化有更高的技术复杂度，而我们现在只是做一个简单的系统让业务跑起来。

日志监控：监控对业务有很大的帮助。有一天，我们在监控视图上看到订单量暴增但支付金额没变化，后来查出来是有竞争对手在爬取数据。如果没有日志监控，那么这种情况根本发现不了。

4. 敏捷迭代中的技术债

在敏捷迭代过程中，我们也做了很多取舍，留下了一些技术债，这些债务有清单记录，随着业务的发展和系统建设的完善会逐步偿还。

业务层面：一开始只是设置了价格就进行销售，没有做营销活动、促销管理等功能，后续需要根据运营策略完善。

应用层面：反爬、埋点、缓存、搜索、多活等也都放到后面的架构升级中实现。

数据层面：用户行为、业务统计、经营分析、爬虫能力都是互联网业务的基本能力，基于数据才能做好运营。

7.4 技术如何与创新业务齐头并进

1. 调整策略，从突击队到正规军

当业务达到一定规模且相对稳定时，系统建设和项目管理都要调整策略，将"突击队"变为"正规军"，做产品规划、需求变更流程、回归测试和性能测试，不能像一开始那样说变就变，因为系统复杂了，变更有风险。从 0 到 1 阶段出现故障不会产生太大影响，但在稳定业务阶段出现问题，可能就会影响品牌。

2. 控制节奏，提高协同效率

在业务运营前期要猛冲猛打，后面一定要形成运营机制，技术团队需要调整项目节奏，与运营保持同频共振，提高协同效率，尤其是要保持沟通，尽可能提前做一些规划。

3. 合理分配资源，偿还技术债

技术债总要偿还，长期拖欠可能会产生更大的问题。因此，在摆脱突击冲刺的状态之后，团队需要在技术优化层面制订计划并投入相应的资源。

4. 架构规划，模块拆分

随着业务规模的扩大、运营模式的逐步完善和技术团队越来越壮大，原有的单体架构在性能、可维护性方面都会出现制约，需要按领域拆分模块。

5. 沉淀数据，智能运营

创新业务可能会失败，但这一过程中的数据是宝贵的资产，需要及时收集好，作为智能营销、运营决策的基础，即便这个创新业务失败了，也有利于公司在下一个新的风口重新启动新业务。代码、数据都有价值，都是付出很高的成本换来的，都是公司的宝贵资产。

6. 做减法，保持架构健康度

前期为了探索试错，会做很多需求，系统一定会有一些功能已经废弃或者很少被使用，但这些功能还是系统的一部分，依然天天运行占用系统资源，因此，要定期进行复盘，对系统做减法更能保持架构的健康度。

7.5 总结

在创新的风口中，"快"是第一位的，技术要支持业务，就绝对不能拖后腿。

从 0 到 1 并不需要想太多，以 MVP 为第一目标即可。

如果有比较成熟的体系作为依托，团队也更有经验，则可以把产品、架构设计

得更灵活，更具备可扩展性，将来拓展起来就会更快。

技术上先支持业务，再深入理解业务，甚至再进一步驱动业务。一开始业务团队也不清楚什么是对的，试错也需要技术实现。在这个过程中，只有大家越来越理解业务的场景和逻辑，技术团队才能和业务团队平等对话。如果业务覆盖范围广，运营也需要技术手段基于数据提供决策，不能再纯粹靠人驱动业务，以便把公司业务能力沉淀在系统里。

企业的创新能力非常重要，但更重要的是有没有一个持续激发创新的体系，换句话说就是有没有创新的基因。业务创新离不开技术团队，在创新项目上技术团队要能召之即来、来之能战、战之能胜，更要能与业务团队齐头并进。这样的技术团队同样是试错试出来的，没有天生能打的团队，好团队也会打败仗，何况做项目要遵循工程规律。做项目难免会出错，也会有搞不定的时候，但不必怕挑战，有挑战才有成长，才有突破和成功。创新要有破釜沉舟的决心，要有团结一心的士气，要有当机立断的取舍！尽管饿了么 NOW 已经成为失败的历史，但经此一役，业务团队得到了技术团队的认可和信任，在紧张的创业氛围中锤炼了团队。能打胜仗的技术团队同样是公司的重要资产，强化了公司的创新基因。

训战结合体系化提升关键
人才能力实战

8.1 概述

在企业中，关键人才能力提升工作一直是人才发展的重点，俗话说"兵熊熊一个，将熊熊一窝"。在工作中，关键人才一般都是带领团队进行实际项目交付的，也就是说，关键人才就是带兵的将领，因此，他们的能力在很大程度上就是团队的"天花板"。而企业团队的负责人大多数都是从基层升上去的，按照管理学中的彼得原理，员工往往会被提升到不称职的位置，这就更需要通过对应的能力提升工作，对关键人才进行有针对性、系统性的能力提升。

目前，关键人才能力提升工作在各个企业中都在以不同的模式开展。下面介绍的关键人才是一个大型通信企业中层管理干部的后备干部，后面统一简称为管理后备。该企业的管理后备能力提升工作一直在持续运作，但是目前遇到三个非常明显的问题：第一，管理后备参与能力提升工作的程度参差不齐；第二，管理后备能力提升的效果不明显；第三，管理后备在能力提升工作中的相互学习协作非常少。其中，第二个问题最为突出，因为这个问题是组织最关心的，能力提升的效果本身就难以衡量，在具体的工作中也很难快速体现。该企业的管理干部基本上都是管理后备晋升上去的，在管理干部竞聘活动中，我们能够感受到管理后备的系统性能力差异非常大，基本上就是个人能力的体现。因此，需要重新思考如何进行管理后备的能力提升工作。

先介绍一下这个项目实施的组织结构，为了解决上述问题，公司成立了项目团队进行研究和实施，项目团队包含 HR（Human Resource，人力资源）相关干系人、落地单位（各个关键人才的所属直管单位），还有专家团队（围绕这个项目的专家小组成员）。在具体实施过程中，以项目团队为主做顶层设计，三方相互分工和协作共同完成项目活动。经过项目团队的内外研究和问题分析，再结合企业的实际情况，项目团队提出了一整套运作方案，该方案在该企业中已经成功运作两年，基本上解决了之前的问题。

关键人才能力提升系统化运作机制整体方案如图 8-1 所示，从上到下分为四层：第一层是能力模型层，该层解决的问题是提升个人哪方面的能力。第二层是操作方法层（对应图中的"业绩实战、经验积累和意识进化"），这层解决的是如何落地能力、提升工作。第三层是知识沉淀层（对应图中的"知识库"），这层解决的是组织中的知识复用问题。第四层是提升路径层（对应图中的"IDP（Individual Devolopment Plan，个人发展计划）"），该层解决的是个人如何提升的问题。

能力模型层。对于能力提升工作，第一个要解决的问题就是提升个人哪方面的能力。之前，当大家觉得需要业务和管理方面的知识时，就读几本书和听几门课程，这种学习的系统性比较差，而且效果难以衡量，牵引作用更差。当进行管理后备的能力提升时，我们需要分析管理后备的岗位特点及能力要求，这就需要进行能力建模。有关建模，一般人可能会认为应该就管理后备的工作进行分析，而我们在这方面经过探索后，认为更应该从管理后备的未来发展需要进行能力建模，也就是希望他们成为什么样的人，因为能力是面向未来的，只有清晰地描述未来的能力模型，才能避免彼得原理对企业的限制。本实践通过对管理后备即将成为的角色（管理干部）的业务内容，以及业务所需要的能力特点进行整体分析，并借鉴内外部类似的实践和内部组织的需要，对管理后备的能力要求提出了一个系统性的"四力模型"，如表 8-1 所示。

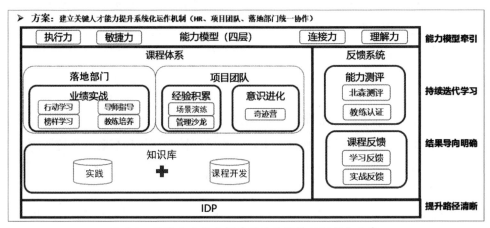

图 8-1　关键人才能力提升系统化运作机制整体方案

第一个是理解力。它是对管理者认知提升的要求，从领导者思维、系统思考、洞察与决策、战略理解和正向思维五个方面阐述一个合格的管理后备从上到下、从内到外应该具备的思维方式。

第二个是执行力。在管理后备的思维和公司的一致后，就是如何将公司的战略有效、有力落地，执行力从结果导向、团队建设与激励，以及时间管理方面为管理后备提供了能力导向，尤其是时间管理能力。

第三个是连接力。由于管理后备带领的团队只是公司整体工作落地的一个作战单位，在当前复杂的内外环境中，整个公司协同作战的能力非常重要。特别是对于一个大型公司，依靠某一个单独的单位无法做到端到端的交付，必须依靠各个单位的充分连接和协同。因此，结合目前的现状，项目团队将影响力、协作能力、沟通能力作为连接力的基本要求。

第四个是敏捷力。对于软件企业，软件行业的技术、产品、需求和市场不断发生重整和组合，变幻莫测的国际局势也对企业的发展提出更高要求，如何适应快速变化的环境要求，敏捷力成为一项有力的工具。敏捷力从敏捷与精益价值观、软能力、专业能力、持续改进和应对变化五个方面对管理后备提供引导和帮助。

表 8-1 中层管理干部能力模型——四力模型

能力维度	能力项	定义
理解力——认知思考的进化	领导者思维	实现从个人执行到团队管理的思维和意识的转变
	系统思考	系统、全面地看待问题，洞悉各种因素的相互影响；端到端交付理念的全局思维
	洞察与决策	透过表象看本质，抓住主要矛盾和关键因素，高效决策
	战略理解	理解公司、研究院、单位三个层面的业务战略
	正向思维	正向积极地自我修炼与提升，提升抗压能力，能妥善处理负面情绪
执行力——战略落地必备技能	结果导向	有强烈的目标感，有计划、有策略、有监控；在问题和障碍面前不放弃，不断挑战并超越自我；在资源和时间约束下，出色地完成工作任务
	团队建设与激励	组建高绩效团队，持续提升团队能力，并能激发团队战斗力
	时间管理	科学管理时间，提升工作效率，并兼顾自身与团队的成长
连接力——连接与协作的升级	影响力	具备以非权力的方式影响下属和团队的能力；具备向上管理能力，获得上司的支持和授权
	协作能力	跨部门和团队协作能力，协调资源，促进合作；促进合作部门和团队完成关键事件，能够共同识别和化解风险，主动给别人提供帮助；跨部门和团队日常工作关系维护
	沟通能力	与其他人的沟通能力，如何建立他人的信任，说服别人，管理冲突；善于倾听和反馈，习惯换位思考
敏捷力——适应变化与创新的保障	敏捷与精益价值观	建立高质能效的项目理论、思想和方法论基础
	软能力	包括引导力、精益软件度量、提炼总结、表达力、产品思维等
	专业能力	包括工程实践能力（管理实践、技术、安全、精益等）和数据驱动分析能力
	持续改进	价值流、反馈机制、运作方式优化；价值流分析，具备根据业务特点调整流程、提升效率的能力；提高项目和团队的敏捷成熟度
	应对变化	管理不确定性和应对变化的调整能力，探索正在生成的、不确定的、未来的思考与创新方式；具备在变化环境中快速学习的能力

操作方法层。对于能力提升工作，最难的是这个环节，因为一般情况下能力提升工作的优先级在业务交付之后，并且能力提升工作的成效需要比较长的时间才有体现。在具体操作方法方面，要聚焦解决三个问题：第一个是组织运作问题，即如何保障能力模型的内容通过组织的运作落地到具体活动。第二个是具体活动的演进，就是如何通过活动有效地提升能力。第三个是课程沉淀和提升路径，能力提升的过程要关注课程的复用和效果的沉淀，只有将课程和实践及时进行总结才能变成组织能力，提升路径要和个体的现状结合，因为只有因材施教才能产生明显的效果。下面分别介绍这三个问题的解决方案。

关于组织运作，本实践提出了 HR、项目团队、落地部门"三位一体"的协作机制。以 HR 为资源方，从能力要求、政策匹配、落地资金、落地效果四个方面进行推动和检验。项目团队主要是对目标拆解、落地举措、落地方案调整等内容进行实施。落地部门重点保障管理后备的组织认可、时间投入和效果评估，是真正实施落地检查和效果感受的单位。如何做到"三位一体"，最重要的是从方案到实施内容，再到实施效果都需要三方参与，形成统一方案并进行明确分工。

具体活动的演进是难点，也是要点，是决定能力提升成功的关键内容。项目团队结合实际分析，围绕五大领域进行落地内容的探索。第一个领域是课程体系，针对能力模型落地到具体课程，比如时间管理能力有专门的时间管理课程，能力和课程并不是一一对应的，有些能力还没有课程，那就通过书籍进行补充，或者通过内部共创，这个领域就是让大家找到能力提升的最简单的操作方式。第二个领域是经验积累，针对管理后备未来的工作需要，提前通过演练的方式让管理后备具备基本的操作要求，领域主打方向是场景演练，这个活动对管理后备的帮助非常大。第三个领域是奇迹营，这是一个特别的领域，要做的事情非常有创造力，在传统组织中一般不会涉及，就是对个体意识进化进行探索，深入管理后备的内心深处，通过对冰山模型、系列个体心智和团队心智的探索提升管理后备对人性的理解，这部分也是非常有趣的内容。第四个领域是行动学习，就是对管理后备实际工作中的难题，通过行动学习的方式进行群体学习和群智涌现，这是在基层落地单位中将学习和实践相结合的重要方式，也是比较重要的活动。最后一个领域是反馈系统，也就是通过及时进行数据分析和收集主观反馈信息，来发现各项能力活动落地中的一些问题，并及时进行调整，形成闭环。这五个领域从课题到经验，从认知到实战，再到闭环都做了比较系统的考虑。经过长期的演进，其非常有效地推动了能力提升工作的落地。

知识沉淀层。这一层的目的比较简单，就是将实践过程中好的课程和实践及时沉淀下来，通过知识库的方式变成组织的一种软资产。知识方面的沉淀包括与认知和思维提升相关的书籍学习等。课程方面的沉淀包括提高系统思考能力的课程等。比较重要的是实践方面的沉淀，比如对于各种场景演练的实践方法总结及各种难题解决的方法和效果总结。这层的核心是知识库的运营，这有一定的难度，只有根据组织的特点进行相应的处理，才能让知识有效地发挥更大的作用。

提升路径层。这一层是结合管理后备的具体情况制定的，项目团队提供的活动及能力模型的各个方面，给大家提供了统一的范围、标准及提升方式，但是这些方面不一定和每个人的情况吻合，我们要尊重管理后备之间的差异，让管理后备根据自己的实际评估情况来制定提升计划，并结合项目提供的各项服务制定个性化的提升路径。当然，项目团队也会根据整体能力提升的系统设置，对管理后备有统一的基本要求，在基本要求的基础上让每个人都有一定的自由度。学习和能力提升最终都是管理后备个人的事情，只有充分调动个人的积极性，项目和个人结合得才能更紧密，效果才会更加明显。

整体方案从能力模型牵引、持续迭代学习、结果导向明确、提升路径清晰四个方面分别结合知识、技能、实践三种能力来实施，以形成体系化的能力提升框架，它不仅对管理后备的能力提升有很强的参考价值，其他类似关键人才的能力提升也可以进行参考和借鉴。要想让项目有效落地，项目团队提供的活动内容必须要有针对性，下面介绍三个重要活动的落地内容，可以根据企业的状态差异对活动进行调整，但思路可以相互借鉴。

8.2   关键活动介绍

关键活动是拉动整个方案实施的关键环节，因为真正的能力提升方案需要依靠活动。在该实践中，有三个活动起到了关键作用，也获得了学员的一致好评。这三个活动分别是场景演练、行动学习和奇迹营。场景演练是针对具体场景的模拟操练，行动学习是针对具体业务难题的群体学习方法，而奇迹营在一定程度上能让大家的能量场不断获得突破并持续提升认知水平。

1. 场景演练

场景演练是针对不了解参与程度、不清楚参与效果、相互协作太少的问题而精准化设计的一项活动，其背后的理论根据是学习金字塔。学习金字塔认为通过主动学习中的讨论（50%）、实践（75%）和教授给他人（90%）的学习留存率（学习两周之后还能保持记忆的知识量比例）比通过被动学习中的听讲（5%）要高出很多。基于此理论，我们的学习方法尽量利用主动学习中的三种方式去开展。场景演练的基本操作方式如下。

第一步，先梳理出如果管理后备晋升为管理干部需要进行的所有业务场景，这是基于每个公司对管理干部的工作要求梳理的，可能会有差异，但是基本框架类似。通过项目团队系统性的建模梳理，得到 7 个类别的 28 个具体场景，详细内容如表 8-2 所示。

表 8-2   管理后备管理场景分类描述

场景大类	角色	场景小类	备注
制度建设	管理者	制度制定	考核、绩效、质量、信息安全、合规等制度的制定
		制度落地	公司制度在部门内落地实施
		制度改进	对部门的日常工作进行持续改进，包括部门目标、制度、痛点等，以达到更好支撑部门研发效能的目的
队伍建设		人员招聘	校园招聘、社会招聘等
		人员培养	新员工、关键人才培养、后备培养、人才梯队培养
		人员盘点	部门的人员盘点，识别优秀和后进员工
		人员保留	核心人员的保留及员工的关怀

续表

场景大类	角色	场景小类	备注
员工激励	管理者	岗位评聘	岗位的晋级、降级
		薪酬激励	调薪、年终奖等各种激励的分配
		人员奖惩	人员的评优及惩罚
绩效管理		绩效计划制订	制定部门/团队/员工的绩效计划
		绩效评价	根据绩效计划的效果，对人员进行月度/半年考核
		绩效沟通	半年/月度考核前后的人员沟通
		绩效改进	协助绩效靠后的人员进行绩效改进
项目管理	执行者	目标管理	部门的目标管理（含项目目标、部门改进目标、竞争力目标等）包括目标的制定、执行、评估、修正，保证大家对目标的理解，以及在执行过程中纠偏
		风险管理	部门相关工作的风险管理，识别工作的关键问题和风险，并整合资源化解
		质量管理	部门相关工作的质量管理，质量的目标、举措、复盘、改进等
		研发提效	部门的研发效能提升，提升部门的研发能力和研发质量
组织协调	组织者	对上汇报	半年或者例行对上工作汇报
		横向协同	平级部门之间的横向工作协同，同时提升部门对外的影响力
		对下沟通	负责传达公司的政策、文化等信息，同时深入基层了解下面部门的现状
		资源配置	根据部门的目标调整资源，把合适的人安排在合适的岗位上
		组织凝聚力活动	部门的凝聚力活动，比如春游、秋游等
日常工作	其他	员工关系	劳动争议应诉
		健康安全	工伤、意外伤害处理
		信息安全	公司信息安全的落地
		文化建设	公司文化的传承及部门亚文化的建设
		内控合规	公司内控合规政策的落地

第二步，选择合适的场景设计演练。虽然有了场景的模型和分类，但这件事还没有真正开始，还要设计场景演练的具体方式和内容。如果 28 个场景全部展开，则会非常耗费时间，可以结合目前组织的需要和对个人群体短板的分析，提炼出几个场景作为重点演练方向，然后进行针对性的场景演练设计和实施。

第三步，实施场景演练。在场景演练设计中，操作的三部曲是知识对齐、演练模拟和复盘反馈，这个设计是多次演练效果复盘之后的结果。知识对齐是针对该场景中用到的具体知识，先通过讲解和集体学习的方式让参加者快速了解和具备理论依据，然后进行针对性的分组模拟训练。演练模拟最关键的是让大家进入场景，这需要现场引导和进行体验式设计，如果大家觉得这只是一种演练，则会对效果产生影响，真正的模拟就是将演练当作实战，在操作过程中感受到真实场景的浸入感，这就需要现场氛围的牵引。复盘反馈最重要，参与者首先通过复盘对自己在演练中遇到的问题进行描述，然后通过反思再学习知识促进自己对知识的理解。反馈主要是现场导师的指导，每次场景演练现场都会邀请经验丰富的、真正的管理干部作为现场导师，观察大家的操作过程，及时指导结果，需要的话还可以做现场模拟。这样，至少现场场景演练的效果会非常明显，很多人没有经历过类似的活动，参加一次后体会非常深。

第四步，真实场景实操。前面毕竟都是演练，要想真正提高能力还需要在真实场景进行实践。针对管理后备，我们设计了管理授权环节，就是管理干部将一些工作交给管理后备，让他们承担责任，这样活动才能形成真正的闭环。俗语说得好："是骡子是马，拉出来遛遛"，经过实战操作，能了解到管理后备掌握该项技能的情况，能更好地帮助管理后备提升能力。

因为真实场景演练有一定的限定条件，比如现场要能够进行演练、演练时间不能太长等，所以要找合适的场景进行针对性的设计，这些活动目前主要聚焦在管理类的场景。在管理后备能力提升方面，对业务难题的处理也是非常关键的，针对如何提升管理后备的业务实战能力，项目团队设计了行动学习。

2. 行动学习

行动学习已经有一整套的方法论，相对比较成熟，下面结合实战情况，梳理出几个步骤进行落地实施。

详细的行动学习基本步法如表 8-3 所示，共包含六步，前三步：提出难题、澄清难题和重构难题，都是对问题的定义；后三步：创新方案、采取行动和学习反思，都是群体共创的，是群体学习的一种方法。关于学习有这样一句话："读万卷书不如行万里路，行万里路不如阅人无数，阅人无数不如名师指路，名师指路不如自己去悟"。在行动学习中，项目团队采用了阅人无数、名师指路和个人顿悟的综合方式，通过行动学习你能看到不同人的思考方式，也能得到身边的人的经验指导，还能通过反思和反省引发个人顿悟。因此，利用好行动学习会给学习者带来很大的帮助。

然而，行动学习的实施并不容易，有三个主要原因。第一，难题的选择。选择难题要结合实际，还要引发参与者的共鸣和兴趣，而且难题的困难程度要适中，尤其是对初步练习行动学习的人。第二，过程的引导。行动学习和其他学习方法不同的是要相互激发，这就需要大家通过倾听、反馈、思考、分享形成很好的共学场域，场域需要很强的催化师（催化师是行动学习的一个专业角色，是一个中立的设计者和研讨引导者）助推，否则就容易走形式。第三，反思和提升。这部分我们一般都会潦草收场，因为大家只有在建立信任和安全的基础上，才能在公开场合暴露自己的弱项，这不是一两天能够做到的。

表 8-3　行动学习基本步法

步骤	时间	操作要点
提出难题	10min	1. 积极开场：催化师营造开放安全的场域，明确研讨的目的、流程、时间、角色与规则，并明确难题和 Owner； 2. 陈述难题：邀请 Owner 简要陈述难题的背景、表现、影响、目前采取的行动、研讨期望，并对其重要性、紧急性进行评分
澄清难题	25min	1. 开放探询：带领小组成员通过开放式提问对难题进行探询，避免使用建议式提问和封闭式提问，Owner 回答时要注意简明扼要； 2. 均衡参与：要保持小组成员参与的均衡性
重构难题	20min	1. 难题重构：每一位小组成员依次独立地给出对难题的理解与定义，Owner 听取这些理解之后，对自己的难题进行重新定义，小组成员力争对难题达成更多共识； 2. 设定目标：催化师帮助难题所有者对重构后的难题设定具体明确的目标
创新方案	20min	1. 创新提问：激发小组成员进一步创造性地提问，寻找解决难题、达成目标的创新方式； 2. 经验分享：鼓励参与者分享个人的相关经历，启发 Owner 打开思路
采取行动	5min	1. 制订计划：帮助 Owner 根据成员的输入，筛选和制订解决难题具体明确的行动计划，并评估和提升其有效性； 2. 成员互助：促进成员对 Owner 的难题提供针对性的个人帮助
学习反思	10min	1. 成效评估：收集 Owner 对难题解决研讨成效的满意度评分； 2. 团队反思：带领小组成员轮流分享学习收获，促进团队反思，最后小结并表达欣赏和感谢，结束研讨

因此，在行动学习的实施过程中，建议行动学习小组要相对固定，而且行动学习的活动要能够围绕难题多次分阶段推动，促进大家建立合作场域。对催化师也要进行专业培养，之后还要让其反复回炉修炼，这样才能真正让行动学习落地到位。

3. 奇迹营

奇迹营是一个奇迹，在传统组织中，关注事和任务是第一要务，对人的关注都服务于对事情的关注。而在组织发展过程中，我们会意识到，脑力劳动者的任何工作都具有创造性，创造性工作的源泉是工作中的人，对人的探索和对主动性的激发会大大影响其所承担的任务，因此，奇迹营做的事情就是关注人，关注如何让人在工作中有更好的状态。

奇迹营背后的理念是 U 型理论，它是向未来学习的一种方式，完全颠覆了我们的基本认知。我们一般的学习方式是向前辈学习和总结经验，即都是向过去学习，那么，如何能够做到向未来学习呢？U 型理论的根本动因是，我们只有放下"小我"才能看见未来，因此它的一系列过程都是让我们放下经验，用感知去探索未来，经过反思去走向未来，我们从这个基本理论出发设计了奇迹营。

如图 8-2 所示，奇迹营的基本思想是使命驱动，真正激发一个人内在力量的是个人的使命，其实这种使命与生俱来，只是我们并不清晰它何时以何种方式表现出来。因此，我们要用更广的视角和更深的眼光发现自己，然后成为最好的自己。

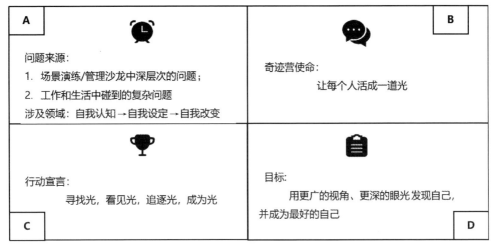

图 8-2 使命驱动的奇迹营

奇迹营只有使命是不够的，让奇迹营产生效果需要一整套的思考和方法，需要我们不断地进行学习和探索。项目团队过整合找到了一个方向，就是通过冰山模型的一系列课程展开探索，推动大家分别从个人和集体的角度对自己与集体的认知进行升级，相关课程如图 8-3 所示。

	个体	形式	集体	形式
行为	关键对话 U型教练圆圈	线上	系统思考 终身成长	线下 线上
能力	非暴力沟通	线上	化解团队冲突	线上
身份	生命意图	线上/线下	明心课堂	线下
	人生七年	线上/线下		
价值观	发现价值观	线上线下	U-3D建模	线下
	U-4椅聆听	线下		
愿景	个人3D建模	线下	团队使命愿景	线下

图 8-3 奇迹营相关课程

它们都是体验课程，需要学员和老师共同创造场域并通过头脑、心、腹逐步打开，感受自己，感知未来。其实，奇迹营的难度也在这里，而且越向冰山下面探索难度越大。因为企业中大部分人是理工科出身，大脑非常发达，逻辑很清晰，思考的模式也基本固定，而奇迹营恰恰是走入人的内心，让每个人运用自己的感性和内心去感知周围的人与事，所以很多人不适应。因此，奇迹营开始是自愿参加，没有做过多的强制要求，就是希望大家愿意来做一个尝试和体验。另外，对于奇迹营的引导师和行动学习的引导师，也需要进行专业培养，这对很多企业来说都是一个挑战，有可能内部没有合适的人员，需要到外面聘请，而我们实践的这家企业，因为内部有很好的教练机制，各方面的人才都有基本储备，这对奇迹营的成功提供了很大的保障。最大的挑战是公司相关环节的允许程度，主要是管理层的认可，这个需要前期做很多的铺垫和策划，至少要得到关键角色的支持。另外，也要能够看到实施的效果，参加奇迹营的很多人都反馈深受震撼，有可能一句话或者一个动作就改变了一个人的做事方式，而做事方式的改变在很大程度上会促进相关工作出现突破性进展。

奇迹营能够在企业中开始、持续开展并开花结果，本身就证明企业是开放和包容的。奇迹营中的关键引导师要持续和学员一起修炼，通过奇迹营激活更多人的内在潜能，这样奇迹营才能得到更广泛的支持。

8.3　总结

通过训战结合的关键人才能力提升体系化运作机制，介绍了能力模型、操作方法、知识沉淀、提升路径四层推进思路，对场景演练、行动学习、奇迹营等关键活动的具体开展方法和关键技巧进行了描述。关键人才能力提升工作一定要结合企业内外战略要求和内外资源的匹配程度，因地制宜地推动才能有效。有一条非常重要，就是要能够切实看到能力提升的效果，该实践活动经过两年的实施，在企业中已经起到了非常明显的作用，管理后备明确知道自己的提升方向，他们的内在驱动力也逐步被挖掘出来，企业也提供了更多机会给管理后备进行实战，在后续的多次竞聘中也能明显感受到管理后备的提升。当然，该案例还在实施的道路上，文中的实践也会随着实践内容和对象的升级不断发生演进，任何一个好的体系只有不断升级才能跟上时代的发展。

研发效能提升"三把斧"

　　某企业多年前启动了敏捷开发与 DevOps 转型，并引入了云平台驱动系统架构，不仅研发效能有了质的飞跃，而且敏捷与 DevOps 的思想深入人心，改变了软件研发部门甚至业务部门大部分人的思维方式和做事方法。

　　下面从研发管理、组织架构和系统架构三个方面，介绍这家企业在过去几年的转型历程。

9.1　研发管理——以敏捷开发和 DevOps 实现持续交付

1. 敏捷与 DevOps 带来的改变

1）组织的转型启动

　　几年前，该企业启动了全面的敏捷开发与 DevOps 转型，一时间，全方位的敏捷与 DevOps 的培训与认证、各种社区与论坛、DevOps 工具栈的全面落地，甚至管理文化的变革，都在如火如荼地进行。

　　通常敏捷与 DevOps 更受基层工程师的欢迎，因为它倡导信任、自治，以及通过技术手段提高效率，如用自动化测试来取代繁文缛节的文档，而管理层通常更喜欢管控与流程。因此，很多人认为敏捷转型应该是一个自底向上的过程，因为每个团队的实际情况都不一样，自顶向下容易"一刀切"，出现形而上学的局面。

　　经过多年的实践，笔者强烈认为管理层的支持和推动非常重要，自底向上的实验只能在极有限的局部发生作用，很快就会遇到阻力和瓶颈。变革需要整个企业的文化和价值观发生改变，以及人力、工具的投入，唯有管理层给予支持才能使变革遍地开花。管理层要在具体方法上避免"一刀切"，允许基层团队按照自己的具体情况来选择方法和实践。

2）全方位的工具升级

　　工欲善其事，必先利其器！为了配合转型，企业建立了专门的 DevOps 团队，为各个软件研发团队提供高效的研发与协作工具。

　　DevOps 团队部署了以下工具，并以公共服务的形式开放给所有软件研发团队使用。

　　JIRA——项目与事务跟踪工具，被广泛应用于缺陷跟踪、客户服务、需求收集、流程审批、任务跟踪、项目跟踪、敏捷管理等工作领域。

　　Confluence[①]——用于企业知识管理与协同及构建企业 Wiki。

　　GitHub——GitHub 是分布式的代码管理工具，它突破了传统的集中式代码管理

---

① 澳大利亚 Atlassian 公司的 JIRA 和 Confluence 是敏捷开发的两大利器，它们彻底贯彻敏捷开发所倡导的去中心化、协作、集体讨论、信息共享、灵活、透明、可视化等原则。JIRA 与 Confluence 相互结合更是相得益彰。

模式，程序员通过 Git 可以在本地管理自己的分支，遇到成熟的时机可以把分支推到 GitHub 中。管理员为了保护主干分支，强制所有合并到主干分支的请求必须通过评审才能完成，从而强化代码评审的过程。

Nexus——使用 Maven[①]或 Gradle[②]进行项目代码管理已经是绝大多数 Java 项目的首选，而企业通过自建 Nexus 仓库缓存和管理代码库可大大提高下载和管理代码的效率。

Jenkins——持续集成工具，通过灵活定义各种自动化的任务来完成特定的集成工序，包括定时触发或代码提交时触发。典型的应用是监测代码库的提交行为，一旦提交完成就自动执行集成，包括从代码库获取所有代码、执行设定的 Maven 目标（比如编译、运行测试、打包、发布到 Nexus），并输出测试结果。所有任务的运行结果都会被记录。IT 团队在每日站会时应该查看当天的集成结果，如果任何集成发生失败，那么都应该立即分配人员处理，防微杜渐，维持集成 100%通过的状态。如果放任任何一次集成失败，则很容易造成代码和测试腐化，积重难返，失去持续集成的意义，前功尽弃。

SonarQube——通过 Jenkins 可以看到每日甚至每次代码提交的集成结果，而SonarQube 可以给出团队代码质量的趋势，其插件涵盖静态代码分析[③]、自动化测试覆盖率等指标，告知团队指标的趋势是向好的，还是向坏的。对于有遗留代码的系统而言，团队的代码质量目标趋势比静态指标更现实。在 Jenkins 的任务中可以嵌入SonarQube 检查。

Checkmarx——代码安全检查工具，可嵌入持续集成对代码进行安全扫描，是实现 DevSecOps[④]的工具之一。

Ansible——自动化部署工具，通过编写 Play Book 来执行部署。

Teams——即时通信工具，具备群聊、论坛、文件共享与协同编辑等能力。

Zoom——视频会议工具，满足远程办公沟通的需要。

3）简单指标驱动全面改进

为了推动整个企业实现敏捷与 DevOps，管理层制定了一些简单的指标：今年在

---

① Maven 是一款在 Java 开发中被广泛使用的项目管理工具，包含项目代码结构管理、项目生命周期及依赖管理系统，富含各种插件，满足开发、测试、发布的各种需要。

② Gradle 是一款基于 Maven 概念的项目自动化构建工具，使用基于 Groovy（一种基于 JVM 的 Java 衍生语言，大大简化了 Java 的语法，支持脚本化）的一种特定领域语言（DSL）声明项目设置，抛弃了基于 XML 的各种烦琐配置；支持 Maven、Ivy 仓库，支持传递性依赖管理。

③ 常见的 Java 静态代码分析工具有 CheckStyle、PMD 和 FindBug，它们可以根据预设的规则快速分析代码是否符合规范，以及是否含有潜在缺陷，并生成报告和建议。

④ DevSecOps 是"研发、安全和运营"的缩写，在软件开发生命周期的每个阶段自动集成安全性，即从最初的设计到集成、测试、部署，直至软件交付。

生产环境的发布数量要比去年翻倍，故障数量要比去年减半。这些 OKR 成为本公司研发团队的共同目标。乍一看，这样的目标很不合理，然而通过实践发现，只要各个软件研发团队对这些目标端正态度，结果就会大不一样。

如果各个团队狭隘地追求数字、应付考核，当然不会得到好的结果。但如果各个团队把它当成驱动力，不断审视自己的团队和系统需要改进的方面，则会有很多意外收获。

某系统的研发团队，通过围绕这些目标对系统和过程进行持续改进，获得了以下成果。

（1）实现了某些变更类型在工作日的自动化发布，从而使发布数量比去年同期增长了 192%，差不多是过去的 3 倍，远远超过要求的目标。同时，没有增加团队成员的加班情况。

（2）改进工单排序流程，把时间和精力用在刀刃上，提升运维能力。

（3）每周进行故障分析会议，持续跟进故障长期解决方案的交付，分析故障和请求类型，建立知识库，减少重复故障和请求的次数。

（4）加强监控，包括系统指标监控及对业务流量增加和感知系统健康情况的监控，防患于未然，也能降低人工登录服务器的次数和工单数量。

（5）标准化运维流程，把具体的标准运维流程写成分步文档，并提供审批申请模板，便于每个运维人员严格按照规范执行，减少出错和降低风险。

（6）在合规的情况下，制定标准的系统健康状态检查清单，为发布质量提供最基本的保障。

这里需要强调的是，每个系统的情况都不一样，有些是新建的，有些是遗留的，有些是自主开发的，有些是依赖第三方厂商的，不应该对不同团队进行横向比较。由于这些目标最重要的是驱动每个团队对自己进行持续改进，因此对自己的纵向比较更有意义。

以该企业的实践为例，指标驱动的敏捷开发与 DevOps 转型是可行的，但是这需要管理层对指标背后的目的有明确的阐释，各个团队也要对指标有正确的理解，视之为驱动，而不是考核，这样就能够避免异化，达到持续改进的目的。

经过多年的转型，该企业最大的收获并不是团队在实践 Scrum 或极限编程、自动化测试代码覆盖率的提升和发布频率的提高，而是敏捷与 DevOps 的思想深入人心，成为每个人体内的"DNA"。

在该企业员工做事情的思维方式改变后，再接到新的需求时，首先思考的是如何更早、更快地开始和交付，先完成再完美，更重视迭代式演进，这种思想不仅运用在了软件开发，也运用到了其他任何类型的项目和任务。

管理层的管理理念也发生了改变，从过去自上而下、层层传达、关注执行，转换到更重视聆听各方的声音、组织结构更扁平化、更关注跨部门/跨职能的协作等。

在结果上，从 IT 的角度上看，各个团队响应业务需求的能力显著提高；在业务方，业务话术中敏捷与 IT 术语越来越多，彼此也越来越能理解对方，更加融合。

2. 敏捷与 DevOps 未能解决的问题

敏捷改善了业务与研发的关系，同时改善了对研发的管理，DevOps 工具栈实现了交付流水线的自动化，为持续交付打下了基础，但是软件研发最根本的一些难题依然存在。

1）复杂组织架构与利益的关系

很多企业做软件，大部分情况都是面向业务部门的。一个软件产品或项目往往涉及多个业务部门，业务部门对产品或项目都有自己的意见，有时很难统一。经常需要 PO（Product Owner，产品负责人）统一意见，我们也希望 PO 能作为软件研发部门的唯一对接人，但现实中这样的"超人"往往不存在。

以该企业的某个项目为例，业务方有销售部门、售前产品设计部门、业务运营部门、售后客户关系部门和变更管理部门，这些部门都是项目的干系部门，在项目执行过程中，这些部门的利益都要被照顾到。而且，要想满足在企业内上线的要求，业务除要满足客户需求和市场需要外，还要满足各种合规要求，需要和多个部门打交道。

在软件研发部门内部，也有大量的非功能性要求需要满足，系统才能上线，研发团队要和基础设施团队、架构设计团队、安全团队、流程管控团队、权限管理团队等打交道。

项目的开发过程同样涉及多个团队对多个系统的开发。除了对主要系统的开发，很多上下游系统也都需要进行一定的开发和改造。除了管理主要系统的开发，还要负责协调上下游系统的团队。

在这样一个复杂、利益方纷繁的组织内，很难找到一个 PO 能平衡各方，并确定需求范围和给出一个统一的优先级清单。

2）工具与自动化的迷思

当很多企业进行 DevOps 转型时，会把工具与自动化作为转型的起点和重点。当然，工具和自动化对提升效率、减少无价值的重复的人工操作、避免人工失误等起到了非常重要的作用，但是，工具和自动化只是实现 DevOps 的支持性因素，是漫漫 DevOps 之旅的"最后一公里"工程，并不是 DevOps 的决定性因素。

工具和自动化也是 DevOps 最容易实现的部分，这也是为什么大部分公司和团队会将它作为起点，因为人总是喜欢从容易的事情开始。工业生产与软件工程最大的区别是，工业生产一直在制造相同的产品，要想提升生产效率，工具和自动化是最重要的法宝；而软件工程每次都在创造不同的产品，甚至每个需求、每个功能都不一样，这就是软件工程的复杂性，而工具和自动化只能解决软件工程中重复操作的部分。比如，代码质量的静态分析、代码的编译、软件的打包、漏洞的检测、测试的执行、软件的发布上线等过程，也就是所有与具体需求无关但又必须执行的过程。很显然，只有这些过程是做不出软件的！

在需求分析、架构设计、软件设计、代码编写和调试、编写测试用例等软件工程的核心过程中，有些工具，如 IDE 等可以起到一定的辅助作用，但自动化在这些领域毫无用武之地。

因此，在提升研发效能的过程中，需求分析、架构设计、软件设计、编程能力、编写测试用例等，这些在敏捷与 DevOps 出现之前已经需要的"硬功夫"，依然起到了决定性作用。"打铁必须自身硬"，如果企业在这些方面的能力不行，那么敏捷与 DevOps 也无法成为企业提升研发效能的"救命稻草"。

9.2　组织架构——重构组织架构，加速价值流动

1. 项目制的弊端

在该企业的转型过程中，各个研发团队风风火火地落地敏捷开发实践和 DevOps 工具栈。

在过去，由于预算都是以项目为单位制定的。团队构成分为两类：一类负责项目交付，他们围绕着项目预算组建团队；另一类负责项目上线后系统的运维，也有以系统为维度的运维预算。

在转型过程中，很多人反映这种以项目为驱动的预算方式，以及围绕这种预算方式的团队组建方式，并不利于实现端到端的 DevOps 持续交付的目标。而且，项目是一个短期行为，在项目完成后，又要把其"遗产"转交给运维团队，运维团队成为纯粹的"背锅侠"。这种做法也违背了"开发、运维一体化"和"谁构建、谁修复"的 DevOps 原则。

最理想的团队组建方式应该是，由一个以产品为维度组建的跨职能团队负责产品端到端的开发与运维，原来的项目变成这个产品需要开发的特性。维护一个产品包括开发与运维，这是一个长期的过程，产品团队也需要长期存在，直到这个产品消亡，这更有利于知识的沉淀和团队的稳定。

这就和项目预算制产生了冲突。对于掌握预算的业务部门来说，在项目制下，他们只关心与之对应的项目交付，不同的项目也会同时争夺同一个研发团队的资源。

在这种环境下，不会有 PO 这样的角色存在，即使有，也发挥不出其预期的作用。

有关将项目预算制转向产品预算制及相应的组织架构调整的讨论一直在进行，理想的情况是，以业务产品为维度确定预算，并以此来组建跨职能团队。尽量把产品开发和维护所需要的所有职能与系统都纳入这个团队的范围内，实现自给自足，减少对外依赖，从而加快业务价值的交付，并实现持续交付。

2. 从项目到产品的解决之道

经过一番讨论，产品预算制开始在某些部门小范围试点。但是，该企业很快遇到一些难题：所谓的产品范围到底是什么？边界在哪里？

作为一家成立多年的企业，有多如牛毛的业务产品和服务，也有几十万个系统在支撑这些业务产品和服务。如果以每一个现有或规划的业务产品和服务作为维度制定预算，就意味着每一个产品和服务都会有一个团队，而每个团队又要具备所需要的所有职能，不可能有那么多人组建如此多的团队。由于原来的系统都不是围绕业务产品和服务独立构建的，因此这些系统也无法切割给这些团队。这势必需要对现有或规划的业务产品和服务进行汇总与合并，但边界问题意味着各个业务部门的服务范围需要重新划分。

由于原来系统的构建模式不符合现在的要求，因此仅通过划分无法解决问题。要实现理想中的自给自足，必须对所有系统进行重构，减少某个产品团队对其他产品团队负责的系统的依赖，这是一个巨大的工程。而且经过实践发现，在解决依赖这个事情上似乎比项目制更难。在项目制下，由于项目掌握着"财权"，只要资金给够，项目经理一般就能从各个系统团队获得支持。

在产品制下，由于各个产品团队自己掌握了"财权"，在没有完全实现自给自足的情况下，要从其他产品团队拿到优先级就比较难了，毕竟各个产品团队的编制已经按照自己的预算完成了，如果再满足其他产品团队的需要，就要添加人力，这好像又仿佛回到了项目制。

多年来，该企业一直实行项目制，有大量的项目经理，而现在突然需要大量产品经理类的人才，这也使得转型落地举步维艰。

要实现新的产品团队的自给自足、不对外依赖，不可避免地会有一些业务、支持和系统的重复建设。原来这些业务需要的多个系统会被组建成平台或公共服务，但同时，它们也会成为所有项目团队需求交付的瓶颈。为了打破这些瓶颈和依赖，这些系统就要在有需要的产品中进行重复建设。

关于边界问题，各个产品的负责人一直在讨论，预算和组织架构迟迟无法落实，但是业务需求从来没有停过，现有的团队在这个过渡期有一定的"阵痛"。

假设现在把所有产品的边界划分得很清晰，各个新组建的产品团队可以在自我感觉比较舒服的状态下马力全开。但一旦有新的需求，原来的产品边界可能就会被打破，不再适用，新一轮有关边界与组织架构的讨论又要开始。这似乎是一个无穷无尽的过程。

经过一段时间的实践，还有另外一个情况，那就是并不是所有业务都应该被定义为产品，比如几乎所有业务都会涉及的合规、风控、财务等功能，这些功能更应该被归类为平台或公共服务。在产品制下，这些功能的预算怎么制定也需要进一步讨论。如果让这些功能独立存在，是否会成为产品团队新的交付瓶颈呢？还有一些业务过程是几乎每个产品都会涉及的，如结算等，如果把它们也定位为产品，当它们成为"独立王国"后，如何支持其他产品就会成为问题。

目前，转型还在进行中，对于以上问题尚无最终答案，但通过实践有三点经验和建议可供大家参考。

（1）根据企业某些部门的实际情况进行推演，如边界问题。

（2）先小范围试点，总结好经验后再逐步铺开。

（3）切忌"一刀切"，没有适用于所有场景的"灵丹妙药"，很多时候需要多种模式并存，适合用项目制的就用项目制，适合用产品制的就用产品制。

9.3 系统架构——拆分、容器化、云原生实现弹性交付与运行能力

1. 微服务与云为何盛行

1）解耦是软件设计的必杀技

在敏捷开发、看板方法、测试驱动编程、CI/CD 流水线等实践得到充分落实后，系统架构和设计及运行环境一定会是阻碍你实现 DevOps 持续交付的另一道坎。

在软件研发中，我们通常会面对两类问题：复杂问题和繁杂问题。

所谓复杂问题，就是它背后有非常多不可见的依赖，而且这些依赖及其关系都是变量，难以预测和管理。

所谓繁杂问题，就是需要管理的元素很多，但每种元素相对简单和单纯，基本上可视作常量，管理需要下很大功夫，但难度低。建筑就是一个繁杂的结构，涉及很多不同的元素，但只要严格按照图纸和规范施工，给予足够的时间，就能够完成，其边界和范围非常清晰，建筑工人并不需要很高的知识水平。飞机也是一个繁杂系统，虽然需要数以万计的组件，但飞机的建造也是一个拼接和组装的过程。

那么，软件和软件项目是复杂问题，还是繁杂问题呢？

软件和软件项目是复杂问题。软件的复杂性在于代码和代码之间会发生相互影

响,产生"级联效应",也就是成千上万行代码之间会发生不可预测的关联互动,而且是不同级别的互动,会产生无数的可能性。

由于每个新的软件项目都在交付不一样的产品,这就导致软件交付团队在收到需求的时候,充满了大量的未知因素,交付团队对所需要的资源和时间的估算也无法做到准确。交付过程是一个看不见、摸不着,又充满意外的过程,以往的项目经验并不能直接套用到新的项目中,每个新项目都是一个重新探索的过程。

虽然飞机整体上是一个繁杂系统,但它的某些子系统,比如软件系统、控制系统等,也是复杂系统。

如今,我们面对的更多的是复杂问题,其和繁杂问题相比升高了一个维度,我们切忌用应对繁杂问题的方法来应对复杂问题。

厘清了概念以后,我们再来看看系统问题和架构问题。单体系统的后续研发与维护就是一个复杂问题。近年来,流行的微服务架构就是把一个复杂问题,即单体系统,转换成一个繁杂问题,也就是以架构的繁杂取代单个系统的复杂,这也是解耦的极致表现。

把复杂问题转换成繁杂问题也是一个降维的过程,我们没有必要去挑战难度,当遇到复杂问题时,尝试把它转换成繁杂问题,不失为一个更好的选择。

2)基础设施、技术与工具是重要支持

过去,很多企业一直很重视重用性。比如,用一套系统支持多个国家的业务,甚至不断在它上面开发更多的功能,以满足更多区域和客户的需求,把重用性表现得淋漓尽致,但这样做的代价也非常大。

过去,存在这样的思路有以下几个原因。

(1)虚拟化技术还不成熟,基础设施如服务器非常昂贵,企业当然希望在同一台服务器上做的事情越多越好。

(2)运维、部署和发布都是全手工操作,维护多台服务器、多套系统的成本和风险都非常高。

(3)各个国家和各个客户核心业务的需求差不多,每年监管和组织的合规需求都会有变动,更新多套系统意味着大量的重复开发。

但随着时代的进步,这些问题都有了新的解法,具体如下。

(1)虚拟化技术越来越成熟,基础设施的成本降低、利用率得到提升,云的出现重新诠释了基础设施。

(2)随着部署、发布、监控的各种自动化手段和工具的出现,维护多套系统比过去轻松得多。

(3)系统部署分离后,代码完全可以通过组织成公用库得到重用,新的代码管理工具也带来了新思路。

在基础设施、技术与工具的支持下，微服务与云原生架构得以落地。

3）云计算带来的改变

很多企业考虑上云，其中最主要的一个考量是自建机房的建设和维护成本高，提供资源的速度也无法满足应用团队的需要。因此，很多企业试图把公有云作为自建机房的替代方案。但如果仅把对公有云的运用停留在服务器、存储、网络这些基础设施层面，那便是极大的浪费。其实主流公有云除了提供快捷、廉价的基础设施，还有很多值得尝试的服务，可帮助研发团队提高研发效能。

服务器、存储、网络等基础设施是所有主流公有云都会提供的最基础的服务，即所谓基础设施即服务（Infrastructure as a Service，IaaS）。公有云和自建机房最大的不同在于，在云上获取这些资源的过程完全是自助的，中间不需要任何人工干预。研发团队通过控制台 GUI（Graphical User Interface，图形用户界面）、命令行、API、部署脚本（如 Terraform）等方式，在数分钟内就可以获取想要的资源。因为这种快捷性，配合负载均衡、监控，研发团队可以让云根据流量自动分配更多或更少的计算资源，从而实现弹性伸缩，最大化支撑业务波动和优化成本，图 9-1 所示的响应式宣言提供了系统实现响应能力的范本。

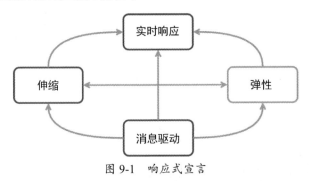

图 9-1　响应式宣言

这种弹性是自建机房难以实现的，但要想充分利用云的这种优势，系统的架构设计也要配合。应用程序层需要是服务化、无状态的，适合放在一个个规格更小的服务器中独立运行，而不是像单体应用那样集中放在一台高规格的大服务器中，后者完全无法发挥云的弹性优势。

上云也是一个倒逼现有系统采纳云原生架构的现代化的过程。然而，如果对公有云的运用仅限于此，则是极大的浪费。因为除了提供 IaaS，主流公有云也提供了PaaS（Platform as a Service，平台即服务），甚至是 SaaS，而其实后两者才是各主流公有云竞争的主要发力点。

在 IaaS 领域，各主流公有云厂商的产品雷同，基本上就是名字不一样。各主流公有云资源的名称对比，如表 9-1 所示。

表 9-1　各主流公有云资源的名称对比

各主流公有云资源的名称对比			
资源	阿里云	AWS	GCP（谷歌云）
云服务器	ECS	EC2	Compute Engine（VM）
对象存储	OSS	S3	Cloud Storage
专有网络	VPC	VPC	VPC

作为研发团队，所需要的其实是能让系统平稳运行起来的环境，而服务器、存储、网络这样的底层基础设施不是研发团队关心的重点。

研发团队在得到一台只有 OS（Operating System，操作系统）的服务器后，还需要安装大量的基础软件和配置，系统才能在上面运行。大部分系统都需要数据库，研发团队除了需要在服务器上安装和维护数据库，还要设计与管理主从同步和数据备份等烦琐事务。因此，主流公有云厂商在基础设施之上，提供了各种中间件平台和服务，使系统或组件可以不用与服务器、存储、网络等底层基础设施直接打交道，也不需要关心补丁升级这些 IT 运维的琐事。

最典型的服务就是云数据库。和研发团队直接在云服务器上自行安装数据库不同，云数据库以关系型数据库为例，已经为我们提供了多点部署、主从同步、读写分离、自动备份等能力。简单来说，这些原本需要专业数据库管理员和复杂架构设计才能实现的工作，云已经帮研发团队做到了，可开箱即用，只需要关心系统本身的安装、部署和维护即可。

除了关系型数据库，主流公有云厂商也提供对象存储、NoSQL 数据库、时序数据库等，图 9-2 所示为不同数据库的部署方式与云负责范围的区别。

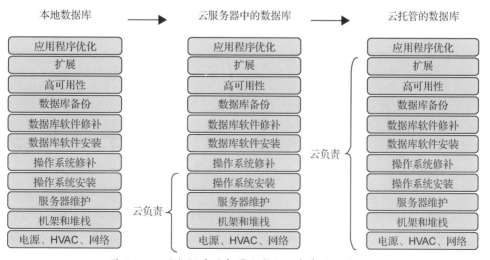

图 9-2　不同数据库的部署方式与云负责范围的区别

　　如果研发团队用容器（如 Docker）管理系统部署，也可以直接把容器镜像部署到云的 Kubernetes 平台上，让云来管理像微服务这样的繁杂架构。

　　如果系统打包后是一个 Jar 包或 War 包，则可以直接部署到云的应用平台，它直接提供支持 Java 等主流语言的运行环境，研发团队不需要管理 JDK 等的环境部署，应用平台也能根据流量在底层实现弹性伸缩，不需要研发团队在网络层和服务器层做任何配置。研发团队甚至可以配置让云只在有新请求的时候才启用资源，在一段时间没有请求后释放资源，大大节约系统运行费用。

　　如果某个业务的需求是，当某个事件发生或者有人调用 API 时，执行一段程序片段或一个函数，并触发其他云服务或消息，那么在这个场景下，研发团队甚至连一个完整的程序都不需要，便可以把这些程序片段或函数直接部署到云的函数服务待命。

　　Serverless 也逐渐纳入人们的视野，当有触发事件或 API 请求时，云会自动分配资源调用这些函数，完成使命，并在事后释放资源，以节约费用。当请求量变动时，也会在底层实现弹性伸缩。

　　我们可以看到，从简单地提供服务器等基础设施到 Kubernetes 平台，再到应用平台，最后到函数服务，云服务托管了系统运行环境，并把系统和底层基础设施隔离开来，让我们更聚焦在开发、系统运行本身，不再需要关心底层细节和 IT 运维工作，这个趋势也是 Serverless 的过程。某云提供的服务如表 9-2 所示。

表 9-2　某云提供的服务

	云服务器	K8s 平台	应用平台	函数服务
支持语言	不限	不限	主流开发语言，如 Python、Node.js、Go、Java、PHP 等	Python、Node.js、Go
服务模式	IaaS	介于 IaaS 和 PaaS 之间	PaaS	微服务
伸缩	服务器级别的伸缩	集群间伸缩	云自动管理	Serverless
运用场景	任何场景	容器托管	Web 应用、Mobile 后台服务	轻量事件驱动

　　当然，所谓的 Serverless 并不是 No Servers，而是用户不再需要关心服务器，只需要直接部署、运行获取弹性计算资源即可。所有这些服务都依托于底层的各种基础设施资源，只是通过服务的形式把底层资源抽象化了，而且正是这些资源为云厂商提供了最基本的收入来源。

　　主流云厂商也提供了消息队列、云监控、云日志分析、云压测等 SaaS 服务。

　　对于用户来说，不同云产品服务形式的运维模式也不一样。从几乎所有运维工作都需要用户管理的 IaaS 模式，到运维完全交给云平台的 SaaS 模式，如图 9-3 所示。

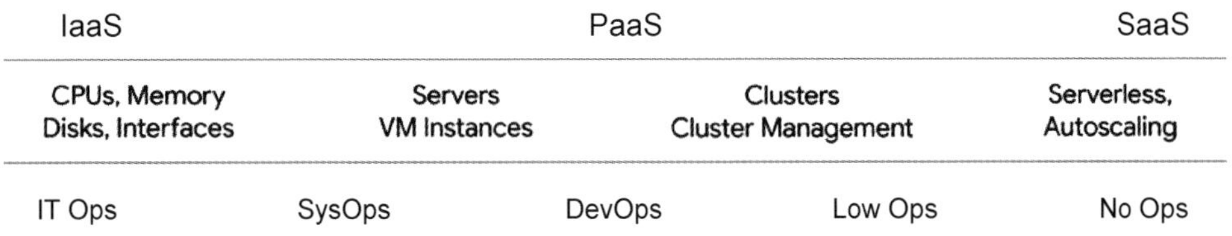

IaaS		PaaS		SaaS
CPUs, Memory Disks, Interfaces	Servers VM Instances	Clusters Cluster Management		Serverless, Autoscaling
IT Ops	SysOps	DevOps	Low Ops	No Ops

图 9-3　不同云产品服务形式的运维方式

总结来说，主流公有云除了提供 IaaS，也提供 PaaS，而后者更能体现云的优势，也是我们运用云的重点。

2. 微服务是不是唯一的解决之道

虽然说解耦的尽头是微服务，但微服务并不是每个系统和每个研发团队的最优解。该企业通过实践也看到，越来越多的研发团队在采纳微服务架构后，同样苦不堪言，纷纷开始反思。其实有些问题不在于解耦和拆分，而在颗粒度上。

以该企业的某个核心系统为例，该核心系统需要支持全球多个国家不同客户的业务，后续研发和维护有两种方案。

方案一：一套系统支撑全球多个国家所有客户的业务。

方案二：一套系统只支持一个国家甚至一个大客户，搭建和维护多套系统。

很显然，对于开发和运维来说，方案一是前面提到的复杂问题。

举个简单的例子，对于开发来说，大客户 A 需要在开户界面增加 10 个字段，大客户 B 需要在开户界面增加 15 个字段，这些新增字段没有交集，这不仅意味着要在数据库增加 25 个不能重用的字段，而且在前端界面也要针对不同客户编写遮盖逻辑。这已经是最简单的需求案例了。

对于运维来说，当某个国家的业务在进行时，其他国家的业务也在进行，而且各个国家在同一时点处理的具体业务是不一样的，运维根本无法在测试环境模拟到生产环境的业务场景。更糟糕的是，当亚洲的业务进行大量日终处理时（这是最消耗系统资源的过程），欧洲的日常业务正在进行，当系统资源不足时，就会受到严重影响，要解决或舒缓这个问题就需要投入大量的资金和人力。

方案二则把问题转换成繁杂问题，虽然需要搭建和维护的系统与服务器变多了，但不管是从开发还是从运维的角度来看，每一套系统都变简单了。由于每个被管理的元素相对简单和单纯，基本上可视作常量，也就是虽然需要管理的元素变多了，但管理难度降低了。

在过去，方案二不会作为一个选项，但随着技术的革新和进步，方案二变得更加可行，而且业务和需求通过拆解变简单了，开发周期更短了，维护成本也更低了。

因此，各个项目和各个需求的代理人往往同时上门，但底层支撑的系统只有一套，这些项目和需求就会互相"掐架"并形成复杂的依赖关系，出现交付根本快不起来的情况。针对这种情况，研发团队的具体方案是将原来的一套系统以前面重新定义的业务产品为边界，拆分成若干个专属系统，与之配套，也有相应的服务器进行隔离。

可以看出，该核心系统成员并没有极端地完全采用前面提到的方案二，也就是没有采用每个国家和每个客户分别搭建一套系统的方案。其实方案一和方案二中间有很多妥协方案，这些妥协方案兼顾了它们的优点和缺点，比如，把亚洲和欧洲的业务拆开能解决很多问题。

另外，这个架构设计有点特别，它并不是完全按照 VIP1 客户、VIP2 客户和常规客户拆分成三套完全独立的系统的，而是只在数据库层进行拆分，应用程序层和应用服务器还是统一的，图 9-4 所示为原系统架构设计与新系统架构设计对比。这个设计主要是考虑到原有核心系统的特殊性，原有核心系统是一个有着十多年历史的遗留系统，而且它的大部分逻辑都是通过数据库存储过程实现的，运行过程中大部分的性能负载也在数据库上。也就是说，这个系统的复杂性，不管是功能逻辑，还是性能都体现在数据库这一层中。进行这样的改造，一方面可以抓住重点，实施"二八原则"，即通过 20% 的改造就能解决我们 80% 的问题；另一方面应用程序层保持统一，对用户和上下游系统来说，我们的改造对它们毫无影响，仅相当于一次内部设计的重构，另外改造的影响也会被限定在内部，可以更快速地完成改造。

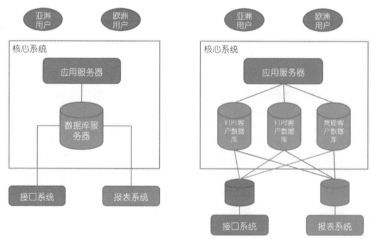

图 9-4　原系统架构设计与新系统架构设计对比

通过这样的拆分，各个主要客户之间的业务处理不仅不会产生性能影响，也隔离了彼此的故障，即没有把所有鸡蛋都放在同一个篮子里。另外，系统升级更灵活，可以实现更频繁上线发布的 DevOps 目标。

其他内部系统，如接口系统、报表系统，原来也直接从核心系统的数据库进行读写，对核心系统的性能产生了严重的影响，这次研发团队也为它们搭建了专属的数据库，通过数据同步技术使它们与核心系统的各个数据库实现数据同步。

上述所展示的改造是针对业务特点、系统特点因地制宜的方案，不可复制，笔者想通过这个例子说明，架构改造没有统一的答案，应该结合自己的实际情况得出更加有"创意"的方案。这也是为什么这个研发团队没有采用流行的微服务改造方案，因为流行的微服务改造方案并不适合他们的场景。但在思路上，把复杂问题降维成繁杂问题这一点是一致的。

3. 拥抱云对业务能力的赋能

随着互联网的兴起，很多行业的业态也发生了剧烈变化。大数据、人工智能、区块链技术在很多传统行业也被广泛使用，这就对软件研发提出了越来越高的技术要求。

另外，DevOps 时代也需要更具弹性的基础设施和运维能力。

头部云厂商通常都是业内最顶尖的软件公司或互联网公司，它们代表着业内最先进的技术。云厂商为企业提供了弹性的 IaaS 能力，同时，企业通过运用这些云平台的 PaaS 或 SaaS 服务，可以直接运用业内最先进的技术。对于很多业务驱动的企业来说，软件研发的投入肯定是有限的，或者说一定是以满足业务优先的，完全无法追赶头部云厂商的技术能力。而通过 PaaS 或 SaaS，这些企业便可以站在巨人的肩膀上，走得更远。

企业通过运用云平台的大数据处理、人工智能、区块链等技术，大大减少了在研发上的投入和缩短了交付周期。

在敏捷开发与 DevOps 转型的背景下，该企业也积极拥抱云平台，通过上云实现更高的研发效能和弹性运维能力，并倒逼现有系统采用更现代的架构，运用云平台的 PaaS 和 SaaS 构建了更高效的大数据处理、智能决策、人工智能、数字化等平台。

1）借助云服务满足业务快速发展的要求

该企业正在增加某地区的业务和增强业务能力，包括：

- 为客户提供最佳用户体验，提供定制化服务。
- 监管机构需要更实时与详尽的报表，同时要求企业具备更好的运营风险管理的能力。
- 股东需要更好的投资回报。

这些投资需要一定规模持续增长的数据，以及诸如大数据、数据分析、数字化平台、人工智能、机器学习等技术的支撑。这些技术支撑都需要庞大的存储和处理能力，包括灵活的扩展能力，而这些都是当前自有数据中心的架构与技术难以满足的。

为了支持该地区业务的增长，该企业与云厂商合作。这为该企业提供了直接运用最新创新技术的机会，提升了时效性，并提供了更好的弹性与灵活性。另外，云平台帮助该企业缓解了其数据中心的承载压力，并提升了其在行业的核心竞争力。

在过去两年多的时间中，云平台赋能该企业业务部门实现了以下能力。

- 创新能力

个人智能客服专家：通过云的自动语音识别技术，在客户服务中引入了聊天机器人，通过语音助手提升了数字化的客户体验，激励客户使用自助化问询。

- 数据管理

数据分析平台：成功将涉及多个源系统 TB 级别的数据迁移到云平台，节约了百万美元级别的费用。

- 业务上云

某项新业务系统整体在云上部署：某项新业务系统制定了云原生策略，并把一系列系统全部在云上进行部署上线。

- 灵活交付

监管报表：借助于云的大数据建立了通用数据框架，实现了效率和数据质量的提升，提供了数万份监管报表的报送能力。

2）云平台在数字化转型中的支持

云平台提供了满足该企业合规和安全要求的，包括 IaaS 和 PaaS 的一系列云产品，如云服务器、云存储、K8s、云数据库、大数据分析、人工智能、安全、网络和云管理工具，服务可用性达到 99.99%的目标。

平台上的系统数量呈现持续线性增长，业务类型涵盖创新、业务、数据管理和提效方面。

平台的产品和设计经过行业监管的审核，满足监管机构和该企业内部各项合规与安全标准。所有上线的云产品都通过了内部的标准审核流程。平台上有自动化的持续合规与安全检查，确保运行在平台上的各种云资源合规。平台提供标准化的工具与流水线，确保新创建的资源是满足要求的。

该企业将持续上线更多的云产品，以丰富平台的能力。云管团队也会持续自动化和优化系统的上线流程，以提升用户体验。

在支持数字化转型方面，云平台提供了弹性计算、大数据分析与人工智能能力。作为以 API 为驱动的平台，云平台赋能研发团队通过完全自动化的方式构建和运行现代的分布式架构系统。

- 在架构上，云平台提供了灾备设计方案，确保将灾备切换时间控制在规定时间内。

- 在产品上，云平台提供了容器平台，该产品不仅提供了应用快速部署的能力，也提供了更可靠、快速的故障自我修复能力。

- 在流程上，为了确保应用和基础架构的抗逆力设计能在信息系统故障时切实保障服务持续可用，云平台分别定义了不同的灾备切换演练策略，强制要求重要信息系统等关键业务系统定期演练，充分测试信息系统的可靠性和维护人员应对紧急事件处理的熟练度。

- 在运维上，为了确保系统日常运维和保障流程的重要性，通过组建 7×24 小时数据中心现场运维团队、紧急事件处理小组、关键变更管理小组、问题追踪小组，从人员和流程上加强对整个技术团队的风险管理和控制。

3）总结

"天下武功，唯快不破。"过去，用软件实现一项业务或开发一款软件，动辄需要几年的时间，甚至开发一个功能都要几个月的时间。但是，随着敏捷与 DevOps 的出现，不断刷新了软件和功能开发周期的"奥运会纪录"，最"牛"的团队甚至可以做到每天上新几个功能。

该企业近年来通过敏捷开发与 DevOps 转型，在研发管理、组织架构、系统架构方面做了一系列探讨与尝试，有经验，也有教训。研发效能提升没有标准答案，实践和工具没有"放之四海而皆准"的标准，只有价值观和原则是通用的。希望你在理解和消化背后的价值观和原则之后，能够探索出适合自己的实践和工具。

抽象分支在重构软件
产品中的运用

在产品研发的过程中，我们必须时刻对代码保持警惕，一旦发现代码有"腐烂"的迹象，就需要及时重构，消除代码的"坏味道"，让代码焕然一新。然而，在进度的逼迫下，团队往往承受着及时交付功能的压力，加上如果团队成员对糟糕代码的敏感度不够高，那么稍有疏忽，整个代码库就有可能积重难返。此时，是对代码进行重构，及时偿还代码开发过程中欠下的技术债；还是"得过且过"，先满足客户不断提出的需求？这还真是一个问题。

不可否认，在软件产品研发的过程中，时刻应对各种需求是一种常态。一方面，我们发布的版本正在支撑着客户的生产应用；另一方面，我们还需要不断地开发新功能，以满足客户不断提出的新需求或者需求变更。同时，我们对产品还有着雄心勃勃的计划，希望它能够在不断的演化中变得更加强大。我们清醒地感知到，若任由代码如此发展下去，则代码腐烂会进而导致架构的腐烂。就像一架正在执行飞行任务的航空器，明知道缺少足够的燃料需要返回基地加油，却又不得不继续飞行，否则就无法按时到达目的地。这时，我们就需要针对代码库进行"空中加油"。

10.1　抽象分支

对代码进行"空中加油"，最根本的一点是在修改代码时，不能对代码库产生太大的影响，否则就会影响版本发布。Martin Fowler 在《重构——改善既有代码的设计》一书中要求"重构技术就是以微小的步伐修改程序。如果你犯下错误，便可很容易发现它。"我们可以将这种小步前行的重构方式称为"谨小慎微"，然而在代码重构过程中这却是必须遵循的铁律。小步重构是改进现有代码库的理想方式，然而在进行一些复杂的重构时，会面临众多阻力。

- 随着功能的增加，代码库变得更加庞大。
- 代码的腐烂情况较为严重，需要在结构上做重大调整。
- 团队成员欠缺对大型代码库的重构能力。
- 单元测试与集成测试的测试覆盖率太低。
- 重构与新功能开发同时进行，破坏原有功能的风险太大。

在面对以上阻力时，其实我们不用抱着重构这一根"救命稻草"，而是可以选择一种简单直接却又经过实践验证的方法，它既能兼顾版本快速发布的要求，又能在一定程度上拯救已经腐烂的代码。这种实践模式就是"抽象分支（Branch by Abstraction）"。该模式最早由 Paul Hammant 提出，用于基于 Trunk 的开发模式，之后被 Martin Fowler 引入，用于支持对软件系统的大规模更改。

抽象分支的核心思想是先对要替换的代码（类或者模块）建立一层抽象层，然后将客户端的调用代码指向该抽象层，并为其创建单元测试，如图 10-1 所示。

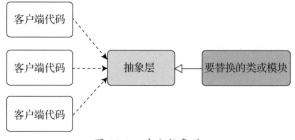

图 10-1　建立抽象层

为类建立抽象层，这在重构中较为容易，无论是"提取为超类"，还是"提取为接口"，都能轻松通过自动化重构工具完成。这就实现了用较小成本降低客户端代码与要替换类（或模块）之间的耦合。

接下来，提供一个新的类来实现该抽象层。一旦这个新的类实现完毕，就可以逐步修改客户端代码，使其转为使用这个新类。如果验证新类的功能没有问题，又没有任何客户端代码还依赖于旧的实现，就可以将要替换的类（或模块）去掉，如图 10-2 所示。

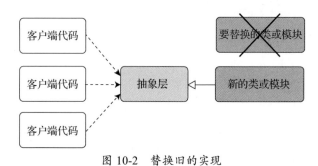

图 10-2　替换旧的实现

这一模式并未完全遵循重构的定义，即"在不改变代码外在行为的前提下，对代码做出修改，以改进程序的内部结构"。虽然它未改变代码的外在行为，但新类的创建方式更像是一种重写，而非重构。因为重构是对旧的类做代码结构的调整，即便要创建新的类，也是根据旧的实现通过提取类或者提取参数对象等方式创建的。因此，笔者在遵循抽象分支模式思想的基础上，结合具体的案例实践，提出了一种"重构+重写"的"空中加油"策略，并在大规模软件产品中得到了有效运用。

10.2　代码的"坏味道"

下面来看看产品代码的"坏味道"。要解决的代码问题很多，本文仅以其中一个关键问题作为示例。

我们选择将 ElasticSearch 作为存储主题区数据的数据库，但作为一种产品，其还需要满足不同客户的需求。例如，针对数据规模相对较小的客户，亦有可能使用关系型数据库，如 MySQL。因此，在对主题区的数据建模时，我们并没有利用 ElasticSearch 的存储特性来定义一一对应的主题区业务模型（即逻辑数据模型）与物理数据模型。主题区的业务模型采用了树模型结构，但在持久化到数据库时，将业务模型拍平（Flatten）形成关系型数据库的表结构。

在确定持久化架构时，一开始我们就确定了两个职责的分离，并以 Gateway 和 Repository 作为承担不同职责的对象。Gateway 负责访问主题区数据库并完成对数据的 CRUD［CRUD 指增加（Create）、读取（Read）、更新（Update）和删除（Delete）的首字母简写］操作，而 Repository 则借鉴了 DDD 资源库的概念，体现的是业务角度的资源存取。可以认为，前者是对数据访问的抽象，偏向于基础设施层；后者是对访问主题区模型行为的抽象，偏向于主题区的业务。

我们犯下的一个错误是，没有及时进行代码走查，在确定了此架构原则后，由于进度压力与开发能力的问题，团队成员在开发时并没有体会到这种职责分离的本质，而是不断地编写代码，所以最终实现与当初确定的原则渐行渐远。等到我们发现时，问题已经变得较为严重。

- 部分 Repository 没有守住边界，为了满足自己的业务，越俎代庖，做了 Gateway 应该做的事情。
- Repository 没有按照业务去定义，出现了许多命名上大同小异的 Repository，每个开发人员只熟悉或只相信自己定义的 Repository。
- 有时候，为了重用建立了许多不必要的抽象，继承层次混乱。

这一切问题在引入两层主题区（为了实现多数据源处理等功能，我们引入了前置主题区和细节主题区）之后变得更加严重。两个不同主题区的数据结构几乎一致，但访问的 ElasticSearch 集群及 index 却又不同。有的开发人员为了方便，如他要开发的功能仅需要前置主题区，就定义一个前置主题区专用的 Repository，引入各种混淆的 Repository，并产生大量的重复代码。

随着需求的演化，最早定义在 ElasticSearchGateway 中的基本方法已经不能满足需求，于是就不断增加。但这些方法的操作目标大同小异，于是就出现了许多混淆不清的方法定义，如查询单条数据、查询多条数据、按照条件查询、查询时执行聚合与排序及按照范围进行查询，使得 Gateway 的接口方法变得越来越乱，而这样混乱的接口方法却不幸又被各个 Repository 依赖。

10.3　需求与版本演化

经过不断的测试和缺陷修复，我们按照客户的进度要求交付了一个功能相对完善的版本，在通过客户的 UAT（User Acceptance Test，用户验证测试）后，部署到生产环境中投入使用。在完整版本投入使用后，客户需求依旧源源不断地涌来，使得该版本需要不断迭代。按照产品的规划，我们还需要实现一些重要的功能特性，并可能在未来支持更多的客户。由于不同客户的数据协议、数据源支撑都不相同，因此这意味着许多相同的功能需要为不同的客户提供专有的实现。

然而，代码的重构又变得刻不容缓。可是如前所述，阻力众多，重构的风险太大，该怎么办？我们当然可以创建版本分支，例如先为当前运行的版本建立一个 release 分支，然后在 master 分支上进行重构和新功能开发。问题在于，重构与新功能发布的频率并不一致，后者甚至可能要求每周发布。如果新功能开发和重构都工作在 master 分支上，在发布新功能到生产环境时，可能会因为重构引入未知的缺陷，破坏已经交付的稳定功能。如果新功能在 release 分支下开发，则又会因为重构的影响巨大导致代码无法及时合并，或者修复代码冲突的代价太大。

以上，就是我们选择"重构+重写"策略的背景。

在选择"重构+重写"策略时，我们决定将 master 同时作为开发与重构的版本分支，之前的 release 分支则作为后备，以应对特殊情况。

依据抽象分支模式，需要确定客户端代码与旧类之间的依赖结合点。而每当我们重构一个类，尤其是重构该类的方法时，都需要事先确定待重构的方法究竟有多少调用依赖。

在整个代码库中，只要是调用者都可以被认为是客户端代码，只是位于不同的层次罢了。重构最棘手的问题就在于，如果要重构的方法被多个客户端类调用，就可能会"牵一发而动全身"，即使保留方法的定义不变，仅仅是重构方法内部的实现也需要慎之又慎，毕竟不同的调用者对方法的实现可能会提出不同需求，如果代码编写不够清晰，则极有可能在重构时会不小心破坏功能，引入缺陷。

这种判断依赖的方式是一种由内自外的方式，而抽象分支的策略则反其道而行之，先"守"住外部的调用点不变，然后以重写的方式替换这个调用。重写时，应站在调用者的角度逐步完成重写，以求小步快速地完成替换。每替换一小块功能，都要编写测试去覆盖所有分支；在测试覆盖率不足的前提下，可以适当在一定阶段进行手动测试，这种操作需要在类生产环境下运行，以确保小范围的替换没有引入问题。

整个"重构+重写"的过程如下：

（1）发现依赖：发现外部调用者依赖的类。

（2）创建新类：先创建新的类，然后将当前外部调用者需要调用的方法原封不动地移到新类中。

（3）新旧替换：在调用者内部的调用点中，将旧类替换为新类，并保证功能正确。

（4）测试覆盖：编写对应的测试覆盖该功能。

（5）执行重构：对新类进行重构，并运行测试以保证重构没有引入错误。

（6）递归执行：若新类的内部也依赖待重构的旧类实现，则将新类视为当前的外部调用者，重复第（1）步，以此类推，直到旧的类没有别的依赖，则安全删除旧类。

该过程并没有为待替换的类建立抽象，这似乎有违抽象分支的要求。然而，抽象分支的核心理念是解耦与替换，只要能够做到这两点，就可以根据具体情况具体分析，未必一定要建立抽象。

10.4 执行"重构+重写"策略

继续以我们的产品为例。ElasticSearchGateway 类本是需要重构的目标，但它的依赖非常多，一共有 50 处，其部分依赖如图 10-3 所示。

图 10-3 ElasticSearchGateway 类的部分依赖

其中，queryByCondition()方法有 32 处依赖，如图 10-4 所示。

该方法就是我们重构的目标。

调用该方法的客户端类通常被定义为 Repository，如前所述，它没有守住边界，越俎代庖，做了 Gateway 该做的事情，因此，我们还要重构 Gateway 的调用者。

	Usages of queryByCondition(Map, String...) In All Places (32 usages found)
BasicDataRepository.java　33	return gateway.**queryByCondition**(conditions, tableName);
BasicDataRepository.java　40	return gateway.**queryByCondition**(conditions, tableName);
BasicDataRepository.java　48	List<SearchConsequence> searchConsequences = gateway.**queryByCondition**(condi
BasicSubjectModelRepository.java　33	return gateway.**queryByCondition**(condition, typeName);
BasicSubjectModelRepository.java　40	return gateway.**queryByCondition**(condition, typeName);
ElasticSearchBasicResourceRepository.java　26	List<SearchConsequence> results = gateway.**queryByCondition**(map, types);
ElasticSearchGateway.java　48	List<SearchConsequence> consequences = **queryByCondition**(new HashMap<>(1), t
ElasticSearchGateway.java　69	List<SearchConsequence> results = **queryByCondition**(conditions, types);
ElasticSearchQualityRepository.java　26	List<SearchConsequence> results = gateway.**queryByCondition**(map, types);
ElasticSearchRepository.java　25	List<SearchConsequence> results = gateway.**queryByCondition**(map, types);
FlightSubjectRepository.java　89	return gateway.**queryByCondition**(condition, typeName);
FlightSubjectRepository.java　94	return gateway.**queryByCondition**(conditions, typeName);
FlightSubjectRepository.java　101	return gateway.**queryByCondition**(condition, typeName);
FlightSubjectRepository.java　108	return gateway.**queryByCondition**(condition, typeName);
FlightSubjectRepository.java　115	return gateway.**queryByCondition**(condition, typeName);

图 10-4　queryByCondition()方法的依赖

现在，我们先不着急重构这些类，而是反其道而行之，跳到最外层找到面向某个业务场景发起终端调用的类。在我们的产品中，发起终端调用的类都是 Flink 的算子。我们将执行业务逻辑处理的算子统一命名为 Processor，如针对航空器业务的 AircraftProcessor 类，它的调用关系如图 10-5 所示。

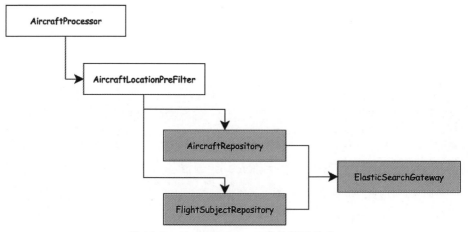

图 10-5　AircraftProcessor 类的调用关系

图中标记为灰色的类，就是我们希望重构的类。根据前面的分析，它们都有多处调用者，要做到改变现有代码的结构而不破坏其功能，就好比做一台精密的脑颅手术，难度非常大。

现在，开始"空中加油"。注意，以下执行的每个步骤几乎都不会影响现有代码的功能。

首先，定义一个替换 AircraftRepository 的新类，命名为 NewAircraftRepository。

其次，站在调用者 AircraftLocationPreFilter 的角度，将它需要的方法原封不动地复制到新类中。显然，该新类的代码不如被替换类的繁杂，充分体现小步前行的思想，不对整个类进行彻底改变，因为彻底改变的风险太大。

再次，在调用者内部用新类替换旧类。由于新类的实现与要替换的旧类的实现完全一致，所以只要保证集成点没有问题，这一替换就基本可靠。

如果已有自动化测试覆盖这一路径，则运行测试，测试这一替换是否影响了原有的功能实现。如果没有自动化测试，则需要编写新的测试去覆盖它，可以考虑同时编写单元测试和集成测试。

最后，重构新类的实现，既然新类目标方法的实现与旧类的完全相同，那么，它和直接重构旧类有何区别呢？这主要在于以下三点：

第一，许多遗留系统在多数情况下没有自动化测试覆盖代码实现，使得重构具有一定风险。现在，经过前面的步骤，已经弥补了这一不足。

第二，新类的代码规模更小，因为它只复制了当前调用类需要的方法实现。

第三，依赖新类的调用者非常少，目前只有一个调用依赖新类，远远少于旧类的调用数量。

重构内容包括调整原有的方法接口，也包括对内部实现进行代码质量改进。如上所述，新类只有一个依赖点，重构产生的影响就被限制到一个很小的范围。

例如，调用者 AircraftLocationPreFilter 调用了 queryDistinctOrgStationBy() 方法，它的定义如下：

```
public List<FlightPath.Track> queryDistinctOrgStationBy(String craftNo,
String scopeField, String gt, String lt, String aggField, String sortField)
{}
```

AircraftLocationPreFilter 对该方法的调用如下：

```
private List<FlightPath.Track> getPeriodTimeTracks(String craftNo, Date
startTime, Date endTime) {
   return aircraftRepository.queryDistinctOrgStationBy(
        craftNo, UPDATE_TIME_FIELD,
        DateUtil.transformTime(startTime,
DateUtil.YYYY_MM_DD_T_HH_MM_SS),
        DateUtil.transformTime(endTime,
DateUtil.YYYY_MM_DD_T_HH_MM_SS),
        ORG_STATION_AGG_FIELD, ORIGINAL_TIMESTAMP_SORT_FIELD);
}
```

这种方法的定义存在以下"坏味道"：

- 方法名未能清晰表达查询航空器路径的意图。
- 方法签名暴露了太多不必要的字段，例如方法的第 2、5、6 三个参数就应该被封装到 AircraftRepository 中，对第 3、4 两个参数的转换逻辑也不应该被暴露出来。

现在，对 NewAircraftRepository 的方法进行重构，如通过"修改方法签名"的重构手法将方法签名修改为如下内容：

```
public List<FlightPath.Track> queryTracksBy(String craftNo, Date startTime,
Date endTime) {}
```

方法签名的修改会直接影响该方法的调用者，其调用代码对应地被修改为如下内容：

```
private List<FlightPath.Track> getPeriodTimeTracks(String craftNo, Date
startTime, Date endTime) {
    return aircraftRepository.queryTracksBy(craftNo, startTime, endTime);
}
```

重构后，运行自动化测试，保证修改的代码分支没有受到任何影响。

新建、重写、替换、测试和重构是其中主要的 5 个步骤，如图 10-6 所示。

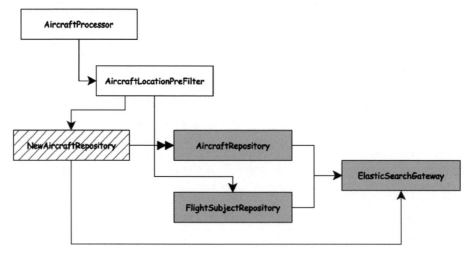

图 10-6 引入新建的 NewAircraftRepository 类

其中，NewAircraftRepository 是新建的类，它的代码仅为调用者 AircraftLocationPreFilter 提供服务，重构它没有太大压力。

这里再次强调，要点在于仅复制 AircraftLocationPreFilter 类调用的 AircraftRepository 方法，非原封不动地将整个旧 AircraftRepository 类复制到新类。

由于我们能够清晰地感知这一改动对哪些代码分支产生了影响，因此，就可以编写测试去保护这些分支，保证不会引入新的缺陷。

一旦确认了新类的方法没有任何问题，就可以找到原方法的其他依赖者，采用同样的方式进行替换。在此过程中，旧 AircraftRepository 类不受任何影响，仍然保留着原貌。随着替换过程的推进，直到这个旧类的所有调用者都转向了新类，它才正式退出历史舞台。此时，删掉旧类，将 NewAircraftRepository 更名为 AircraftRepository。

重构后的新 AircraftRepository 类对 ElasticSearchGateway 的依赖仍然未变，因此可以如法炮制，针对这一调用关系做相似的"重构+重写"，如图 10-7 所示。

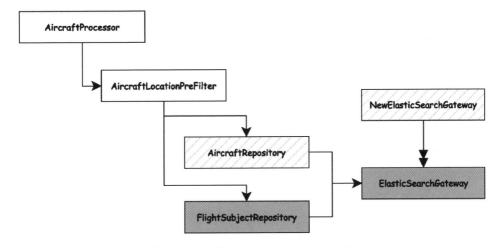

图 10-7　获得新的 AircraftRepository 类

由于 AircraftRepository 类仅用到了旧 ElasticSearchGateway 类的一个 queryByScopeAndTerm()方法如下：

```
class AircraftRepository...

private List<AircraftLocation> queryLocations(String craftNo, String
scopeField, String min, String max)...
   List<SearchConsequence> consequences = gateway
             .queryByScopeAndTerm(condition, ORG_STATION_AGG_FIELD,
ORIGINAL_TIMESTAMP_SORT_FIELD, scopeField, min, max,
AIRCRAFT_LOCATION_TABLE);
```

因此，为之创建的 NewElasticSearchGateway 类也就只包含 queryByScopeAndTerm()方法。在 NewElasticSearchGateway 类替换了旧类后，再次对 AircraftProcessor 与 AircraftLocationPreFilter 进行自动化测试与手动测试，保证修改的代码分支没有受到任何影响。

同样，需要对新的实现开展重构。我们认为 queryByScopeAndTerm() 方法既没有清晰地表达意图，也不利于应对各种查询产生的变化。这时，我们引入 Builder 模式将原有接口修改为 DSL（Domain Specific Language，领域特定语言）风格的接口，即使无法通过重构完成对 Builder 模式的运用，直接重写也是完全可以的，其根源还是在于 NewElasticSearchGateway 类的依赖点极少。

在重构 NewElasticSearchGateway 类的 queryByScopeAndTerm() 方法之后，调用代码变成：

```
private List<AircraftLocation> queryLocations(String craftNo, String
scopeField, String min, String max) {
    QueryResult queryResult = gateway.query()
            .from(AIRCRAFT_LOCATION_TABLE)
            .and(CRAFT_NO_FIELD, craftNo)
            .range(scopeField, min, max)
            .aggregateBy(ORG_STATION_AGG_FIELD)
            .orderBy(ORIGINAL_TIMESTAMP_SORT_FIELD)
            .run();
    return queryResult.all(AircraftLocation.class);
}
```

通过不断地"重构+重写"，新引入的类既能在设计上通过重构得到改进，又能借助这种小步前行逐步替换的方式，确保新实现在业务场景中得到验证，规避了引入新缺陷的风险。一旦新接口具有了质量保证，就可以逐渐替换旧有实现，直到旧有的 Repository 与 Gateway 类不再有任何依赖就可以将它们删除，换来更加整洁的代码。

10.5　总结

从整个执行过程可以看出，"重构+重写"的策略借鉴了抽象分支模式，或者可以认为是抽象分支模式的一种变化。该策略保证了前进的每一步都非常稳健，充分利用代码量少与依赖点少的新类来降低重构的难度。每完成一个新类的重构，我们都需要运行测试去验证。如果之前没有测试保障，则要求为新的实现编写测试，相当于在这个修改过程中慢慢地偿还了过去欠下的技术债务。由于旧类没有受到任何影响，因此即使重构或重写失败，也能够安全"返航"。

在这个过程中，会有很长一段时间存在新旧类共存的状态。如果其他团队成员正在开发的新功能需要调用正在重构的接口，但重构还没有完成或未通过全面的测试，则允许该新功能继续调用旧类，保证新功能的开发不受影响。倘若替换已经完成，旧类不再有存在价值，则需要果断地将其删除，新开发的功能也要立即转为对新类的调用。由于新类的功能已经得到了保证，所以不必担心调用它会引入错误。

　　执行"重构+重写"策略的过程仍然需要小步前行，并及时提交新增或重构的代码，逐渐提高自动化测试的覆盖率。其中所有工作都在一个版本上进行，保证"重构+重写"的功能都是正确可用的，并保证该工作版本随时处于可上线的状态。

　　在进行"重构+重写"时，还允许灵活调整人力资源。倘若需求变更或新需求开发的优先级高，交付压力大，就可以只安排少数人员专注于"重构+重写"，其他人员全力以赴新功能的开发，甚至在压力更大的情况下，停止进行"重构+重写"。反之，若开发压力较小，又可以匀出更多的人来进行"重构+重写"，就应该尽快还清技术债。显然，这种策略使得我们"进可攻、退可守"，在理想状态下，甚至能够在一直保证不败的前提下，拥有随时发起进攻的选择权。

数字时代的架构思维

随着《中华人民共和国国民经济和社会发展第十四个五年规划和 2035 年远景目标纲要》于 2021 年 3 月的正式发布，"数字化"和"数字经济"成为代表时代方向的热点词，随后，围绕"东数西算""数据要素""数字公民""数字产业化、产业数字化"等方向陆续推出了一系列政策，将国家的数字经济、数字社会、数字政府建设的全景蓝图勾勒得愈发清晰。这些政策会直接影响大型国企和央企的数字化进程。另外，国家有关部门针对中小企业的数字化转型也出台了一系列指导性政策，如《中小企业数字化水平评测指标（2022 年版）》。从上述政策中可以看出，核心企业带动产业链、供应链进行数字化转型的"链式转型"导向非常清晰，一次横贯各个行业和企业的数字化转型浪潮全面而有序地展开了。

面对如此大规模的时代级变化，很多企业管理者、从业人员乃至投资者都不禁要问，到底什么是数字化转型？如何进行数字化转型？如何提升企业能力？如何培养数字人才？这一连串深刻而相关的问题本身就需要一次系统性的回答。国家政策经常提到的"系统观念"是我们开展很多工作要遵循的原则，因为很多问题都是互相影响的。

系统观念遵循整体性、结构性、层次性、开放性的思维方式。整体性主要强调把握系统整体与其组成要素之间的关系；结构性主要强调把握系统要素之间的关系，包括要素之间的比例、结合方式等；层次性主要强调把握系统不同层次之间的关系，研究不同层次的运行规律；开放性主要强调把握系统整体与外部环境之间的关系，越是有机的系统，其开放程度越高。概言之，系统观念要求我们在系统与要素、要素与要素、结构与层次、系统与环境之间相互联系和相互作用的动态过程中认识事物、把握规律，进而从总体上实现事物结构和功能的优化。这一观念具有明显的普遍性，有助于企业理解和运用这种观念的实操性方法论，也正是企业架构理论及其所展现出来的架构思维。

下面结合笔者十余年的实践和研究，通过企业架构理论及架构思维来分析和解读上面的数字化问题。

11.1　什么是数字化转型

数字化转型的概念在各类书籍、文章中都有介绍，信息多了虽然有助于学习，但也会在理解上给人造成困惑。针对企业来讲，要想全面有效地推进数字化转型工作，在企业内部达成一致的方向性认知还是很有必要的，这关系到"劲"往何处使的问题。

对数字化的统一认知最好能聚焦到国家政策上来，因为国家政策不仅传播范围最广、权威性最强，而且需要全社会共同参与落地，因此最有助于达成跨企业甚至跨行业的一致性认知，让大家讨论数字化、各企业上下游协同推进数字化的"语言"更接近。

其实在《中华人民共和国国民经济和社会发展第十四个五年规划和 2035 年远景目标纲要》中对数字化有非常全面的解释，其中第五篇就是"加快数字化发展 建设数字中国"，开篇第一段即为"迎接数字时代，激活数据要素潜能，推进网络强国建设，加快建设数字经济、数字社会、数字政府，以数字化转型整体驱动生产方式、生活方式和治理方式变革。"

之后，国家出台了另一个重量级、与数字化相关的政策《"十四五"数字经济发展规划》，其对数字经济也进行了权威定义：数字经济是继农业经济、工业经济之后的主要经济形态，是以数据资源为关键要素，以现代信息网络为主要载体，以信息通信技术融合应用、全要素数字化转型为重要推动力，促进公平与效率更加统一的新经济形态。

在多个国家政策中都有提到"数据要素"的重要性，也有如何对数字资产进行会计处理的政策文件，还有全面促进数据要素流通、运用的"数据二十条"。贵阳数据交易所还推出了用于数据资产定价的"价格计算器"，国家正在从制度和基础设施层面为数字经济的发展做全面支撑建设，考虑到数据中心通常的建设周期，未来 5～8 年全社会的数字经济底层设施建设将会取得巨大的阶段性成就，以上述政策为导向的数字化转型将会变得"清晰可见"。

综上，"数字化"就是以数据为核心生产要素，以生成和处理数据的软件为重要工具（此处泛指所有软件而非仅指数据处理类软件），以网络为主要关系联结手段的"生产方式"。所谓"数字化转型"就是将这一生产方式以合理的成本和综合的效益全面带入企业的过程，这一过程不仅涉及技术能力的导入，更需要对业务转型的深入思考，也就是常说的"业技融合"，这一过程必须是全员数字能力和工作模式的提升，而绝不是做几个工程、项目和系统，国内尝试"数字工厂"实践的企业对这个问题往往会有深刻体会。

对企业而言，如果依然对何为数字化、何为信息化感到迷惑，那么大可不必在这个问题上纠结，以上述方向为指引开展工作即可，所有服务于这个方向的工作都是数字化。企业以实务工作作为第一优先，掌握正确的方向即可，不用把"数字化"和"数字化转型"看成理论问题，尤其是在全员数字化转型方面，只要方向是对的，结果自然就是对的。数字化手段本身无高低之分，主要看解决企业自身问题的适配性。

11.2　如何进行数字化转型

1. 数字化转型的特点：高度结构化

基于本文对"数字化"和"数字化转型"的解释，读者可以体会到在数字化转型中数据、软件和网络的重要性。

数据设计是高度结构化的工作，即将现实事物，也就是业务处理对象抽象为数据描述。比如，一张订货申请表，看起来是一张包含一堆信息的表单，如果从数据视角来看这张订货申请表，那么它就是客户、员工、机构、物流商、地址、存货、价格等各类业务处理对象的综合体。如果我们把数据视为一项资产，那么从做好资产管理的角度来讲，业务人员必须有能力定义数据、管理数据和评估数据，这是数据真正成为生产要素的前提条件，即生产者必须理解要运用的生产要素。

软件设计同样是高度结构化的工作，软件的制作并不是只写出一大堆代码，而是将设计对象，如订货管理系统，按照业务实际运转过程、管理要求、效能要求，设计出一组有结构的功能模块，即将一个复杂的业务过程转换成一组有效结合的功能模块。以往，这是典型的技术侧工作，业务侧只负责提需求，技术侧负责实现。在数字化转型中出现的一个问题是，业务侧要求技术侧实现能够支持业务的灵活变化，但是，技术侧大多忙于开发实现，很少能够有机会在业务环境中深入市场客户，了解业务要的"灵活"到底是什么。软件开发领域已经意识到软件从"参数配置"体现的灵活正在走向"能力可组装"的灵活，例如 Gartner 提出的"组装式企业"、华为提出的 PBC（Package Business Capabilities）理念，以及笔者提出的"聚合架构"（Architecture Based on Aggregate Elements，ABAE），都是基于如何将业务经验、业务知识沉淀为"可组合"的业务能力为企业级软件设计的。如果业务侧没有应用这些理念进行深入的业务分析，就很难单纯依靠技术侧进行针对业务能力的"灵活"设计。从这里也可以看出，数字化转型的深入推动需要生产者充分理解自己的生产工具。也就是说，业务侧只有深入理解业务结构，才能与技术侧合作做出最适合自己使用的软件，而不是仅仅帮助技术侧理解业务需求。

网络设计也是高度结构化的工作，但此处的网络并不是指网络的物理搭建，而是基于企业生态理解企业内外部的连接。有效的连接反映的是高效的协同关系，没有一定的协同关系也就没有必要建立连接了。比如，企业内部的跨部门协作、企业间的供应链协同等，这些都是协同关系，都需要清楚地分析其连接目的和交互的关键信息，只有这样才能管理好企业的内外部"接口"。这些年，"生态"这个词很流行，其实其背后蕴含的意思并不是简单的大家一起做生意、抱团取暖，而是基于企业各自特点、定位形成的连接和协同，没有分工的"生态"缺乏长期的生命力，因为它没有反映出企业为什么要加入这个生态，以及已有的参与者为什么要接纳一家新企业加入生态。自然，这项工作也是业务侧对企业的"生态级"业务结构的规划与建设。

从上述分析中可以看出，数字化转型的三大抓手——数据、软件、网络都是高度结构化的，也是业务侧需要深度参与、深入理解的，它们并不仅是一堆交给技术侧的需求，而是数字时代对从业者的新要求。经济每发展到一个新阶段，都必然要求生产者的能力做一次升级，数字经济是继农业经济、工业经济之后的新经济形态，从大方向上来讲，生产者的能力也必然需要一次升级，从农业技能、工业技能转化到数字技能，之前看起来更像技术侧的一些工作会随着数字化的推进变成业务侧的从业技能。目前，我国全时工作的 IT 技术人员大约有几百万人，而全体劳动力的总量大约有几亿人，数字化转型也许并不是让几百万 IT 技术人员带动几亿人转型，而是通过几亿人的转型进一步提升几百万 IT 技术人员的有效产出，达到减少开发资源浪费的高质量数字化转型的目的。

从这里可以看出，企业做好数字化转型的关键是如何将高度结构化的三大抓手应用好，这就需要将应用好它们必须具备的结构化能力灌输给企业员工，尤其是业务侧。数字化转型的解决方案针对不同企业、不同服务商而言，可以是千变万化的，如果逐例去揣摩，那么企业很难知道什么样的数字化是适合自己的，只有具备结构化的思维能力，深入分析自己的业务结构，抓住目标和痛点，立足自身的业务诉求去发展数字化才是合理的选择，因此，企业需要的是具备转型能力，而不单单是来自外部的案例和方案。

2. 企业数字化转型的工具：企业架构方法论

从对系统观念的介绍中可以看到，系统观念遵循整体性、结构性、层次性、开放性的思维方式，结构化思维是系统观念的一部分，而合理运用系统观念需要将其进一步内化到实操型的方法论中，通过方法论指导具体实践。企业架构方法论就是众多方法论的一种。

1）国外企业架构方法论的发展与实践

企业架构基于全局视角、结构化模型去推动企业整体转型，是落地企业战略的工具，适用于多种类型的企业转型，尤其是数字化转型。企业架构方法论源自国外，1987 年时任 IBM 雇员的 John Zachman 提出的 Zachman 框架被公认为是世界首个企业架构方法论，该方法论的诞生反映了 20 世纪软件从业者对如何在企业内构建软件最合理的系统性思考。从该方法论中可以感受到，在整个行业中，无论是甲方企业，还是乙方服务企业都对软件设计的混乱感到无法忍受，这是对全行业从 1946 开始的

41 年开发实践的反思，软件的构建不应该是直接面向一个个具体需求的开发，而应该是基于对企业有效的整体认知的开发，要从多个视角和维度去认识企业，特别是企业内与软件开发相关的所有"利益相关者"的诉求，综合性地看待软件设计，这种视角逐步让"企业架构"的概念浮出水面并超越了"软件架构"的范围。

继 Zachman 框架"开山"之后，开放组（The Open Group）在 1995 年首次提出了 TOGAF（The Open Group Architecture Framework，开放组架构框架）理论体系，该体系截至 2022 年先后推出了 10 个版本，成为当今世界上影响范围最大的企业架构理论，并附有国际认证。TOGAF 给出了企业架构构建过程、治理体系和架构师职责等方面的建议，虽然没有规定细节层面的操作方法，但是给出了完整的、可运行的参考框架，在这些方面 TOGAF 非常有开创性。另外，对业务（Activity）架构、数据（Asset）架构、应用（Application）架构、技术（Architecture）架构等在实践层面也具有方向性的指导意义。基于 TOGAF 的企业架构从业者资质认证，逐渐让企业架构从思辨性理念变成可学习理念。

在 Zachman 框架和 TOGAF 实践过程中，往往被实施企业借鉴部分理念进行应用，尤其是在架构治理方面。相比较而言，在实践中被完整使用较多的是业务组件模型（Component Business Model，CBM）理论，该理论由 IBM 公司于 2004 年前后基于一家保险公司的项目实施结果提出。与 Zachman 框架、TOGAF 这类完整型企业架构的理论不同，CBM 更聚焦于 IT 战略规划，是高阶诊断分析工具，有助于企业定位自身痛点及各类实施方案的连接。

除了这三个传播范围较广的方法论，还有联邦企业架构框架（Federal Enterprise Architecture Framework，FEAF）、国防部架构框架（Department of Defensive Architecture Framework，DoDAF）、银行业架构网络（Banking Industry Architecture Network，BIAN）等企业架构方法论与相关实践。

2）国内企业架构方法论的发展与实践

企业架构方法论虽然源自国外，但是就企业层面而言，很少企业会完完整整地基于企业架构方法论全面开展一次企业级工程，因为此类工程涉及面广、工程周期长、组织难度大，企业规模越大，实施难度越大，这与大企业资源多、力量强、容易做成大事情的"常识"不太相符，因为企业架构的设计复杂度受规模影响，规模越大复杂度越高，因此，大企业全面推动企业架构工程一直被认为容易"烂尾"，鲜有完整案例。

但是，国内企业在企业架构方法论的理论和实践方面确实出现了突破性的时刻，那就是银行业从 2011 年开始的企业架构实践。国内第一个基于企业架构理论驱动企业级工程并实现企业整体转型目标的是中国建设银行股份有限公司（以下简称"建设银行"），建设银行以"多功能、综合型、集约化、智慧型、创新型"发展战略为指导，通过构建企业级业务架构模型，分解、落实企业战略，通过业务架构驱动IT架构，通过业务模型传导业务诉求，基于企业架构将战略、业务、技术有机连接起来，以架构方法论指导了一次长达六年半的企业级转型工程，开创了企业架构方法论完整落地的先河，并且该方法论是基于TOGAF、CBM之上做的一次理论和实践创新，而非照搬成例，成为企业架构实施的"中国式经验"。

正是基于建设银行的实施经验，其他三家（中国工商银行、中国农业银行、中国银行）国有大型商业银行、部分股份制银行和区域性银行也开展了多种多样、不同深度的企业架构工程，在实施方法论上出现了多种层次的创新，为其他行业实施企业架构工程提供了丰富的参考样本，也为企业架构领域"中国式理论"的诞生、"中国式经验"的发展奠定了基础。

除了银行业，互联网领域在2018年向各行业推出了"中台架构"模式。"中台架构"是基于阿里巴巴集团的数字化转型经验提出的，阿里巴巴集团于2015年在内部启动"中台战略"，但彼时尚无对中台的明确定义，就业务痛点而言，"中台架构"要解决的是业务需求全链路可视化、可复用业务资产建设、前端团队的平台化自助式开发、降低新业务的试错成本等问题，在建设中也关注了业务、数据、应用、技术这四个架构视角，强调能力复用的重要性，并且演化出中台的运营模式，在实践中逐步认识到适配治理模式的重要性。

"中台架构"曾经引起了各个行业的广泛关注，各种介绍中台的图书和文章将对该方法的讨论推动到国内架构领域中一个前所未有的关注程度，在某种程度上可以算是企业架构领域中国产理论的领先探索实践，推动了国产方法论的发展。由于阿里巴巴本身就是数字化实践的样板，因此"中台架构"必然会引起广泛关注。在一些行业级的数字化转型指导政策中，也将"中台架构"与企业架构和企业级业务平台等说法并列为行业转型指导方向。值得一提的是，阿里巴巴的中台实践反映了业务架构的重要性，"中台架构"注重能力复用，而能力复用设计必须要经过多轮的横向比较和总结才能设计出相对合理的"中台架构"。因此，对"中台架构"而言，企业架构方法论非常重视的企业级视角、结构化设计、标准化设计也是中台设计不可或缺的。

制造业中的翘楚——华为公司则早在2008年就成立了企业架构部，并稳步推进自身企业架构方法论的发展，至今已发布了至少7个内部版本，还提出了支持企业灵活扩缩的"1+6+N"战略的PBC（Package Business Capabilities）架构理念，将业务经验沉淀为可封装、可组装的业务能力，以构件化的方式支持业务系统的灵活组装，提高业务系统对企业组织变革的快速响应能力。

综上，国内企业架构实践走出了自己的特色，经过金融行业的广泛探索，各个行业都开始表现出对企业架构方法新一轮的兴趣，无论是对传统架构方法的实践和迭代，还是"中台架构"、PBC这种基于自身实践的总结，都蓬勃发展起来了。笔者作为咨询顾问、业务架构方法的传播者，先后接触过有意开展企业架构建设的多种行业，如航空航天、离散制造、能源、建筑等，亲身感受到架构方法论的扩散和发展。

3. 企业数字化转型的可行之道：企业架构驱动的转型

企业架构方法论通过业务、数据、应用、技术这四个视角对企业结构进行多维度的观察，并建立互相衔接的架构体系，从而形成了战略、业务、技术的有效连接，这种连接可以充分保证信息在整体结构中的有效传递，使战略能被分解执行，使业务能力可以结构化地聚类，使应用设计可以从业务布局中获得经过准确定位的需求，这种信息传导能力为企业建立了联通的数字神经，让高阶的数字化战略与细节化的业务行为和技术开发连接起来。

因此，企业架构可以驱动企业转型，尤其是在数字化背景下，如同前面对数字化的解释，企业的数字化需要认真厘清自家的数据，也需要建设更多的软件功能来满足日益增长的业务对数字化能力的诉求。而这些诉求不能再像过去那样，以竖井式的方式根据需求建立一堆混乱的业务系统，因为系统的混乱不但不会加速数字化转型，反而会为日后的业务协同、数据治理埋下隐患。虽然现在企业的开发力量在增强，但是整个IT行业基本上还处于"大规模、小团队、手工作坊"的开发组织模式，还远远不是批量化、工业化的软件制造模式，即便企业有大量的开发人员，也会在实际软件开发过程中根据功能范围切分成若干需要互相配合的小团队进行分散手工编码开发，并不能真正发挥出人员的规模优势。在这种格局下开发的系统，如果没有高阶企业架构的统筹，就很容易成为缺乏协同、数据混乱的系统产物，在短时间需求急迫的情况下，可以满足业务对系统的紧急诉求，但是大部分时候都是在把"技术债务"持续向后堆积，等待通过"重构"进行批量解决。

这种混乱的软件生产方式，只会给企业堆积很多无法有效配合的应用，并导致重要的生产要素——数据要素产生质量问题。因此，企业首先需要为自己建立一个全局视角，然后再策划数字化转型工程，而不是急于上线某些系统。在笔者近十年的架构实践中，很少见到真正会左右企业生存的"紧急需求"，这种事情只在少数特殊领域的关键企业中遇到过，大部分时候见到的所谓"紧急需求"都是做的时候"紧急"，用的时候就已经没有想要做的时候那么着急了，变成了"不急"，而该治理的时候则是问"急不"，对以前产生的系统混乱的"纠偏"通常成为业务上不很着急的事情，尽管这些混乱可能会影响其他系统的开发工作。

通过企业架构建立全局视角有细节较多、周期较长的建设方法，也有细节不多、周期较短的建设方法，处于不同目标设计阶段的企业架构，其架构细节要描述的业务层次是可以选择的，并不是所有的架构设计都要达到仔细描述每个业务动作的程度，高阶设计可以像 CBM 理论那样只规划高阶业务能力，有细节需要时也可以像银行的实践那样，通过设计更加细化的业务模型来承载更细致的业务诉求。

当具备了相对完整的企业架构资产时，企业对战略的分解就可以采用结构化的方式进行了，将数字化转型思路落实到每个具体业务上，这是企业通过业务架构对战略实现的"定位"，也就是所谓的顶层设计、整体转型能力，其实这个能力并不复杂，企业只要认真实践一次就能有"感觉"，对企业架构的各种误读就是因为企业没有亲自实施。首先通过对业务架构和数据架构的设计，业务侧对数字化的诉求就结构化地在业务模型上进行分解，找到业务侧的转型路径。然后，根据业务架构、数据架构到应用架构的映射，可以将业务模型分解过的业务诉求转化到应用架构设计上，变成技术侧的需求。最后，通过技术架构落实到实实在在的业务系统上。这种模式以架构为信息传导路径，通过架构推动转型，实施模式是往复式的"循环开发"，架构能力不仅能在技术侧持续迭代，而且也能通过业务架构持续积累业务解决方案，使经验有效地转化成知识，让企业的知识不断得到积累。

这种模式不仅适用于大型企业的自主式开发，对中小型企业认真分析自己的数字化解决方案也非常有好处。毕竟，企业的转型需要整体视角，也需要分析清楚企业各个部分的关系，只有这样才能避免"按下葫芦浮起瓢"的"救火"式数字化转型。中小企业在对自己整体分析的基础上应该有效引入数字化产品，实现转型目标。中小企业的结构没有大型企业的复杂，架构资产构建也相对简单，因此不必把大型企业构建架构、推动转型的复杂性及困难"套"在自己身上。

11.3 企业如何提升能力以迎接数字化

"不想转""不敢转""不会转"是数字化转型过程中经常被提到的困难，这在不同层面反映了企业对数字化的理解、应用和演进能力的不足，如果想解决这些问题，则应该从增强理解、应用和演进能力入手。

1. 增强对数字化的理解能力

理解能力的增强分为三个层面。首先是高层管理者，如果高层管理者对数字化没有深入理解，就很难将数字化转型对企业的作用吃透，也很难把决策做到位，这一点无论是对大型企业，还是对中小型企业都是一样的。在当前的时代浪潮下，企业数字化的发动很难再是一个自发的、自底向上的行为。由于大量的企业都在开展数字化，在中国近 7710 家县域中小企业中，有近 58% 的县域企业负责人认为所在企业已经开始数字化建设，36.6% 的企业负责人认为所在企业并无数字化流程，只有 5.3% 的企业负责人对数字化转型表示"不好"或"不知道"。这样规模的数字化浪潮，使数字化能力成为企业的竞争力，要想获得数字化优势就不再是简单做系统、买科技产品的问题了，必须要能识别数字化带来的好处，这需要企业高层管理者自己判断，否则就算咨询公司等外部辅助力量给出了答案，企业也很难有效执行[①]。

其次是企业的中层管理人员。中层管理人员是承上启下的实际"控制"力量，IBM 的 CBM 也将企业的中层管理作用定位于"控制"，这意味着中层管理人员不仅要理解数字化，还要实际操作、推动数字化，否则企业的数字化战略很可能会流于形式，出现"上有政策下有对策"的局面。另外，中层管理人员对数字化的学习要求也会更高，毕竟，他们不仅自己要懂，还要带动别人干。笔者接触过的一家轮胎制造企业，就将中层管理人员的数字思维培养置于非常重要的位置，并大力推动相关工作。

最后是基层业务人员。基层业务人员是真正发挥数字化力量的群体，数字化只有转变了每一个从业者的思维和行为，才算做到位了。此外，企业创新管理经常讲"涌现"，让一线工作人员提出大量的微创新来推动企业效率的持续提升，那么，在数字时代背景下，如果希望基层业务人员继续保持微创新能力，就得注意，微创新的对象悄然发生了改变，不再只是流程、工艺和业务规则的改变，而是工具、要素的改变，也就是说，微创新的对象必然要包含软件和数据，业务人员只有掌握这些能力才能继续推动创新工作。

综上，高层管理者、中层管理人员、基层业务人员都需要提升对数字化的理解，而架构思维有助于理解数字化中非常重要的数据、软件和网络，因此，相关人员必然需要学习架构思维。

2. 增强对数字化能力的应用

高层管理者和中层管理人员都要加强对数字工具的使用，现在即时通信软件和以此为基础的企业管理工作已经比较普及了，这是应用数字工具的表现。此外，针对一些重要的业务系统，也应该由他们推动使用。领导者的示范作用非常重要，这是对数字化工作的巨大支持。国内某制造企业在推动数字化的过程中，曾经将工厂的业务负责人和技术负责人岗位合二为一，由业务负责人直接负责系统应用推广，这也让中高层管理者获得了更多对数字化的"体感"。

在推动基层应用上，除了加强对系统使用方法、数据应用方法的培训，还要关

[①] 李凌浩、吕鹏、刘金龙. 中国县域中小企业数字化转型报告. 中国经济报告. 2022 年第 6 期.

注系统设计如何更加贴近一线的问题，尤其是具有一定规模的企业，其开发工作的组织、运作往往容易"后台化"，迎合了高层、中层和少数业务代表的诉求，但是对广泛的一线工作人员的诉求了解不够深入，导致系统不接"地气"，在基层应用中出现问题。国内某制造企业在对人力资源系统进行设计时，就充分考虑了一线工作人员的需要，而不是仅仅采集人员信息。如果只是单纯地采集人员信息，则会给一线工作增加负担，而数据对一线工作的意义又不大，这就导致容易出现数据质量问题。他们的做法是，将新进人员信息采集与新进员工培训方案设计结合起来，在一线班组长录入新员工信息后，新员工需要的技能培训就会被列出来，以推动培训工作，这对一线班组长的管理工作非常重要，使班组长采集员工信息的意愿和质量都得到大幅度提升。

增强数字化应用能力必然会激发更多的数字化需求，从而让数字化自己转起来，但这也意味着功能需求、软件需求的增加。随着复杂度的提升，如何更好地管理软件协同、保持数据一致等架构层级的问题就会浮现出来，无论企业一开始是否意识到架构问题的存在，架构问题都会在适当的时候暴露出来，等待被解决。因此，提升数字化应用能力迟早会需要企业架构。

3. 增强对数字化水平演进的能力

数字化转型永远在路上，企业无法仅仅通过一次集中的转型行为就能完成所有的数字化转型工作，一次集中转型只能说为企业的数字化之路开了一个"好头"。

随着数字化技术的发展，企业数字化水平持续演进，并逐渐形成自己的特色是一项很有难度的工作。它需要企业逐步培养自己的架构人才，虽然不是所有企业的架构师都能达到同一个水平，但架构师至少要达到满足自己企业需要的水平，没有为企业操盘的架构师，其数字化水平就很难持续演进。

对于中小企业，特别是规模较小的企业而言，架构师的岗位天然就是设给管理者的。无论管理者的专业和受教育程度如何，既然赶上了数字化浪潮，企业迟早都要向更深的数字形态演进，那么，管理者就不得不进行相应的"修炼"，因为管理对象正在发生变化，管理者无法再用旧的管理模式去应对新的环境。

11.4　如何培养数字化人才

关于人的问题经常被认为是最复杂的问题，那么有关数字化人才的培养，也必然让很多企业"头疼"。

笔者认为，首先要思考一个问题，对企业而言，到底是要培养一类特殊的人才将其专门列为"数字化人才"，还是提升所有人员的某些能力，让全员都成为具有数字化能力的人才。如果局限于前者，那么，"数字化人才"可能会走进一个越来越不接"地气"、相关人员的工作也越来越难以开展的"窄门"，没有全员能力提升做基础，数字化专业人才在企业中也很难开展工作；而后者是从企业的实际工作需要出发的，会塑造良好的数字化转型基础和氛围，会让人才培养问题至少在方向层面上变得简单一些。

笔者经过近些年的实践和思考，结合业技融合这个大命题，将这种"让全员都成为具有数字能力的人才"培养方向定位为"跨边界能力"的培养。也就是说，企业对人员数字能力的培养，核心目的是提升业务人员与技术人员之间的沟通效率，而不是将业务人员培养成技术人员或者将技术人员培养成业务人员，这种所谓的"双料"复合型人才，不是培养出来的，而是采用双侧轮岗、深入参加项目工程等方式通过实践锻炼出来的，这个过程很长，并且对人力资源不十分充裕的企业来讲，也没有操作空间。因此，从现实的情况来讲，通过培养双方的"跨边界能力"来提升双方的沟通效率是更合适的方式。

"跨边界能力"中非常重要的一种能力就是企业架构中的业务架构能力，业务架构可以结构化、标准化地描述业务，从而让业务和技术双方人员有共同的语言和蓝图来讨论业务问题，以减少歧义，提升效率。对业务架构能力的训练可以更好地提升架构思维，对业务流程优化、数据定义能力的提升也都有很直接的效果。笔者在2023年还推动了工业和信息化部教育考试中心业务架构技术能力认证工作，使业务架构领域具有了统一的国内专业认证，相信这将有助于更多的企业开展架构实践，毕竟充分理解本企业的业务架构师只能由企业自己培养。

此外，低代码等低强度开发工具的运用能力、以结构化思维引导大语言模型"助手"的能力，也会成为业务侧的必备数字化能力，而业务架构这种"跨边界能力"也非常有利于企业员工用好这些数字化工具。

其实数字化转型最需要的是业务侧的转型，这种转型包括以更加结构化的视角看待业务、以充满价值感的视角看待数据、以更有协作精神的视角看待网络生态，而架构思维是通往这三者的"捷径"，尽管路途坎坷，但依然是较短的、直通底层思维的路径。

综上，随着企业数字化转型这一时代浪潮的到来，各类企业或多或少、或早或晚都会进入一定的数字化状态，而具有优势的企业往往是将数字化能力用得好的企业，通常体现在对数据的管理、软件的治理、生态的维系方面，为了能从最直接的方向上做好数字化转型，企业应当通过对企业架构及架构思维的运用，深入了解数字化的含义和做法，从管理上更好地驾驭数字形态，在人才上更好地培养"知识工作者"，通过企业架构升级知识体系转换管理思维，迎接数字时代。

敏捷绩效领导力——

OKR+Scrum 的融合实践

作为国内组织级敏捷转型的实践者，笔者已经帮助多个组织实施了基于 OKR 和 Agile 的联合实践，尤其是 OKR 和 Scrum 的联合使用，在客户实践中更是获得了很好的效果。

12.1　管理挑战

目前，国内研发企业的很多团队在研发管理上面临很多困难和挑战，具体如下。

- 产品发展和公司战略脱节，产品只负责累加功能，而无法产生实际业绩。
- 业务变化迅速，研发节奏跟不上组织需要，大量的产品研发和项目延期。
- 团队只聚焦功能和任务，不关注业务和价值，业务团队得不到足够的支持，市场竞争力减弱。
- 团队总是忙紧急的事情，降低了重要事情的优先级，总是出现赶工但无法达到客户质量标准的情况。
- 产品开发的结果（Output）难以说明白，只能通过进度来衡量。
- 团队开发的成果（Outcome）难以衡量，取得的效果更不容易说清楚。
- 人员严重缺失，部门墙明显，沟通效率低。
- 项目管理方式落后，项目前期一般进展顺利，后期问题频发，让团队和管理层焦头烂额。
- 对围绕效率构建的流程和团队的管理简单粗暴，团队工作效率低而且士气低迷。
- 开发流程复杂，执行僵化，极大地限制了团队的创造能力。

为了解决上述问题，很多研发团队都会选择使用敏捷开发模式，在研发团队中进行大量优化和改善，但是由于敏捷本身的复杂度和受到组织固有的结构与生产关系的约束，因此大量的组织并不能真正实现敏捷。

另外，我们现在所说的敏捷，其实都是产品和交付层面的敏捷。由于产品和特性交付的敏捷大部分都能够实现按照迭代进行开发和交付，看起来交付速度有所提升，但实际上对组织整体来说收益还是偏低的，不能带来交付价值的提升，在组织业绩方面也无法带来本质的改变，或者说这个改变和敏捷的关联程度不是非常明显，只是局部的敏捷，因此得不到公司高层管理者的特别关注。研发层级很少能和高层管理者进行直接对话，无法让高层管理者理解敏捷的含义和价值，也没有特别的机会让他们看到敏捷给团队文化带来的改变。

这几年，流行的"业务敏捷"已经从开发领域逐步向业务领域过渡，让敏捷思维渗透市场、销售、人力资源等各个领域，期望给组织业绩带来根本性的改变，但是目前还没有特别理想的成功案例。

12.2　OKR 和敏捷

在笔者十几年的敏捷实践中，也一直想要找到更好的方式来关联组织运营层面的价值，换句话说，就是将敏捷思维能够更好地运用到组织运营层面。直到笔者接触到 OKR，才发现敏捷思维和 OKR 可以很好地进行融合，其不但能够实现业务敏捷，而且通过在几个实践案例中尝试实现战略敏捷，也取得了一些效果。

首先，OKR 本身是"战略目标管理体系"，具有"面向业务"和"成果导向"的思维，和业务敏捷的诉求是一致的；其次，OKR 的周期性天然具备敏捷性，业务价值的早期反馈和呈现能够完美地匹配敏捷开发；最后，OKR 的重要性和挑战性能够给敏捷奠定很好的生存空间。OKR 的聚焦和短周期特性，还能促成业务敏捷的达成，在团队的交付能力稳定并且成型后，OKR 能让组织形成"指哪打哪"的强大能力。

在 OKR 的驱动下，业务价值可以直接从 CEO 穿透到基层员工，增加团队对业务价值理解的深度和广度。OKR 的可见性好，根据笔者的经验，当你谈论整个公司层面的目标或部门层面的目标时，OKR 是一个非常不错的选择。

OKR 和 Scrum 融合最直接的好处就是迭代目标非常清晰，不用再纠结版本目标和成果展现。当你谈论每日、每周、每两周一次的工作重点项目时，更敏捷的 Scrum 方法非常有效。换句话说，OKR 呈现了整体蓝图，Scrum 给出了实现路径。借助 OKR，敏捷的局部力量被转移到企业层面，尤其是绩效能力的提升会让中高层管理者更加关注敏捷。

虽然融合实践非常好，但是我们也要对 OKR 和 Agile 有更加清晰的认知。

OKR 始于目标管理，是面向战略落地而诞生的，其帮助英特尔做过一次完美的战略转型。OKR 更关注专注和挑战，通过各种透明和协同机制，让整个组织聚焦和协同，是一种具有"权贵感"的战略目标管理体系。

Agile 始于软件开发，面向软件工程交付，更聚焦专业技能和思维转变，在工程、团队、产品等方向上有大量实践、方法论和工具。敏捷宣言由 17 位软件从业人员提出，使 Agile 更加具备"草根"属性。

但是两者又有很强的共同"文化"基因，比如都特别强调价值驱动，都以价值为核心寻找工作的"抓手"，而不是只管"低头干活"；都特别强调公开透明，面对不确定的环境，都公开过程和结果，以便更好地进行检视和调整，从而带来创新方法；都特别强调持续适应，在复杂的工作中，原有的经验和流程都不再有效，必须在透明的基础上进行经验适配来解决复杂问题；另外，也都特别推荐试错文化，面对复杂环境的挑战，很多问题是无解的，必须通过"摸着石头过河"和"投石问路"的方法来试错，通过系统反馈和学习来寻找规律和突破点。

战略沙漏是我们通过实践总结出来的一个模型，如图 12-1 所示。其中，组织的使命、愿景、战略都属于"战略规划"内容，向组织成员解释"我们到哪里去"的问题。

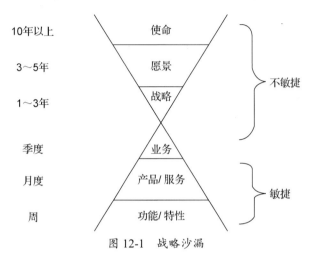

图 12-1　战略沙漏

组织的业务、产品/服务、功能/特性都属于"战略执行"内容，向组织成员解释"我们如何到达"的问题。

在战略规划和战略执行之间，大部分的组织都存在"堵点"，这使得非常多的组织战略落地出现困难。

而现实中的大部分"交付"团队都是"近视眼"，视角被限制在"产品"和"特性"层面，团队对业务不熟悉，对战略不清楚。产品和特性层级的敏捷只能解决交付问题，提升产品的响应能力，难以到达业务层级的敏捷。大部分的 PO 都是"产品设计师"和"产品管理者"，很难触达战略成为真正的"产品拥有者"。

这如何破局呢？好的 PO 可遇不可求。使用规模化敏捷框架，看起来能够触达战略，但是规模化敏捷框架特别复杂，其学习成本和部署成本都很高。我们在实践中通过将 OKR 和 Scrum 融合使用来解决问题，如图 12-2 所示。

OKR 作为管理 2.0 时代的工具，却很好地适应了管理 3.0 时代的要求，OKR 系统的核心特征是适应性，而 Scrum 的核心特征也是适应性。

在很多行为方式上，OKR 和 Scrum 也有非常多的相似性，比如：

- OKR 和 Scrum 都需要团队进行高频沟通。

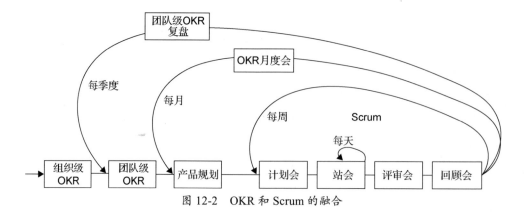

图 12-2　OKR 和 Scrum 的融合

- OKR 按周、月、季度进行计划和跟踪，Scrum 按照迭代来进行，都需要形成"节奏"。
- OKR 和 Scrum 都需要进行"复盘回顾"。
- OKR 和 Scrum 都对优先级有近似偏执的关注。
- OKR 也有精益的影子，比如在一般情况下，OKR 目标不超过 3 个，每个目标的 KR（Key Result，关键结果）不超过 4 个，有没有看到 WIP（Working In Process，在制品）？

从这些角度来看，OKR 和 Scrum 是完全可以融合使用的。

- 角色融合：OKR 教练和敏捷教练是可以完全融合的。
- 会议/仪式融合：OKR 中常用的复盘会可以和评审会与回顾会进行融合。
- 产出融合：年度 OKR 与季度 OKR 的目标都可以和 Backlog 融合。

当然，不仅仅是 OKR 与 Scrum 的融合，我们在 Backlog 中常用的优先级排序也会被借鉴到 OKR 中，对 OKR 的目标进行优先级的划分。

在敏捷中，常用的 MVP 版本划分方式及用户故事的拆分方法，也会被借鉴到 KR（关键结果）的制定中，使得 KR 制定更合理。

OKR 和 Scrum 的融合使用，相当于建立了大小迭代。OKR 运行是大迭代，按照季度进行，一般为 12 周进行一次；Scrum 运行是小迭代，一般按照 1～2 周进行一次。季度规划可以非常明确地提出短期目标和结果，以便大家进行聚焦和小成就的积累。

OKR 和 Scrum 融合作用产生的好处还有很多，我们从 OKR 的结构上也发现，OKR 的目标和 KR 有些类似于敏捷中的"用户故事"与对应的"验收标准"，如图 12-3 所示。

- 对于组织级 OKR，是我们说的"Epic"，目标是 What，关键结果是 How，回答了用户故事的 Why。

- 对于团队级 OKR，目标是特性（Feature）需求，关键结果是版本标准，回答了用户故事的 How。
- 对于个人 OKR 而言，目标是用户故事，关键结果是验收标准，回答了用户故事的 What。

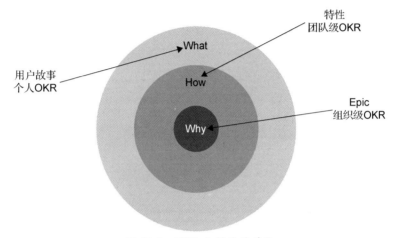

图 12-3　OKR 和敏捷的对比

当我们按照季度、月度和迭代的结构运行时，会发现团队慢慢地发生了很多变化，对业务价值的理解更深刻了，对业务和产品的支持更有主动性了。

企业文化是组织的价值观和行为准则，是企业创始团队的思维模式和认知模式的浓缩体现。企业文化绝对不是公司贴在墙上的一些标语、文化角的一些口号，其背后隐藏了组织大量的深层假设、管理体系和流程，以及人事关系。

OKR 和 Scrum 在对企业文化的要求上有很多一致性，如价值驱动、透明公开、自下向上、以人为本、精神激励、内驱为主、信任授权、允许试错、学习成长等。这是 OKR 和 Scrum 融合的基础。

在 OKR 的导入过程中，我们还需要培养 OKR 领导力文化，包括但不限于如下内容。

- 找聪明的员工远比合适的员工更重要。
- 价值观认可比业绩更重要。
- 使命感要高于个人利益。
- 教练、辅导比管理更重要。
- 试错比成功更重要。
- 提倡建设性对抗。

另外，如果你是在 10 人左右的团队中，则导入 Scrum 的优先级要高于 OKR；如果你是在超过 30 人的团队中，那么除 Scrum 之外，OKR 是极具导入价值的，如图 12-4 所示，在将 OKR 和 Scrum 融合使用后，产生了超出预期的效果。

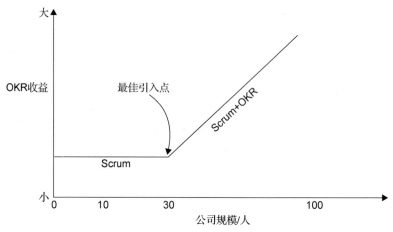

图 12-4　不同规模团队导入 OKR 和 Scrum 的顺序和效果

在实践中，我们也发现 OKR 是规模化敏捷强大的工具之一，而且非常简洁。对于大规模组织，OKR 能通过非常快速的方式对齐，从而使高层管理者的战略目标穿透到基层员工；基层团队的创新和想法也能直接被高层管理者看到，从而形成组织层面的协同。

12.3　融合实践案例

下面分享一个组织应用实例，该组织从事教育 SaaS 平台服务，在细分行业中属于 Top3 的存在，规模超过 200 人，年销售额超过 1 亿元。

该组织有 5 个联合创始人，在进行敏捷绩效转型之前，该组织采用非常传统的架构模式：有前端以市场和销售为主的产品部，也有以产品研发为主的开发部和测试部，还有后端以客户服务和交付为主的运维部，如图 12-5 所示。

图 12-5　传统架构模式

在敏捷绩效转型之前，组织面临非常多的问题，比如：

- 市场竞争激烈，直销方式增速达不到投资方的预期。
- 创业期的平台已经无法支持高速增长的客户服务需求，在几个典型的场景中（如学校开学季集中报名、学校促销活动、学生集中抢课报名等），其平台已经造成了多次服务事故。
- 创新产品采用传统的瀑布模型开发，开发周期长，跟不上竞争对手的开发节奏，多个产品都无法适应市场需求。
- 团队内部加班严重，团队氛围压抑，人员流动率较高。

在敏捷绩效转型一开始，我们对组织结构进行调整，将原有的部门打散，按照产品划分组织团队，如图 12-6 所示，其中主要的 ERP 产品团队有 70 多人、SaaS 产品团队有 30 人、创新产品团队有 30 人、中台部门有 10 人，其他各种小型产品团队有数十个，每个团队有 5～12 人，聚焦在不同的业务方向上。

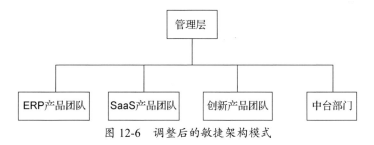

图 12-6 调整后的敏捷架构模式

在敏捷绩效转型过程中，我们完成了敏捷团队产品交付的方式转变，在数十个小型团队中使用以 Scrum 为主的敏捷框架和实践，提升了业务交付能力和交付速度。

在取得初步效果后，针对主要核心产品的 70 多人大团队，使用了基于 LeSS 的大规模敏捷框架，用 6 个月的时间将其中的研发团队打造成"无差异团队"，各个团队可以独立并行进行工作交付，在团队内形成了非常有效的竞争机制，提升了团队精神，促进了交付。

在敏捷绩效转型完成后，基于团队的交付能力，创始人团队基于组织需求制定了新的战略方向。

- 市场模式由直销模式转为代理模式。
- 提供全新的轻量级 SaaS 分级服务。
- 拓展创新业务和产品线。

这时，我们对整个组织导入 OKR，通过一系列的"战略共识工作坊"和"目标设定工作坊"，从管理层团队到各个业务团队，都有了面向业务的高价值目标，使得战略方向深入人心，员工又一次被"激活"，团队工作积极性也有了很大的转变。

在目标制定过程中，在 OKR 周期前就开始制定组织级 OKR 目标，通过对齐和制定团队级 OKR，完成个人层级的 OKR 设定。在 OKR 周期内，还要完成相应的周跟踪和月跟踪。在周期结束后，依次进行个人 OKR 复盘、团队级 OKR 复盘和组织级 OKR 跟踪（年底进行组织级 OKR 复盘），如图 12-7 所示。另外，在个人 OKR 上，只对团队核心人员和潜力大的人员有要求，其他成员不需要个人 OKR。

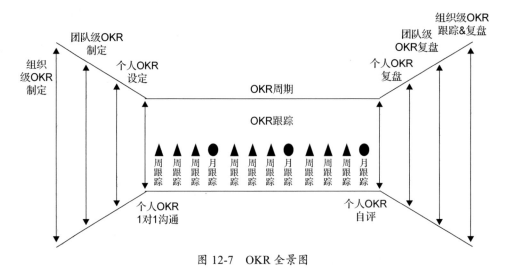

图 12-7　OKR 全景图

在组织战略方向目标的制定过程中，我们也秉持敏捷思维，用敏捷思维和原则实现战略敏捷。

由于要将组织的单一直销模式转为代理模式，因此就需要在全国范围内寻找代理商加盟。在战略落地过程中，市场部按照传统的项目管理方式，提出先通过召开大会进行招商工作，然后筛选代理商进行商务谈判，完成招商合同的签订和人员的培训，最后进行业务拓展的计划。计划基本上是按照季度依次进行的，也就是说真正的业务拓展要到下半年才能开始。

在我们看到制定的目标和计划后，就提出能否在第一季度先围绕之前的合作伙伴进行挖掘，找到合作关系好并有意向进行代理的伙伴，通过优惠的代理政策邀请他们一起制定代理商标准和政策，同步完善代理政策和规则；下一季度再收紧优惠政策，同时开拓周边的合作伙伴，并再次完善代理政策和规则；以同样的方式依次进行几次，这不但能逐步开展业务，而且能丰富我们开拓代理商的经验，将代理商的真实问题、疑问等消化在我们的解决方案中。

这个思路极大提升了业务交付速度，在第一季度就有实际的业务产生，获得了管理层和市场部的一致好评。100 家代理商的目标，按照第一季度 3 家，第二季度 7 家，第三季度 30 家，第四季度 60 家的顺序依次进行。战略反馈开始按照 3 个月一个周期进行战略检视，并且在战略落地的过程中提供了很好的"北极星指标"来做参照。

　　组织级 OKR 目标按照年度设定，面向战略——从业务角度进行了整体蓝图的描述。团队级 OKR 目标按照季度滚动给出，面向业务——各个团队按照月度进行工作规划，先通过业务和产品设计活动将目标关联到对应产品特性的开发工作中，再通过一周的迭代活动进行逐次交付来验证产品的设计。

　　基于这样的关联，该组织取得了业务的高速增长。同时，在战略目标方面，通过业务的早期测试和反馈逐步完善和坚定了战略目标，提升了组织的整体绩效。

基于用户任务的产品
机会洞察实践

13.1　什么是用户任务

　　产品的概念最初被提出来的时候，用户的概念也随之被提出来。无数的产品经理和设计师都在思考同一个问题，用户到底要什么？好像解决了这个问题，就能够做出用户想要的东西，产品就能获得成功一样。因此，对用户的研究及对用户需求的研究贯穿了产品设计的整个发展史。在以用户为中心的产品设计浪潮中，基于用户任务的设计模式是独特而有趣的一个分支。

　　我们经常看到一个用来描述用户需求的例子——"用户要的不是锤子，是墙上那个洞"。这个例子告诉我们要关注用户的需求，而非"诉求"。只要能打洞，他们不在意产品方案是一个锤子，还是一个电钻。

　　但是如果我们进一步思考一下：

　　用户真的是想要墙上那个洞吗？他只是想把画挂上去。（产品方案变成无痕钩、蓝丁胶……）

　　用户真的是想把画挂上去吗？他只是想让墙壁不那么单调。（产品方案变成墙布、海报……）

　　用户真的是想让墙壁不那么单调吗？他只是想让整个房间变得更美观。（产品方案变成盆栽、鱼缸……）

　　用户真的是想让整个房间变得更美观吗？他只是想让自己的生活环境变得更好。（产品方案变成整理房间、搬家……）

　　虽然无止境地挖掘会让产品方案脱离用户原本的预期，但也可以看到，在我们进一步理解用户的需求后，再去为用户提供解决方案，结果可能有巨大的差异。我们甚至可以精准地在用户需求的每一层提供解决方案，而在这个过程中，用户想要达到的目标就是用户任务，就是用户想完成的事（Jobs To Be Done，JTBD）。

　　用户任务的思维是，从不同的视角看待用户与产品之间的关系。用户与产品之间不再是购买和使用的关系，用户只是"借用"产品来完成他的任务；产品与用户之间不再强绑定，产品只是用户达成任务的一个桥梁。

　　例如，现在要给年轻的打工人设计一辆车，基于成熟的"以用户为中心"的设计思维，我们大概会这么做：

　　（1）分析目标用户，对年轻的打工人的特征、行为进行分析，构建用户画像。

　　（2）分析利益相关者，如情侣、家人、亲戚、同事、老板等对他买车产生的影响。

　　（3）分析竞品，看看其他对应的产品或者其他行业的产品如何满足这一类型群体的需求。

（4）分析情景，拆解用户买车和用车的人、事、物，写出用户新老故事。

这样下来，我们基本上能了解对这辆车几个显著的需求：价格和维护费用不能太高，有个性，有颜值，符合年轻人的喜好等。我们可能会生产出类似于 EV-Mini 或者比亚迪海豚这类型的车，并通过良好的品质与优秀的运营获得了成功，一切看上去自然而然。

这是目前常见的产品设计思维，成熟、稳定，只要进行严格、充分的设计分析，设计产出的风险就不会太高，在可行性上也不会产生太大的问题。但如果我们从用户任务的视角来看，就会发现另外的信息：年轻的打工人真的需要这样的车吗？他的用户任务是什么？他们想要的可能只是在日常的工作、生活中能够更便捷、更舒适地出行。从这个角度去看，也许用户需要的不是一辆车，在购买费用高、停车麻烦、保养烦琐的情况下，经济、便捷的网约车方案或共享汽车方案可能更适合他们。

虽然我们只是演练了最浅层面的初步设想，但依然可以看到，从"事>人>物"的思维转换为"人>事>物"后，我们得到了一种完全不同的思路，甚至会跳出原有的产品概念。而这种"人>事>物"的思考方式，就是以用户任务为中心的分析思维。它聚焦于用户想要完成的任务，而非产品本身 。

在通常情况下，用户任务是相对稳定的，只受用户和使用情景的影响。但产品方案是多变的，取决于商业目的、技术优势、成本等，需要进行更完整的分析。

下面详细介绍用户任务，以及用户任务如何被使用、如何为产品创造价值。

13.2　用户任务的价值

用户任务是为创新而生的，这种创新有别于传统意义上的创新，即不只有更完整的观点和更好的解决思路，而且能够突破固有思维，我们称之为"破坏性创新"。在产品设计中，破坏性创新与主流的解决方案完全不同，甚至会颠覆用户的使用习惯和认知。破坏性创新很难，但一旦成功就能带来巨大的价值，如从传统支付到移动支付、从线下购物到电商购物、从油车到电车。不限于整个产品概念，在具体业务模块，甚至小的功能上，我们都可以尝试通过用户任务进行破坏性创新，这样产品研发推进的难度和风险都会大大降低。

基于这种创新形式，用户任务可以运用于很多层面，如产品机会挖掘、产品营销创新、产品成本下降等。

1. 产品机会挖掘

基于对用户任务的分析，可挖掘产品潜在的高价值机会，将有限的研发资源投入到高价值机会上，以提升产品成功率。

例 1：Switch 聚焦"多元化娱乐"的机会，即使画质和性能都低于同期竞品，也获得了巨大的成功。

例 2：元气森林聚焦"0 负担"的机会，将其作为核心价值推出系列产品，在软性饮料的红海中完成突围。

2. 产品营销创新

基于用户任务分析用户使用产品的动机与目的，用营销方案打动用户，进行针对性的营销。

例 1：某化妆品广告重点传递更美丽、更年轻的"你"，弱化产品本身的介绍。

例 2：在某可乐品牌的广告中，重点传递产品带来的畅快、舒爽，弱化产品本身的介绍。

3. 产品成本下降

基于用户任务先分析出低价值、低满意度的业务模块，然后进行裁剪或减少投入，从而降低成本。

例 1：春秋航空取消给用户带来豪华感但与用户任务关联度不大的空中服务，将空运的成本降到最低，成为中国利润率最高的民营航空公司。

例 2：SpaceX 火箭取消与用户任务关联度不大的全部火箭元件，打造了最"廉价"火箭。

针对通过用户任务降低成本，有一个有趣的例子可以帮助大家更好地理解。

酒的种类非常多，酒瓶的瓶盖也是各式各样的，它们有不同的任务，如红酒的木塞是为了保持酒的品质，白酒的旋口瓶盖是为了一次喝不完时方便存储，啤酒的瓶盖没有以上任务，只要能让啤酒达到存储目的并保持新鲜就可以了，因此使用最低成本的卡口盖。但是有一款高度数的白酒使用了卡口的瓶盖，它是来自内蒙古的草原白酒。由于用户任务受用户和情景的影响，在内蒙古受酒水文化和喝酒场景的影响，草原白酒的消耗量大、消耗速度快，基本上没有喝一半存储的需求，因此白酒的旋口瓶盖的用户任务在这种情景下也就不存在了，酒厂就可以通过采用最便宜的卡口盖来降低成本，让利给用户，以提升产品的竞争力。

13.3 用户任务的分类

用户任务主要有两种分类方式：基于重要度的分类和基于任务诉求的分类。

基于重要度，我们可以将用户任务分为主要任务和相关任务。

- 主要任务是用户的核心任务，如果不能帮助用户完成此任务，产品对用户来讲就没有价值。

- 相关任务是除主要任务以外，用户还期望达成的任务。

以冬天的衣服为例，御寒是其主要任务，另外，它还有修饰主人的身材、彰显主人品位等相关任务。只有主要任务和相关任务都被考虑到，才能最大化提升产品对用户的价值，但也要注意各个任务之间应该有其对应的优先级，这样才能合理地分配研发资源。

基于任务诉求，我们可以将用户任务分为功能性任务、情感性任务和社交性任务。

- 功能性任务：帮助用户实现某种功能，大部分情况是效率的提升或成本的下降。
- 情感性任务：帮助用户获取某种情感，如安全感、虚荣心等。
- 社交性任务：帮助用户改善或改变与其他人之间的关系，如个人形象塑造、共同话题创造等。

同样以衣服为例，大部分的衣服都同时有这三种任务，但不同类型衣服的聚焦任务又不太一样。比如，秋衣更多聚焦功能性任务，晚礼服则更多聚焦社交性任务。

我们也可以从另外一个角度来理解这三种任务，功能性任务是指产品帮助我完成什么事，情感性任务是指产品给我带来什么感受，社交性任务是指产品让我给别人带来什么感受。在一个产品中，这三种任务的平衡可以给用户带来良好的体验。例如，微信的功能性任务是信息传递，情感性任务是愉悦和归属感，社交性任务是人物形象的塑造。

主要任务不一定就是功能性任务，也有可能是情感性任务或社交性任务。每一种任务都可能会成为产品的突破点，如菲利普·斯塔克的经典作品外星人榨汁机，虽然它在功能性任务上没有让用户得到很好的满足，但在情感性任务和社交性任务上完成得非常好，创新的外观和极富现代风格的设计，都可以让用户感受到美好的生活品位。

13.4 基于用户任务的产品机会洞察

在了解了用户任务的思维后，我们就可以基于用户任务，从不同的角度洞察产品机会。这种形式也许新奇、有趣，但信息相对混乱、随机性太强，而且这种形式过度依赖设计师的灵感和主观判断，我们更需要一个相对规范、可执行的方法来引导设计。

1. 用户角色定义

当我们梳理用户任务的时候，需要梳理用户任务的对象是谁，在用户任务中根据任务不同将用户分成任务执行者、产品管理者、产品购买者几个角色，如图 13-1 所示。

图 13-1　用户任务的角色

任务执行者是指用户任务服务的对象。以榨汁机为例，榨果汁的人就是用户任务服务的对象，也就是任务执行者。

产品管理者是指管理产品的人。产品的管理并不是用户任务的一部分，只是在完成用户任务过程中不得不面对的事情。以榨汁机为例，维护、清洁榨汁机的人就是产品管理者，他有可能和任务执行者是同一个人，也有可能不是同一个人，但无论是不是同一个人，我们都应该以不同的角色来看待。

产品购买者是指购买产品的人。产品购买者也不是用户任务的一部分，只是在完成用户任务过程中不得不面对的。同样，无论任务购买者和执行者是不是同一个人，但都应该以不同的角色来看待。

2. 用户任务拆解与梳理

在我们把角色定义清楚后，就可以拆分用户的主要任务了，不同的角色对应不同的任务。在任务执行者这个层面，我们可以利用用户任务分类的思维去拆解，分析出他的主要任务和相关任务，以及功能性任务、情感性任务和社交性任务。这两种类型的任务某些时候会有重叠。

3. 任务分析

主要任务分析是任务分析中的核心环节，我们可以通过任务的生命周期对其进行拆解，以洞察任务完成过程中用户遇到哪些阻碍及我们有哪些机会。我们可以将整个用户任务生命周期拆分为 8 个环节，如图 13-2 所示。

（1）问题觉知——知道什么问题要被解决或什么需求要被满足。

（2）任务觉知——知道通过什么任务来解决这个问题或满足需求。

（3）任务准备——对任务完成所需要的工具或环境进行准备。

（4）条件确认——对任务的准备进行确认，明确任务可以开始执行。

（5）任务执行——对任务进行执行。

（6）过程监控——在执行任务的过程中，监控任务的完成情况或任务的变化。

（7）结果修正——对不满意的任务执行结果进行修正或优化。

（8）任务完成——明确任务已完成或放弃，并终止任务。

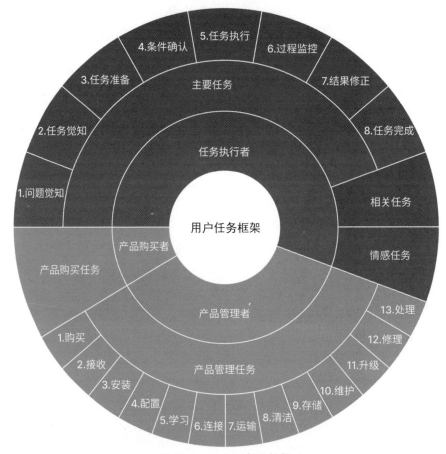

图 13-2　用户任务的拆解

这 8 个环节看起来好像很复杂，事实上我们做的每件事情基本上都会经历这 8 个环节，只是很多时候有些环节持续的时间极短，短到我们感受不到这些环节的存在。以最简单的瓶装饮用水为例，它的主要任务是帮助用户解渴。这个主要任务同样也可以被拆解为 8 个环节，并且在这 8 个环节中都可能有对应的机会。

（1）问题觉知——用户感觉到口渴了。

（2）任务觉知——知道要喝水。

（3）任务准备——了解哪里可以喝到水或买到水（我们假设是后者）。

（4）条件确认——确认有商店开着，钱是足够的。

（5）任务执行——买水、喝水。

（6）过程监控——身体感受到是否喝够了，或者水温是否合适。

（7）结果修正——没喝够，再喝几口，或者说放一会儿，温度适合了再喝。

（8）任务完成——停止喝水，盖上瓶盖。

我们可以看到，虽然任务很小，每个时间点很短，但依然可以被拆解成 8 个环节。基于这 8 个环节，我们可以更加结构化地分析对应的机会。

同时，在分析主要任务之后，我们也应该对相关任务进行分析，比如说除了解渴，在有些情景下用户也希望能消暑降温。在情感性任务上，用户希望通过这件事获得更多的愉悦或畅快的体验，如喝冰水、苏打水。在社交性任务上，用户可能希望能彰显自己的身份或品位，这也是有些矿泉水主打的方向。

4. 管理任务分析

产品的管理不是用户任务的一部分，但管理是产品不可缺少的环节，我们同样可以从中分析出相应的机会，通过环节优化来降低成本、提高效率。在价值不变的情况下，管理成本越低，价值增量就越大，产品的竞争力也就越强。特别是在产品功能趋同后，管理任务就显得更加重要。

同样，我们可以通过管理任务的生命周期对其进行进一步拆解，以洞察在任务完成过程中用户遇到了哪些阻碍和我们有哪些机会。我们可以将整个管理任务的生命周期拆分为 13 个环节，如图 13-2 所示。

（1）购买——购买产品，通常会对购买任务进行单独分析，但购买任务也属于管理任务的一部分。

（2）接收——接收产品，网购时应该特别注意。

（3）安装——安装产品，非必要条件，但如果涉及安装，大概率就有提升体验的机会。

（4）配置——配置产品，与安装不同，配置更多的是在软件层面上，同样有大概率提升体验的机会。

（5）学习——学习如何使用产品，提升产品易学性对消除使用障碍有很大帮助。

（6）连接——将产品与其他产品连接，包含硬件层面和软件层面。

（7）运输——调整产品所在的位置，包含硬件层面和软件层面，这对产品的适配性和稳固性会产生要求。

（8）清洁——清洁或清理产品和产品产生的垃圾，这对使用体验和产品稳定性的影响较大。

（9）存储——存储或存放产品，很多硬件因为没地方放置而被放弃，很多软件也会因为没空间存储而被删除。

（10）维护——保持产品的高可用性，通常产品越大、越复杂，维护成本也越高。

（11）升级——升级产品，让产品得到更好的性能或满足更多的场景。

（12）修理——产品出现故障时的处理，很容易产生体验低谷。

（13）处理——丢弃或处理产品，当产品被放弃的时候，可以营造峰终效应的体验。

这 13 个环节不一定都出现在每个产品的管理任务中，但基本上可以覆盖所有管理环节，它们不仅适用于硬件产品，同样也适用于软件产品。例如，微信对学习、连接、清洁、存储、升级等环节都有针对性的设计。这 13 个环节可以帮助我们看清产品在管理上存在哪些问题及我们还有哪些机会。

5. 产品机会评估

在用户任务、管理任务、购买任务被完整地分析后，我们就可以看清楚，用户是如何通过产品来完成任务的，也能看到一些机会，但对需要这些机会进行评估。

我们可以通过对用户期望的重要度和满足度进行评估，即基于任务及任务的环节，通过对多个目标用户的分析和访谈，梳理出用户对应的期望，并调研期望的重要度和满足度。调研的方法有很多种，最简单的是先让用户对期望的重要度和满足度打分，分值为 0~10 分；然后清洗数据，计算其中的位数；最后基于以下公式算出期望的机会评分（Opportunity Scoring，Opportunity 通常简称为 Opp），见表 13-1 所示的用户任务机会评分表。

$$机会评分=重要度+Max（重要度-满足度，0）$$

表 13-1　用户任务机会评分表

用户任务机会评分								
	用户任务 1		用户任务 2		用户任务 3		用户任务 N	
	重要度	满足度	重要度	满足度	重要度	满足度	重要度	满足度
用户 1								
用户 2								
用户 3								
用户 4								
用户 5								
……								
统计								
机会评分								

例如，在喝水任务中，用户有一个期望是"瓶盖要容易打开"。经调研，其重要度为 7，满足度为 6，那么机会评分就是 7+Max(7-6，0)=8。通过对不同期望的机会

评分进行横向对比，就可以判断出哪个期望机会大，哪个期望机会小。

6. 机会筛选

基于计算的期望机会评分，可以对机会的大小进行对比，也可以根据其绝对值进行判断。不同区间的机会评分代表的机会等级不同（如图 13-3 所示），通常认为 Opp>10 的机会，是一个有潜力的机会；Opp>12 的机会，是一个优质的机会；Opp>15 的机会，是一个卓越的机会，简直可以说千载难逢，这种机会在成熟的产品上很难遇到，但如果从新的品类出发，还是有机会的。而 Opp<10 的机会就很难形成突破，Opp<7 的机会基本不在产品的方向中考虑，甚至有可能进行战略性放弃。

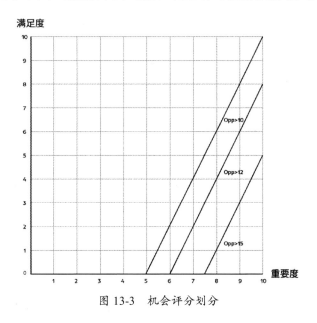

图 13-3　机会评分划分

7. 明确产品发力方向

除了简单地通过机会评分评估机会的大小，我们还可以通过用户任务期望的重要度和满足度的分值与对应关系来分析产品的发力方向及产品提供的各种服务的资源分配。

首先，我们需要将产品中与用户任务期望对应的服务梳理出来，如微信的"漂流瓶"对应的就是"更方便地认识陌生朋友"。然后，根据用户任务期望的重要度和满足度进行分类，主要分为以下 5 类，如图 13-4 所示。

（1）优势服务——高重要度（>7）、高满足度（>7）的服务，通常是产品的核心竞争力，需要持续优化。

（2）可提升服务——高重要度（>7）、中/低满足度（<7）的服务，是产品竞争力进一步提升的重要方向，需要加大资源投入。

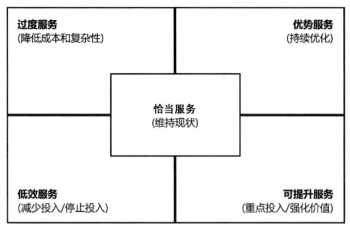

图 13-4　产品服务划分

（3）恰当服务——中重要度（4~7）、中满足度的服务（4~7），用户对这部分服务的感知度低，通常保持现状即可。

（4）过度服务——低重要度（<4）、中/高满足的服务（>4），这部分服务的性价比较低，可以尝试通过降低成本和复杂度来优化产品的资源投入。

（5）低效服务——低重要度（<4）、低满足度的服务（<4），虽然用户对这部分服务的感知度不高，但每次产生关联时都会使产品体验与口碑下降，建议去除这部分服务，无法去除的应该尽量减少用户接触的机会并停止资源投入。

通过以上分类，我们可以更好地看清楚各种服务所处的位置和与之配套的后续动作，但这种状态是动态的，会根据市场、场景及用户认知的变化发生改变，需要每过一段时间就要重新审视与调整。例如，软件产品中的省流量机制，就受流量资费的变化而发生改变，甚至可以从"可提升服务"变化到"低效服务"。

13.5　总结

虽然在对用户任务分析的过程中，我们会涉及很多方法和工具，但其中最重要的还是，从用户任务的视角来看待产品和用户之间的关系这一底层思维。从大的方面看，我们可以对产品的整体概念进行革新；从小的方面看，可以对每个小功能进行不同维度的创新。当无法对整个产品进行革新时，化整为零，思考产品的功能点是不是存在可创新的机会，逐渐提升产品的竞争力，也可以完成产品的蜕变。

产品的成功需要多种因素的支持，找到机会可以帮你走出第一步。

从团队优先的视角打造高效能研发组织

"使知识工作富有成效将是本世纪最伟大的管理任务，正如使手工工作富有成效是上世纪最伟大的管理任务一样。"

——彼得·德鲁克《断层时代》1969 年

"知识工作需要更好的设计，正是因为它不能为工作者设计，而只能由工作者来设计。"

——彼得·德鲁克《管理》1973 年

随着全社会数字化转型的深化，企业持续加大研发投入，越来越多的规模化研发组织成为数字业务发展的核心支撑，然而对研发组织的效能治理一直是困扰很多管理者的关键问题。

软件工程本身的特质给管理带来了一系列挑战，而技术的高速演进又在客观上给研发工作的标准化造成一定的困难。面对一波又一波的技术"海啸"，持续提升效能已经成为各大研发组织的必修课。

在高度依赖于知识工作者的软件研发领域，我们需要正视对团队的管理，避免陷入传统标准计件工厂管理模式的误区，真正从团队优先的视角去思考有效的机制建设，践行面向长期发展的成长性思维，构建能够快速学习和适应的高效能敏捷组织。

14.1　研发组织效能管理之殇

软件研发与大多数制造业相比，存在两点本质上的不同：其一，编程作为软件研发的基础活动，是程序员高强度脑力劳动的过程，产生的结果存在不确定性，即针对相同的需求，不同的程序员会设计出不同的程序结构，在一些核心系统逻辑的实现上，更不会出现两个程序员写出完全一样的代码的情形。

其二，由于设计活动贯穿软件系统从需求澄清到代码实现的整个过程，因此在传递过程中，各个专业角色之间只有紧密协同，才能避免由信息失真造成的系统实现不满足原始需求或功能的设计。比如，在业务分析人员和系统架构人员的信息交流中，双方的认知和对模型的分析存在差异，原始需求通过对业务进行分析产出的业务模型很容易被系统架构人员误解。同时，系统架构人员产出的系统设计也可能难以被业务分析人员理解。软件产品持续迭代的特性又进一步放大了这种信息的不对称性，让很多软件系统成为难以被维护的遗留系统。

脑力劳动的特点决定了传统标准计件工厂管理模式无法适用于软件研发团队，由此也产生了著名的"人月神话"，"人月神话"论证了研发团队的规模和产出并非线性关系。当软件研发产能遇到瓶颈时，其很难通过增加团队人员来提升。恰恰相反，在新成员加入团队后，由于他们需要学习已有系统的业务领域知识和采用的架构技术，因此往往不得不让团队骨干分出精力和时间去配合，造成团队整体产能的阶段性下降。图 14-1 所示为"人月神话"中展现的软件研发团队规模和产能的非线性增长关系。将人数和时间互换几乎是不可能的，因为软件研发项目中的各项任务都不可能分解给相互毫无交流的个体去完成。

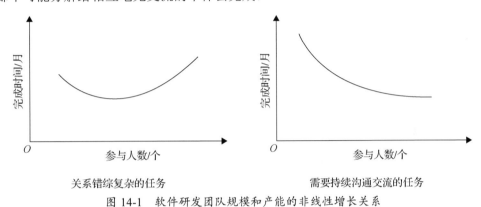

图 14-1　软件研发团队规模和产能的非线性增长关系

当这样的"人月神话"现象被放大到时下供不应求的研发组织时，副作用更加明显，源源不断的业务需求往往催生了组织的快速膨胀。虽然对敏捷开发的广泛采纳，让管理者意识到单个软件研发团队必须控制人数规模，类似于亚马逊经典的"Two-Pizza Team"（两个比萨团队，团队规模为 5～7 人），但在组织层级却会因为无法满足业务的诉求，而不断增加研发团队的数量。这样的结果是，忽略了团队之间实际也存在"人月神话"效应，即每个小团队研发的软件模块或应用并不是独立存在的，增加团队数量意味着增加团队的沟通成本，很多团队抱怨上班时间只能开会，而真正的功能实现只有等到下班后才有安静的环境去完成。

为了解决不同角色之间的沟通协同问题，大部分研发组织都采用了跨职能的混合团队结构，其中一个研发团队同时拥有业务分析、程序开发、系统测试等专业人员。混合团队结构的优势不言而喻，通过这样的团队结构能够保证对外部需求的高效响应。然而，这样的团队结构也带来了团队内部各专业个体效率管理的困局。比如，评价一个研发人员的工作效率并不能简单采用人天产出代码行（Line of Code，LOC）来衡量，也无法完全采用单位时间研发需求的个数来评判，因为其工作中很大一部分时间都在与业务分析、测试等其他专业人员对接协作。在此基础上，由于各个研发团队所处的业务和技术上下文存在差异，如一个手机移动应用研发团队和一个 ERP 采购模块的研发团队很难建立可比性，相同专业的个体在不同业务上下文团队中也难以进行个体能效的横向比较。

随着技术的发展，这样的专业分工越来越多，如涉及人工智能技术应用的"算法"岗位就不同于传统的前后端研发工作岗位。这样的趋势让传统的基于专业岗位定岗、定责的人力资源管理模式失效了，无法在不考虑团队上下文的情况下评定个体的表现。在组织级别，我们往往会看到研发管理者和人力资源管理者之间的持续冲突：一方面人力资源管理者希望研发管理者提出行之有效的专业岗位绩效模型；另一方面研发管理者希望人力资源管理者能够动态响应专业个体职责的变化。本质上，研发团队的各个角色都仅仅是根据某个特定上下文设定的。优秀团队中的每位知识工作者都会被鼓励持续学习和尝试更多的领域，成为 T 型、π 型人才，如一个研发人员也可能是一个优秀的需求分析师，或是一个具备良好技术背景的产品经理。

不论是研发组织迫于市场压力走上"人月神话"之路，还是跨职能团队造成传统人力资源管理体系失效，都会在客观上造成整个研发组织效能管理的困局。大部分管理者都认为研发组织的效能管理应该对准整个企业的价值创造，不应该仅仅局限于实现业务提出的需求。特别是，随着数字化时代的深入发展，越来越多的业务实质上是通过数字化的产品和渠道完成的，由此也越来越要求研发组织往前站，去引领业务和创造新的客户价值。但是，在实际管理过程中，任何客户可见的数字化应用或服务的背后，都有大量的系统集成做支撑，而每个系统又为不同的前台应用提供服务。这种盘根错节的系统集成关系，造成了研发管理者虽然有良好的效能管理期待，但又不得不面对内部管理的困局。图 14-2 所示为一个典型的企业分层架构，错综复杂的应用和系统集成关系造成业务与研发难以对齐。

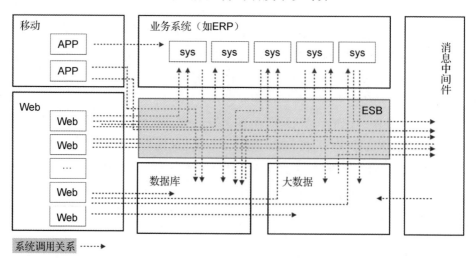

图 14-2　典型的企业分层架构

这种发生在效能管理上的困局，使很多研发型组织不停地扩大规模，所以千人的研发中心在国内比比皆是，但在价值创造上却是一笔糊涂账。研发组织一旦受到外界的质疑，就不得不走传统标准计件工厂管理模式的老路，即通过需求数量的增加和缺陷数量的减少等传统指标来说明自身的"高效"。身处其中的研发组织管理者显然苦不堪言，他们深知软件研发的本质，但又不得不用类似"人天产出代码行"等无效指标来应对外部的种种质疑。

14.2 团队优先的不同视角

面对以上效能管理困局，行业内已经产生了不少针对性的突破，突破的核心是放弃对知识工作者个体的绩效思维，从团队价值产出单元来认知和管理效能。对于研发组织的管理者，更应该考虑如何帮助研发团队持续提升效能，从而建立组织级的生机文化。我们认为这样的视角就是"团队优先"，通过树立正确的团队管理理念，建立符合软件研发客观本质的效能管理体系。

1. 管理团队流动效率，而不是个体效率

回归到软件研发的本质，我们能够从精益制造中得到很多启发，《敏捷宣言》签署者之一的 Mary Poppendieck 早于 2003 年就出版了《精益软件开发》一书。精益价值流实践的 Kanban 方法[①]，更是被引入软件研发团队的高效运作中，其核心理念是从整个端到端价值流的角度去看待团队效率。

这种基于价值流的视角很好地包括了软件研发团队为了交付可用软件进行的各个关键生产环节，特别是不同专业分工之间的协作。事实上，从软件价值产出的视角来看，某个单一专业高效是没有意义的，即使研发人员技能再强，也需要等待业务分析人员完成需求的澄清和分析，系统的上线还需要质量保障人员完成相关的测试。为了快速响应客户订单而诞生的精益制造提供了流动效率管理的团队视角，让我们懂得在面对高需求不确定性的环境时，应该针对整个端到端价值流进行分析和优化。而在软件研发过程中，对于需求的不确定性，不论是提出需求的业务方，还是实现需求的研发团队，都早已习以为常。通常系统前期梳理的确定需求还不到最后上线功能的一半，大量需求的发现和澄清实际上是在系统研发过程中渐进明晰的。在消费者市场中，我们更是已经接受了消费者在使用产品前自己无法准确描述需求的现实。

流动效率的管理意味着我们不是从团队某个专业或某个个体的效率视角去评价效能的。在新的价值流管理理念下，我们提倡团队中的每个人都关注需求从提出、

---

① Kanban 方法由 David J. Anderson 在 2010 年总结成书《Kanban：看板方法》。

分析、设计、实现到交付的整个过程，通过解决流转过程中的瓶颈点来加快流速。这就像接力赛跑，个体跑得快固然重要，但更重要的是交接棒技术。图 14-3 所示为软件研发价值流的分析示意图，借鉴了精益制造中的价值流分析实践。

(v) Value-Added Time（价值增值时间）
(e) Elapsed Time（消耗时间，按工作日计算，不考虑人数，绝对时间）
(c) Cumulative Elapsed Time（总消耗时间）

图 14-3　软件研发价值流的分析示意图

在这样的治理模式下，显然我们倾向于小颗粒度的需求，这能够让每个环节的处理时间缩短。虽然在软件研发过程中还很难达到精益制造里的"单件流"，但是需求的颗粒度越小，越有助于让整个端到端价值流通畅。小颗粒度的需求对我们驾驭软件需求本身的不确定性也是有帮助的，更能够支撑渐进明晰方式的软件产品迭代模式。

2. 提升团队安全氛围，而不是进行责任细分

谷歌和微软等全球大型软件商业机构长期针对研发组织的效能进行数据收集和分析研究，发现真正区别高绩效团队和低绩效团队的是团队内环境的安全程度，即团队的每个人是否感受到了被信任和被授权。环境安全成为团队效能的一个重要因素并不让人感觉意外，但成为高绩效团队和低绩效团队之间的本质区别还是让人感到些许惊讶。

作为长期奋战在研发一线的老兵，笔者切身感受到环境安全是团队优先理念下的一个关键因素。研发组织的管理者只有努力营造这样的安全环境，才能帮助团队实现高效能。然而，目前很多研发组织的管理者迫于传统管理的惯性，当遇到某些岗位效率方面的挑战时，不得不与创造团队安全环境背道而驰，用强化职责的分工和考核来保证单点的效率。不少管理者对"人均代码行数"的痴迷便源于这样的传统管理思维，甚至会细分前端和后端不同框架下的平均人天代码行数。具有讽刺意

味的是，对于同样的功能实现，代码行数少的设计可能恰恰是更好的解决方案，因为代码行数的缩减会持续降低软件的维护和修改成本，而软件天生就是需要被持续改动的。

为了让团队感受到安全，对团队进行合理的授权是提升信任的基础。很多管理者一边高喊着我们需要自主决策的团队，另一边却事无巨细地做着各种团队活动的审批。研发组织的管理者如果不能迈出授权的第一步，主动节制自己的权利欲，就很难推动团队建立以互相信任为基础的安全环境。从这一点出发，研发组织的管理者应该通过一些授权矩阵分析明确不同事项的归类，以及对应的可授权等级。例如，图 14-4 源自 J. Richard Hackman 的《高效团队：领导团队走向成功的 5 大黄金法则》一书中的权利矩阵，可以帮助研发组织管理者思考如何进行有效的团队授权。

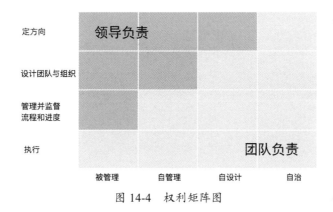

图 14-4　权利矩阵图

这里需要强调的是，团队的自主不等于无管理，不是让团队变成一个独立于研发组织的存在，这显然是不合理的，也是不可能的。每个团队都需要和组织里其他团队与部门进行持续的交互，因此每个团队都需要建立针对整个组织的决策透明机制。这种机制可以帮助组织管理者战胜所谓的"放权焦虑"，通过获取全局数据和信息进行跨团队协同方面的持续管理。

从更长远的组织视角来看，我们应该着力打造开放和透明的反馈文化，让团队中的个体能够勇敢站出来为组织的持续改进建言献计。这样的反馈文化也会督促个体持续进步，通过接受日常工作中的反馈找到自己提升和发展的方向。由于从事软件研发的专业人员都是知识工作者，因此有针对性的管理手段必须考虑到这个群体的职业发展驱动力。丹尼尔·平克（Daniel H. Pink）在畅销书《驱动力》中针对当下的数字化时代做了"自主、专精、目的"的提炼，很好地分析和展现了如何创造能够帮助个体成功的工作环境。对于高度依赖脑力的研发组织，这种驱动力环境的打造更是高效能的基础保障。

14.3 团队优先的组织落地

在落地团队优先的效能管理上，"团队拓扑"（Team Topologies）已经给大家提供了一系列的关键思考和实践。团队拓扑是一种清晰、易于遵循的团队组织方法，重点在于持续优化团队之间的交互模式，从而保证整个组织的高效运作。图 14-5 所示为团队拓扑实践方法概览。团队拓扑对四种团队类型进行了定义：业务流团队、平台团队、赋能团队、复杂子系统团队，以及定义了团队之间协作的三种沟通模式：协作、一切皆服务（X as a Servise，XaaS）和促进。

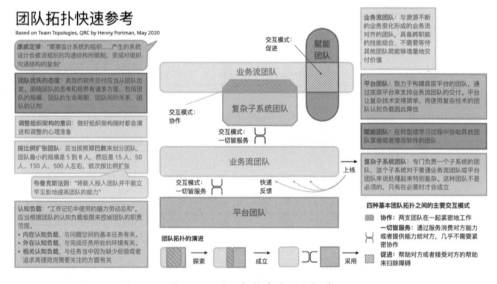

图 14-5 团队拓扑实践方法概览

1. 明确团队的存在目的

软件可改变世界已经是不争的事实，而不同的上下文又赋予了软件研发团队不同的目的。比如，一款方便人们查询身边人文景点的移动应用和一个可以为各个研究机构调用历史资料的平台，它们的研发目的大相径庭。这种不同也会给研发团队的存在目的带来多样性，如果团队不去建立明确的认知，就很可能陷入盲目的功能实现堆砌中。

利用团队拓扑的四种分类，我们可以开启对团队存在目的的思考。在数字化时代，业务持续快速迭代，支撑业务的软件会变得日益复杂，其中也会存在因业务演进导致初始软件设计过时的问题，这是行业内定义"技术债"的出发点。为了处理这样的复杂度，在软件跟随业务发展的持续研发过程中，团队自然而然地会被拆分，比如成立平台团队针对复杂逻辑进行专项处理和封装，并将可复用的能力开放给外部团队使用。

在业务扩张和变化带来的复杂度之上，固守已有技术只能被淘汰，所以我们还需要积极面对技术更新带来的环境变化。由此，很多软件研发团队都会面临所谓"在高速公路上给行进中的汽车换轮胎"的窘境：一方面新技术已经被新兴同业采用，竞争态势严峻；另一方面现行业务又要求 7×24 小时的连续性。其实，这时候我们就需要在研发业务功能的业务流团队中引入专项复杂子系统团队，研究如何顺利更换"轮子"。在此方面，其实办法远比困难多，只是我们要避免将新目的不停叠加到已有团队身上，使团队的运作复杂化。

当然，以上只是研发团队存在目的的几个典型场景，在真实的大型软件系统研发过程中，情况远比这复杂。一个初具规模的金融交易平台就有几百万行，甚至上千万行的代码，而智能手机的系统平台则需要三四千万行代码。这样的复杂度也让大家很早就认识到必须进行软件模块化，软件模块化的背后就是团队的划分，这已经被康威定律[①]所揭示。

康威定律：设计系统的架构受制于产生这些设计的组织的沟通结构。

康威定律揭示了并不乐观的现实：一个时间点上的合理软件模块化架构对应的团队组织，很可能随着持续的外部变化而变得不合时宜，造成产品新功能的研发成本快速升高和用户体验的快速降低。而由于跨团队的交流和沟通相对困难，让改变团队组织结构变得越来越难，因此对应的系统和产品逐渐走向臃肿和不可持续。

康威定律告诉我们，不能用静态的眼光来看待软件研发组织的团队架构，这就意味着团队存在的目的会随着时间而改变。很多金融机构的客户服务移动应用就是这方面的典型案例，最初的移动应用是一款直接服务于客户的产品，其本身提供了账户信息和资金操作方面的线上服务。随着移动互联网在社会面的普及，金融机构发现移动平台已经成为和客户交互的主要阵地，这时移动应用实际上就从之前的产品变成了一个渠道，或者说一个平台，对应研发团队的存在目的显然也发生了变化。

2. 明确团队的沟通方式

软件研发组织通过小团队的划分实现了敏捷响应外部变化的优势，却也带来了团队之间沟通协作上的挑战。为了完成业务需求，团队往往需要和其他多个团队进行持续沟通和协同，不少组织投入了巨大的精力去培养团队之间的沟通能力和协作主动性，却忽视了一个关键问题——什么样的沟通是合理的？

---

① 康威定律（Conway's Law）是马尔文·康威于 1967 年提出的，指出产品结构必然是其（人员）组织沟通结构的缩影。

通过团队拓扑中对组织沟通模式的思考，我们已经开始发现过去未曾考虑的一些不合理的现象，如平台团队派驻成员到上层应用团队去解决调用平台服务的各种问题，因为紧密协同受到了应用团队的欢迎和好评。当我们从合理性的角度去看待这样的"紧密"协同时，就会发现其本不应该发生。这样的"紧密"协同反而掩盖了平台自身的技术问题，现代的平台与外部的沟通方式都应该走向 XaaS 的自助模式，即应用团队可以根据平台提供的技术和环境辅助工具完成自服务。这样的例子在大型研发组织中还有很多，让不少团队关键人员疲于奔命，忙于各种外部沟通事项。

什么样的沟通才是合理的？这里的沟通既包含团队对外的沟通，也包含团队内部跨角色和职能的沟通。团队内部沟通往往体现在研发和交付过程中的设计上，比如前期是否需要形成类似于 BA（Business Analyst，业务分析）、SA（System Architect，系统架构）和 QA（Quality Analyst，质量分析）的三方同步机制，需求研发完成后是否需要 BA 介入测试，在功能交付之前是否需要研发人员和运维人员确认等。团队负责人根据既往的团队经验，在惯性的推动下可能并没有过多考虑团队身处的上下文，比如是不是全新研发的系统、是否有相关监管要求、产品的发布频率是多少等，若缺乏对这些因素的针对性思考，就会造成团队内部的沟通障碍，迫使团队形成不利于高效协作的免责文化。

不论是对内，还是对外，我们都应该明确沟通方式需要被刻意设计和显式管理。这里有两个关键视角：价值交付和端到端协同。价值交付的视角是团队在明确了自身存在目的后，基于持续创造价值的环境约束条件，考量如何进行内外部沟通，比如平台团队对外应该持续推进 XaaS 的自服务模式，减少与外部团队人员沟通的需要。端到端协同的视角让大家能够看到哪些沟通是必要的，比如前期 QA 加入需求澄清可能会带来后期测试用例设计上的工作提效，从而缩短整个交付周期。从这两个视角出发，我们应该保证持续检视沟通的设计，让大家都成为持续改进的参与者。

在 Howard Baetjer Jr. 1998 年发表的论文 *Software as Capital: An Economic Perspective on Software Engineering* 中，对软件工程的本质有一个业界比较认可的定义，即社会化学习（Social Learning）。基于这样一个定义，我们可以看到沟通和互动是植根于软件研发的本质活动，并且是软件研发涉及各专业领域个体工作的重要组成部分。由此，针对这样的社会化学习属性，主动设计和持续优化沟通方式与方法显然是软件研发组织的治理要点。

3. 明确团队的演进方向

在明确团队存在目的和沟通方式上，我们强调不应该从单一时间点去思考和布局。数字化时代的加速发展已经得到了整个社会的共识，今天的最佳设计很可能在明天就会变得不合时宜。作为数字化核心的软件研发更是与日俱新，不论是外部需求的变化，还是技术本身的颠覆，都会让团队的存在目的、对技能的要求和组织的结构发生演变。

与上一个信息爆炸的时代对比，大家对"唯一不变的是变化"已经更为坦然。然而，作为研发组织，如何引导团队积极应变却仍然是一个难题。不少大型研发组织从每年一次重组加速到每半年一次，仍然感觉无法高效响应市场和业务，但同时又担心过于频繁的调整会造成团队效率和员工士气的下降。这样的两难束缚了研发组织管理者向团队优先的方向迈进，不得不去采用传统专业分工的管理模式，寄希望通过相对稳定的技术专业团队，如 Java 开发、前端开发等，来抵消外部环境变化给研发团队带来的影响。

显然，外部变化并不会因为主流技术的相对稳定而减少，市场和业务才是很多变化的根源。因此，处理变化的关键点还在于如何去适配跨职能交付团队的结构。现有团队结构已经完全无法适应当下的业务和市场，我们需要保持针对变化的持续演进性。在信息化时代，很多企业的系统都会有明显的开发期、运维期和退出期，在开发期成立的团队最终会在退出期"曲终人散"。然而，现代数字化业务本身就是以相关系统为核心的，业务持续发展就要求系统持续演进，很难再有过去的阶段划分。

面对这样的演进要求，首先，研发组织需要抓住时代的一个关键点——面向客户创造价值。从这一关键点出发，我们发现不论是直接支撑业务的业务流团队，还是相对内部的平台团队，都能够明确发展方向。显然，没有人使用的平台不应该被开发出来，而平台的使用者就是平台的客户。为解决复杂子问题而设置的团队也必然服务于提出问题的团队，其价值是通过解决子问题来帮助"客户"团队高效前进。因此，认准客户是研发组织推动每个研发团队明确自身存在目的的第一步。

其次，明确授权每个研发团队去响应变化是建立持续演进的另一个关键点。一线研发团队是组织中感知变化最快的单元，授权不仅仅能够让团队感受到被信任，同时也明确了团队的责任，推动团队主动考虑针对变化的演进策略。在运行时间较长的一些团队中，我们往往会听到大家抱怨架构腐化、技术债多，但迫于需求的压力又没有时间去处理。在我们展现问题的严重性后，团队的第一反应是必须让领导拍板决定舍弃多少需求才能有时间去处理这些债务。这说明团队自身并没有意识到，高效响应变化以维护环境的整洁是自身的责任，可演进性还没有进入大多数团队的日常工作中。

研发组织的管理者要善于用问题推动团队去思考持续演进这一方向上的工作，如面对接下来的云原生时代，每个系统和应用需要做怎样的改变和准备？目前，业务需求实现难点在什么地方，哪些模块存在架构上的不匹配？这些问题都应该被视为市场业务需求的一部分。在软件研发领域中，类似于性能、安全这些过去的"非"功能性需求，现在被很多组织称为"跨"功能性需求，这个转变正是因为大家开始意识到，这些需求就是软件系统可持续发展的必备要求。

团队拓扑方法的创始者基于团队分类和团队沟通 API 的模型设计了相关的研讨工作坊，我们认为这种方式值得研发组织学习和借鉴。针对团队存在目的和团队沟通方式的集体研讨，在不同的层级持续发生，目标是让整个研发组织针对当下团队结构和未来演进方向逐步形成集体认知。只有这样，才有可能真正做到"逆"康威定律，保证整个研发组织的灵活性，促进生机文化，让效能治理成为大家共同关注的事情。

14.4　团队优先的效能转型

前面介绍了团队优先效能治理的底层逻辑和落地实践，但对于很多现有研发组织来说，仍然存在原有管理体系转型的问题，"一刀切"的风险巨大，特别是对于涉及组织管理模式的变化。由此，我们也希望从过往案例中提炼出一些关键的转型突破点，供研发组织管理者参考。

1. 以产品为导向的团队结构对齐

毫无疑问，明确团队的工作目标是团队管理者最为关键的任务，也是跳出单一专业分工管理的关键一步。在 BAT（百度、阿里巴巴和腾讯）这样的互联网服务公司的带动下，我们看到了产品化团队的高效运作方式。产品是团队价值产出的载体，价值流是产品功能从发掘、构思、设计到实现面客的整个过程，高效运作的基础则是建立持续优化这个价值流的机制。

很多大型研发组织都进行了面向产品的团队结构调整，比如华为 BPIT（Business Process and Information Technology）部门在 2016 年就将整个组织从过去的专业分工部门结构转换为分领域和产品的团队结构，这样的调整帮助华为 BPIT 部门对齐和各条业务线的合作。《华为数字化转型之道》一书中提到，不论是对面向客户体验的重塑，还是对平台赋能的打造，都和产品化团队的底层组织结构密不可分。

然而在一些复杂业务领域中，这样的产品化不总是显而易见的。比如，大型商业银行的系统之间往往存在着较复杂的集成关系，无法从业务视角进行简单的映射。图 14-6 所示为典型金融业务的数字化平台和系统分层，每个业务领域和金融产品都涉及多个支撑平台和系统。

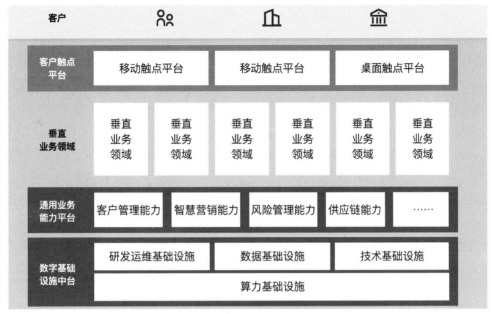

图 14-6 典型金融业务的数字化平台和系统分层

面对这样的情况，团队类型划分提供了很好的破解思路。一些中后台系统更多是作为平台存在的，其服务的客户很可能就是组织内部的应用研发团队。这样的视角显然能够帮助我们更客观地定义"产品"的成功指标。目前，很多研发组织专门设立了效能中心，把相关工具平台的建设作为效能中心的职责之一。这样的效能中心应该被定位为赋能团队，其打造的工具平台的目标客户是企业业务生态中广泛的开发者。

产品导向意味着针对相对稳定的团队使其产生较强的归属感，从而推动团队从跨项目的视角进行端到端价值流的持续优化。但值得注意的是，相对稳定的产品化团队并不意味着对应团队资源的锁定，团队规模应该随着产品规划浮动，产品不可能永远无限制地扩张，团队规模也不应该成为领域管理者心中的"虚荣指标"，一味扩大的团队规模有可能就是效能治理缺失的结果。

2. 业技融合的团队价值对齐

从价值的视角评判团队效能是大家的普遍共识，我们认为最直接的价值度量应该面向客户。然而，我们也必须认识到，在很多商业领域中即使数字化在不断强化技术对业务的影响，业务和技术的分工也仍然存在。我们应该正视社会复杂性带来的专业分工，这是社会经济能够高效发展的客观规律。研发团队往往不直接参与面向市场和客户的经营，特别是在日益重要的企业服务领域，前线都有专业的客服队伍。

在这样的客观约束下，为了建立更有效的价值度量，我们需要持续推动业技（业务与技术，简称业技）的融合，只有这样才能逐步把研发团队的价值认知对标到最终市场和客户。在一些数字化程度很高的行业，如银行业，相关的上级单位已经明确了这样的方向，提出了 BizDevOps 的实践要求。DevOps 运动在过去十年已经深刻改变了研发组织对软件研发的认知，开发和运维得到了有效的融合，这是由软件产品持续迭代的本质决定的。BizDevOps 抓住了现代数字化业务的核心，即业务和技术必须深度融合，才能最终保证产品和服务的持续迭代。

针对数字化转型取得较大成绩的商业组织，如招商银行，已经从业技融合实践中建立了市场竞争优势，不但能够推动整个组织的经营面向客户价值创造，而且能够比竞争对手更快地抓住市场契机，由此招商银行成为中国银行业的"零售之王"。招商银行采取的一系列针对性的实践是其推动业技融合的重要抓手。图 14-7 所示为业务领域的精益价值树（Lean Value Tree，LVT），可以帮助业务人员和技术人员针对目标与价值达成共识。

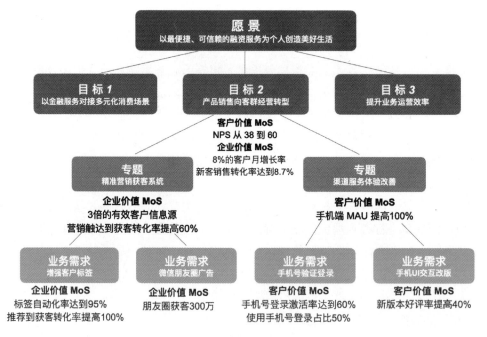

图 14-7　业务领域的精益价值树

通过精益价值树这样的实践，研发组织能够推动各个研发团队在目标和价值度量上对齐。度量强调可量化，只有这样才能帮助业务人员和技术人员建立共同的使命感，推动大家做到"力出一孔，利出一孔"。

3. 持续改进的团队目标对齐

在交付软件产品的同时，团队优先的管理视角也意味着我们必须建立团队持续学习和改进的文化。精益制造的成功源自让每一个员工都认识到追求匠艺卓越是没有止境的，整个组织应该把"止于至善"作为发展目标。每个员工、每个小团队在一个时间段的改进也许是细微的，但如果我们累加这些小改进，就可能产生一些提升团队效能的"奇点"。比如，在自动化程度很高的团队中，我们会发现每一个开发人员都会使可能重复的工作脚本化，从而使整个团队都可以通过自动化的方式完成此项更新。这样的小改进单次节省的可能只是每人 2 分钟，然而其背后展现出来的团队自动化文化是高效能的强大推动力。

对于推动组织持续改进，我们要放弃对整个组织隔一段时间就搞一场运动的脉冲模式，要将持续改进植入团队的日常工作中。比如，敏捷开发管理框架 Scrum 在每个迭代完成后设置的回顾会议（Retrospective），就是推动团队建立持续改进的实践。只有让每个团队都持续动起来，整个组织才有可能形成持续改进和学习的文化。文化并不是一句口号，而是我们日常工作行为中展现的点点滴滴。

孕育这样的文化，组织应该打造相应的赋能机制，成为帮助团队改进和推动先进生产力普及的教练组织。可喜的是，不少大型研发组织已经建立了自己的敏捷教练队伍，通过对内外部教练的持续引入和培养，帮助团队诊断问题、定位改进方向和引入新方法实践。同时，这样的教练体系也能帮助整个组织保持对外的开放性，持续吸收外部的先进理念和方法。

中兴通讯无线研究院在对全国几万人规模的研发队伍高效管理方面，构建了一支持续运作近十年的百人教练队伍，确保了 4G、5G 时代核心技术的工艺全面自主可控，以及产品研发过程中效能的持续提升。中兴通讯无线研究院把教练队伍定位为排头兵和赋能者，通过探索、引入、实践、提炼、推广、固化和创新，提升产品交付竞争力，成为组织提升研发能力的加速器，助力整个组织敏捷转型成功。图 14-8 所示为中兴通讯无线研究院建立的针对内部教练的甄选机制，通过建设管理和技术两方面的教练队伍，赋能整个组织。

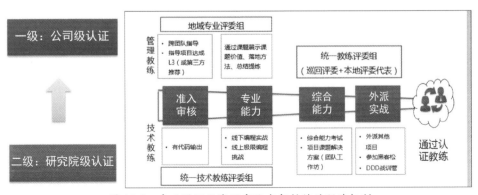

图 14-8 中兴通讯无线研究院内部教练的甄选机制

14.5　总结

Nicole Forsgren 教授是 GitHub 的工程负责人，也是发布 DevOps 全球报告的 DORA[①]组织创办人之一，她所在的小组 2021 年发布了 SPACE[②]模型，旨在推动行业对研发组织效能的正确认知。SPACE 的 S 是 Satisfaction and well-being 的首字母，这个维度是开发人员对他们的工作、团队、工具或文化的满意程度（即 Satisfaction）；幸福感（well-being）是他们的健康和快乐程度，以及工作对其产生的影响。

在很多成功的企业中，优秀的领导者常说：只有拥有了高兴的员工，才会有满意的客户。这个浅显的道理放到研发组织中也同样适用，甚至更加重要。因为我们面对的是一群知识工作者，需要他们发挥自己的脑力。

一直以来，人类的大脑有许多未解之谜，但我们知道当一个人感到兴奋时，大脑爆发出的创造力是无限的。在研发团队中，大家能够安全地交流和碰撞显然是知识工作者最向往的环境。而作为软件研发从业者，我们可能都有过和别人交流过程中的豁然开朗，进入思考的心流而忘记时间流逝的亲身经历。这其实就要求我们在研发效能管理上要坚持以人为本，因此也要求研发组织转向团队优先，只有这样才能够走向真正的高效能。

---

① DORA：即 DevOps Research & Assessment，由 Nicole Forsgren 和 Gene Kim 在 2015 年成立，后被谷歌收购。

② SPACE：即 Satisfaction and well-being，Performance，Activity，Communication and collaboration，Efficiency and flow 的首字母缩写。

转转一体化监控系统

15.1 背景概述

监控系统俗称"第三只眼"，通常在企业内承担着重要的角色，正所谓"无监控不运维"。虽然开源社区存在众多的监控系统，但让一套为不同角色提供不同监控视角的一体化监控系统落地并非一件容易的事。

在转转早期业务规模较小时，内部各个系统或自研、或利用开源上线了诸多监控系统。随着业务的发展，各个子系统独自维护监控与报警带来了许多问题，如数据散乱、报警散乱、功能偏弱、运维成本高等，同时，也给开发人员带来了许多困扰，如学习与使用成本较高。下面介绍一下转转监控系统的历史背景及我们的思考。

1. 面向业务的旧版监控系统 ZZMonitor

ZZMonitor 是转转早期自研的、业务使用最广泛的核心监控系统，它会自动采集 JVM 指标，并对业务开放了埋点数据上报的能力，同时转转架构部还利用 ZZMonitor 对各个组件（如 MQ Client、Redis Client、MySQL 连接池等）增加了核心指标埋点。ZZMonitor 有且仅有四种数据上报方式：SUM、MAX、MIN 和 AVG，代码示例如下。

```
long start = System.currentTimeMillis();
//do something
long cost = System.currentTimeMillis() - start;
ZMonitor.sum("执行次数", 1);
ZMonitor.max("最大耗时", cost);
ZMonitor.min("最小耗时", cost);
ZMonitor.avg("平均耗时", cost);
```

ZZMonitor 客户端会根据指标上报所使用的聚合函数，在客户端按分钟对数据进行聚合，并以异步、批量的方式上报到 ZZMonitor 服务端；服务端存储选型是 MySQL，其分了 128 张表也仅能支持 7 天的数据存储。数据最终将以服务为维度自动展示，如图 15-1 所示。

客户端预先聚合再上报数据的目的是减少监控指标的数据存储量。随着业务的发展，ZZMonitor 的弊端逐渐显露，具体如下。

- API 设计不合理，功能弱，业务反馈严重，仅提供四种聚合函数，无法监控 QPS、P99 等。
- 固定每分钟以聚合方式来上报数据不够灵活，同样的数据，业务需要按照聚合方式多次上报。同时，部分数据无法进行二次加工，如只能固定监控一分钟的平均值，无法监控到一天的平均值。

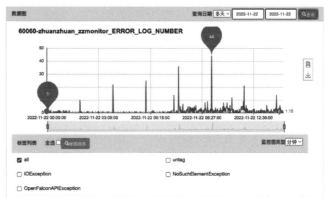

图 15-1 ZZMonitor 监控系统

- 存储选型不合理，监控数据通常与时间强相关，数据会持续追加写入，一旦写入数据就不能再次修改，所以这并不适合关系型数据库 MySQL，而适合存储时序数据库，时序数据库会带来良好的读写性能与数据压缩比。
- 开发、维护成本高，新监控组件的接入、新功能的迭代都需要持续投入人力。另外，随着业务量的上升，ZZMonitor 的很多地方出现了性能瓶颈，如系统吞吐量达不到预期效果，需要持续维护、排查问题。

2. 面向 RPC 的服务管理平台

服务管理平台也属于转转自研的系统，基于 RPC 框架自动埋点，独立于其他监控系统，监控与报警系统自成一体，以服务为维度监控调用方与服务方各个 RPC 接口的访问量、访问量耗时、质量详情等指标，如图 15-2 所示。

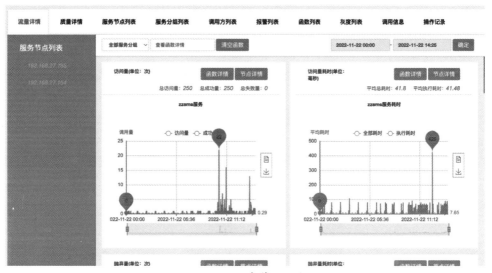

图 15-2 服务管理平台

3. 面向运维资源的各个监控系统/平台

转转内部还散落着众多的监控系统/平台，如面向 Docker 自研的云平台监控、面向物理机的 Open-Falcon 与夜莺监控系统、面向 Redis 自研的 Redis 监控平台、面向 MySQL 自研的数据库平台与 Zabbix，以及面向 TiDB 与 Nginx 的 Prometheus 监控系统等近十套监控系统/平台。

4. 现状思考

现状：从业务侧的角度出发，核心监控系统 ZZMonitor 仅支持分钟颗粒度的四种聚合函数，数据无法二次聚合，可监控的场景相对较少；散乱的监控系统产生了许多学习成本与使用成本，一次请求异常通常需要排查几个监控系统才能看到想要的数据，错看、漏看、不知道怎么看的问题时有发生。

从架构侧的角度出发，ZZMonitor 的功能较弱、吞吐较低、无法满足多样的监控需求，带来了内部监控系统的"百花齐放"，同时也产生了许多开发和维护成本，甚至架构部后端人员开发的前端页面也经常被业务开发人员吐槽。

针对现状，我们急需对监控系统重新进行统一规划。通过前期调研，业务人员期望以服务为维度提供 All-In-One 的一体化监控视角，同时期望它功能丰富、简单易用、UI 页面美观；架构人员期望监控系统能够做到统一化、高吞吐、低维护成本，最好可以借助开源社区持续迭代。

摆在我们面前的有两条路：一条是保持原状，自研迭代，逐步收拢各个监控系统到 ZZMonitor 内。此方案的优点在于用户习惯保持不变，但缺点也很明显，即迭代速度慢、维护成本高、自研系统需要重新设计（包括 SDK API）；另一条是借助开源社区的力量重新进行统一规划，落实一体化监控，抛弃历史包袱、轻装上阵，缺点是会带来用户习惯的迁移。经过综合考虑，我们选择了第二条路。

15.2 调研选型

我们重点关注了业内比较流行的"Prometheus + Grafana"。Prometheus 的 PromQL 可以为我们实现灵活多变的监控需求，丰富的 Exporter 生态可以为我们的运维服务监控提供便利；Grafana 上丰富灵活的看板可以为我们在可视化上节约开发成本；Prometheus 与 Grafana 的社区也十分活跃，提供了一整套监控系统解决方案。

当然，我们也对开源社区的其他监控系统做了部分调研，如表 15-1 所示。

表 15-1 选型对比（数据基于 2021 年 7 月）

比较项目	CAT	夜莺 v4	Prometheus+Grafana
贡献者数量/人	75	53	599
star/k	15.7	3.6	37.9

续表

比较项目	CAT	夜莺 v4	Prometheus+Grafana
偏向性	链路监控、日志监控	服务器监控，丰富的报警功能	任何被 Exporter 暴露的 Metrics
可视化	一般	上手简单但不够灵活、强大	Grafana 看板丰富
存储	HDFS	官方强烈推荐 M3DB	任何实现远端存储协议的存储
开源时间	2011 年	2020 年	2012 年
数据上报方式	埋点构建消息树	HTTP push 本地 Agent	Prometheus server 主动 pull
SDK 语言	Java、C/C++、Python、Node.js、Go	无	Python、Go、Java、Rust、Ruby、第三方
社区活跃度	一般	较活跃	活跃

总体来说，Prometheus + Grafana 基本可以满足我们低成本、一体化、功能丰富的需求。不过，Prometheus + Grafana 并非开箱即用，也存在一些痛点，具体如下。

（1）架构复杂（一个是集群，一个是注册与发现）。Prometheus 官方只提供单机版的实现，针对集群的解决方案是多副本采集+Prometheus 联邦，这提升了架构模型的复杂度和运维难度，复杂的链路模型又会降低系统的容错性。对于 IP 地址经常变动的业务服务来说，需要接入注册中心以供 Prometheus 服务发现，这进一步提升了系统的复杂度。

（2）Grafana 的看板规划问题。对于 All-In-One 的一体化监控，对看板的规划是前期非常重要的一项工作，否则随着时间的推移，在众多混乱的看板里又会出现错看、漏看、不知道怎么看的问题。

（3）PromQL 与 Grafana 看板的学习成本和使用成本问题。我们既要给出自由与权利，让业务人员可以在监控系统上尽情发挥，又要尽量帮业务人员做好兜底工作，让他们只需要点一点鼠标就能完成工作。

（4）报警相关问题。Prometheus 与 Grafana 都可以设置报警，但它们的报警设置都需要编写 PromQL。问题在于，如果不熟悉指标名、标签名和标签值，那么即使十分熟悉 PromQL 语法，也很难正确设置报警，这就导致每个人都必须熟悉并理解所有核心指标（如 JVM GC 次数、容器 CPU 利用率等）的结构，这显然是不可能的。除此之外，Grafana 的报警不支持 Grafana 模板变量，导致部分报警场景无法得到支持。

下面我们一起来看看转转是如何解决这些问题的。

15.3　落地实践

1. 架构设计

Prometheus 自带一个单机的 TSDB，它以 pull 的方式抓取指标，被抓取的指标需要以 HTTP 的方式暴露指标数据。对于 IP 地址经常变动的业务服务需要将地址注册到注册中心，Prometheus 先做服务发现，再做指标抓取，如图 15-3 所示。

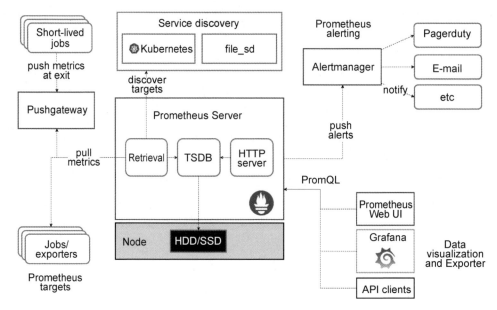

图 15-3　Prometheus 架构模型

除了单机的 TSDB，Prometheus 还提供了存储的扩展，自定义了一套读写协议。当发生读写请求时，Prometheus 会将请求转发到第三方存储中，如图 15-4 所示。

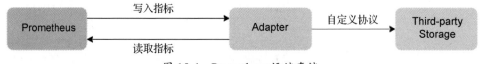

图 15-4　Prometheus 远端存储

Prometheus 的远端存储为我们提供了扩展性与可靠性，经过选型对比，我们最终选定 M3DB 作为远端存储。M3DB 是 Uber 开源的专为 Prometheus 而生的分布式时序数据库，拥有较高的数据压缩比，同时也是夜莺 V4 强烈推荐的第三方存储。M3DB 架构模型如图 15-5 所示，各个模块的功能如下。

- M3 Coordinator：它是协调 Prometheus 和 M3DB 之间读写的一个服务，是上下游的桥梁，自身无状态，也可以将其看作 M3DB 的写模块。
- M3DB：它是一个分布式时间序列数据库，也是真正的存储节点，提供可扩展的存储和时序索引。
- M3 Query：它是 M3DB 的专用查询引擎，兼容 Prometheus 查询语法，支持低延迟实时查询和长时间数据的查询，可以聚合更大的数据集，也可以将其看作 M3DB 的读模块。

- **M3 Aggregator**：它是一个专用的指标聚合器，能保证指标至少聚合一次，并持久化到 M3DB 存储中，可用于降采样，提供更长久的存储。
- **ETCD**：它是 M3DB 的元数据中心，管理集群的分片拓扑、选举等。

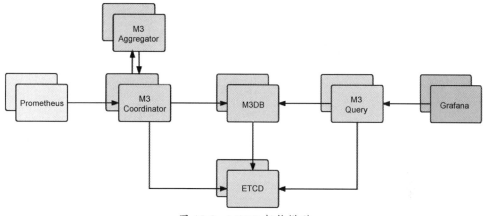

图 15-5　M3DB 架构模型

至此，我们便可以参考图 15-6 所示的官方路线设计出监控系统的架构了。对于拥有丰富的 Exporter 生态的运维服务来说，IP 地址变动不频繁，我们固定 IP 地址配置由 Prometheus 主动抓取指标；而对于业务服务，转转的线上环境比较复杂，并没有完全容器化，需要单独引入注册中心，各个业务的服务在启动时先将地址注册到注册中心，并开启随机端口以 HTTP Server 的方式暴露各个服务的指标，Prometheus 再从注册中心做服务发现，然后做指标的抓取，最终将数据推送到 M3DB 中。

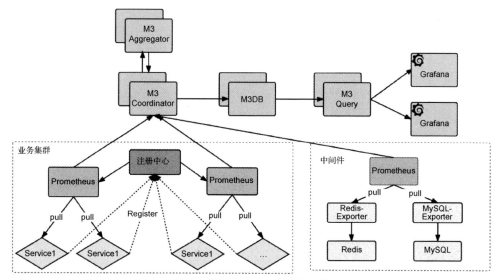

图 15-6　Prometheus 官方路线

这套架构模型比较复杂，主要体现在以下几点：

- 架构复杂、层级太深、模块太多，运维成本高。
- 对于运维服务，每次增减 Exporter 实例都需要手动修改 Prometheus 配置。
- 对于业务服务，Prometheus 客户端较重，需要单独引入注册中心。Prometheus 的作用仅仅是指标抓取的一个中转，既没必要也容易增加问题点，还需要考虑 Prometheus 集群的问题。

面对以上架构，我们做了一些思考，对于业务服务，是否可以省略服务注册与发现，将 Prometheus pull 模型修改为客户端主动 push 远端存储模型？既然 Prometheus 可以将抓取到的指标数据推送到第三方存储，为什么我们不能在业务服务上绕过 Prometheus，直接推送到第三方存储呢？

于是，我们调研了 Prometheus 的远端存储协议，其中远端存储传输协议为 HTTP，序列化方式为 ProtoBuf。进而，我们改进了 Prometheus 客户端的设计，使客户端遵循远端存储传输协议，并自动为每个指标增加环境、服务名、IP 地址标签，以异步、批量的方式主动将指标 push 到 M3DB。改进之后，客户端变得非常轻量，近乎零依赖（尤其是注册中心），并且完全兼容原生客户端的用法，因为我们只修改了数据上报的通信方式，对 API 无任何修改，如图 15-7 所示。

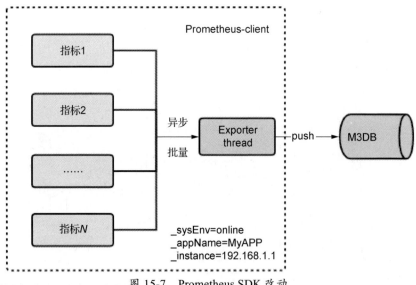

图 15-7　Prometheus SDK 改动

而对于各个运维服务监控，我们没有放弃 Prometheus 庞大丰富的 Exporter 生态，继续沿用 Prometheus pull 模型。还有一个问题，Prometheus 配置运维服务 Exporter 固定 IP 地址的方式不太灵活，由于同一类运维服务 Exporter 的端口是固定的，因此我们可以使用 Prometheus HTTP 服务发现的方式对接转转内部 CMDB 资产管理系统，CMDB 内维护着各个运维服务所部署的 IP 地址列表。这样，增减运维服务 Exporter 只需要维护 CMDB 系统即可获取其 IP 地址列表。

转转监控系统最终架构，如图 15-8 所示。

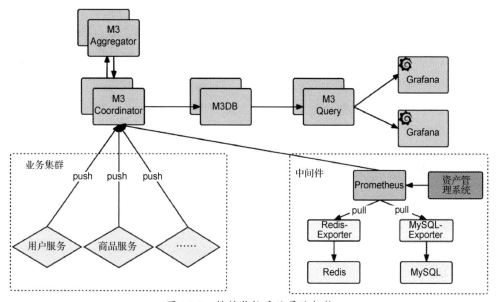

图 15-8　转转监控系统最终架构

2. 看板规划

我们将 Grafana Dashboard 划分了五个维度，如图 15-9 所示。

图 15-9　Grafana Dashboard 维度划分

- 业务看板：一个业务模块对应一个 Dashboard，摘取该业务线下各个业务服务全局核心指标监控。例如，客服售后将组内各个业务服务的核心指标抽取到一个业务大盘里，方便领导在一个视图里看到客服售后的整体情况。
- 前端服务：一个前端服务对应一个 Dashboard，以服务为颗粒度监控服务质量详情。
- 后端服务：一个后端服务对应一个 Dashboard，以服务为颗粒度监控服务质量详情。
- 架构组件：一个中间件 SDK 对应一个 Dashboard，以中间件 SDK 为颗粒度监控所有服务质量详情。
- 运维服务：一个运维服务对应一个 Dashboard，以运维服务为颗粒度监控服务质量详情。

其中，业务看板、架构组件、运维服务的 Dashboard 看板数量相对较少，变动相对较小，我们采取管理员人工手动创建 Dashboard 看板的方式；而对于数千个前后端服务，我们对接了转转内部服务信息管理系统，为每一个前后端服务分别自动全量或增量创建对应的 Dashboard，每个 Dashboard 上均有环境、服务器 IP 地址、聚合维度三个变量，环境与 IP 地址用于对当前 Dashboard 的所有看板做过滤，聚合维度决定是否要忽略 IP 地址标签，对看板的数据做聚合。

前后端服务仅有一个 Dashboard 肯定是不够的，我们还对业务服务使用的各个中间件 SDK 增加了 Prometheus 埋点。而在 Grafana 可视化方面，由于 Grafana 的每个 Dashboard 都是一个 JSON 配置，因此我们的各个中间件 SDK 监控都会对应一个预先设置好的 Row JSON 模板，后台服务会自动按需为每一个服务的 Dashboard 添加对应的 Row JSON 模板。这样，前后端服务的 Dashboard 就拥有了以 Row 划分的各个中间件 SDK 监控，包括但不限于 JVM 内存、类加载、日志监控、异常函数监控、线程池、数据库连接池、物理机监控、容器监控等，如图 15-10 所示。此功能上线后，得到了业务人员的一致好评，他们无须做什么，就自动拥有了服务内一系列的监控看板。

除了 Dashboard 与 Row 的自动创建，还需要对看板的权限做一定的规划，否则随着时间的推移，精心设计的看板规划又会变得一团糟，我们对看板的编辑功能做了权限控制。除此之外，部分监控系统的数据十分敏感，我们还需要对看板的查看功能做权限控制。Grafana 的 Folder 和 Dashboard 自带 RBAC 的权限控制，我们仅需要对接转转内部员工系统、服务信息管理系统，并在 Grafana 上初始化好用户信息、服务权限信息即可完成 Grafana 的认证与鉴权。如此一来，只有服务信息管理系统的开发人员才有对应服务 Dashboard 的编辑权限，而对于少部分看板的查询功能权限也可以单独设置。

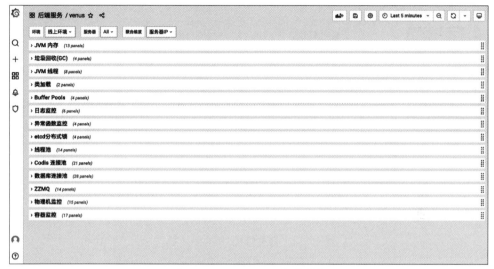

图 15-10　Dashboard 组件监控

对于登录认证，转转内部系统统一使用企业微信扫码 SSO 单点登录，我们基于 Grafana Auth Proxy 对接了转转 SSO 系统，Auth Proxy 允许在 Grafana 请求 Header 中仅提供用户名来对用户做认证。当用户访问 grafana.xxx.com 时，Nginx 会基于用户的登录态 Cookie 做拦截。如果用户没有登录，则会交由 SSO 系统跳转至企业微信扫码页面，用户扫码后 SSO 系统识别用户身份、设置 Cookie 并再次重定向到 grafana.xxx.com，Nginx 再将 Cookie 内的用户身份添加到访问 Grafana 的请求 Header 中即可，如图 15-11 所示。

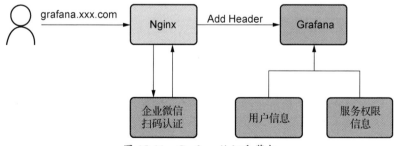

图 15-11　Grafana 认证和鉴权

3. 降本增效

Prometheus + Grafana 的学习成本主要在于 PromQL 与 Grafana 的看板配置。为了降低学习成本，我们为业务显式埋点的指标自动创建看板，同时还修改了

Prometheus 的客户端。当指标初始化时，可选择将看板创建在当前服务 Dashboard 的哪个 Row 下，不同的指标类型会创建不同的看板，看板的标题使用指标的 Help 描述，如图 15-12 所示。

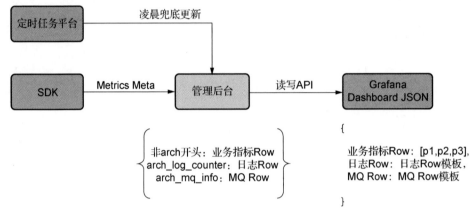

图 15-12 自动创建 Grafana 看板

Counter 类型的指标会自动创建 QPS、数量、总数量看板，如图 15-13 所示。

```
Counter counter = Counter.build()
        .name("upload_picture_count")
        .row("核心业务监控") //看板创建在 Dashboard 的哪个 Row 下
        .help("上传图片数") //看板的标题
        .register();
```

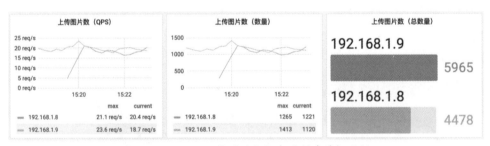

图 15-13 Counter 类型的指标自动创建看板示例

Gauge 类型的指标会自动创建 15 秒上报一次数据的原始点看板，如图 15-14 所示。

```
Gauge gauge = Gauge.build()
        .name("active_thread_size")
        .row("线程池监控") //看板创建在 Dashboard 的哪个 Row 下
        .help("线程池活跃线程数") //看板的标题
        .labelNames("threadPoolName")
        .register();
```

图 15-14　Gauge 类型的指标自动创建看板示例

Histogram 类型的指标自动创建 AVG（Average，平均值）、P99、调用 QPS、调用次数、调用总次数、分布统计、分布折线图、分布热力图，如图 15-15 所示。

```
Histogram histogram = Histogram.build()
        .name("age_distribution")
        .row("用户监控")
        .help("用户年龄分布")
        .labelNames("method", "uri")
        .buckets(10, 20, 30, 40, 50, 60, 70)
        .register();
```

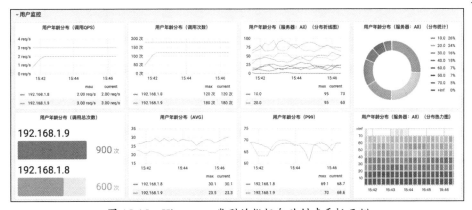

图 15-15　Histogram 类型的指标自动创建看板示例

值得一提的是，Grafana 仅提供修改整个 Dashboard JSON 的 API，并未提供为某个 Dashboard 单独添加一个看板的 API。当我们自动创建看板时，先会模拟 Grafana 前端，再解析整个 Dashboard JSON，并在计算新看板所属位置的坐标后向 Dashboard JSON 中添加新看板的 JSON 数据，最后将精心构造好的新 Dashboard JSON 提交给 Grafana 后台。

4. 报警管理

由于 Grafana 8.0 之前的报警模块诟病较多，2021 年 6 月，Grafana 8.0 推出了一个新报警模块 ngalert。ngalert 会周期性地执行报警 PromQL，并将报警内容提交到内置的 AlertManager 做报警降噪，如图 15-16 所示。

图 15-16　Grafana ngalert

在实际落地测试中，ngalert 的表现也并不理想，主要体现在以下几个方面。

- 业务人员需要自己手写报警 PromQL，尤其是对于服务内置的指标，业务人员需要理解指标的结构才能设置好报警。
- 对部分报警场景的支持不太友好。比如，对当前服务所使用的物理机负载做报警，由于服务使用的物理机经常变动，所以我们不能将 IP 地址填写在报警 PromQL 中，只能通过其他指标的 IP 地址来关联所有物理机的负载指标，而这种关联的代价通常非常大。例如，node_load1 * on (instance) group_right jvm_info{appName="myService"}，通过 jvm_info 指标获取 myService 服务的 IP 地址并关联所有的 node_load1 指标。这个问题在各个服务的 Dashboard 看板内同样存在，那么如何展示当前服务所使用的物理机监控呢？我们可以通过模板变量的方式解决，每个服务的 Dashboard 都有 IP 地址模板变量，只需要将变量写到对应的 PromQL 中即可，如 node_load1{instance="$instance"}。遗憾的是，报警并不支持模板变量。
- 发布时间较短，测试时存在性能瓶颈。我们初始化了 8000 个左右的报警项，Grafana 出现了页面卡顿、崩溃，DB 监控发现 Grafana 数据库有很多慢 SQL，具体原因未知。

基于以上背景，我们决定自研报警系统。在用户新建报警时，我们会将报警配置翻译成 PromQL 并持久化到 MySQL 中。报警后台系统的每个实例会先均分报警任务，采用单线程轮询任务队列的方式判断任务是否到期执行，再交由工作线程执行报警任务，并判断是否触发报警，如图 15-17 所示。报警系统上线后累计共有数万条报警项，目前表现较为平稳。

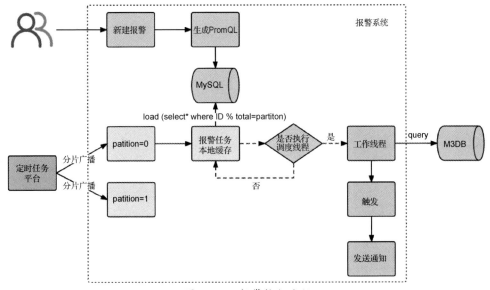

图 15-17　报警执行流程

对于业务自定义指标的报警设置，只需要点击鼠标就可以设置好报警，如图 15-18 所示。

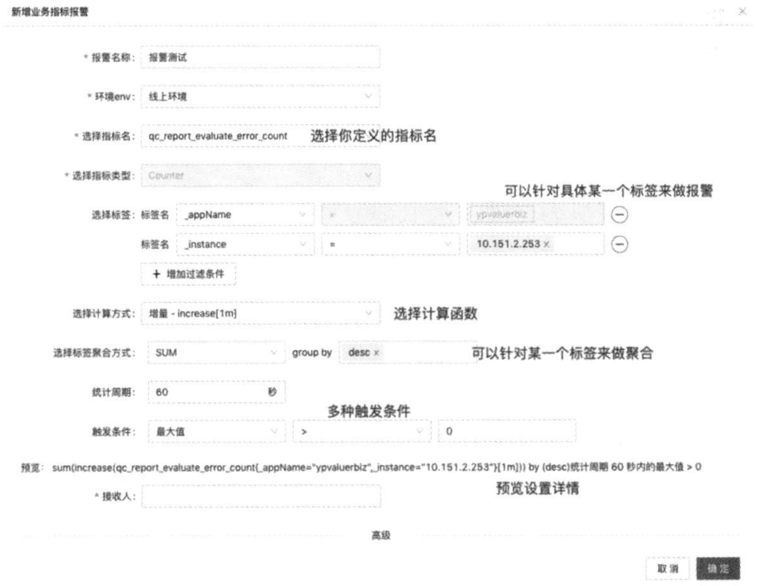

图 15-18　业务自定义指标报警

对于架构部内置的中间件 SDK 指标报警，我们做了极大的简化，业务人员只需要填阈值即可，如图 15-19 所示。当然，我们默认也会为各个服务的核心指标统一初始化默认报警。

新增jvm报警

*环境	请选择 ▽
一分钟内YGC次数	次
一分钟内FGC次数	次
一分钟YGC总时长	ms
一分钟内FGC总时长	ms
block线程数(一分钟内最大值)	个
waiting线程数(一分钟内最大值)	个
*接收人	请选择 ▽

图 15-19　内置指标报警

除了报警任务的执行，还需要对报警做降噪处理，我们在 Alertmanager 的基础上制定了标签规范、报警分级降噪、分级抑制、报警智能合并，并基于 Alertmanager OpenAPI 扩展了未恢复报警、静默报警、报警历史等功能。

15.4　效果收益

经过上述优化和改造，我们在转转落地了一套集业务服务、架构中间件、运维于一体的监控系统，下面是最终的效果和收益。

1. 业务看板

业务看板以业务模块为维度，摘取部分核心指标监控，如客服售后业务看板（图 15-20）、通过各个服务的异常日志监控推送系统的服务质量看板（图 15-21）。

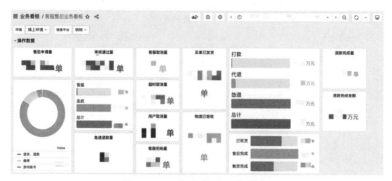

图 15-20　客服售后业务看板

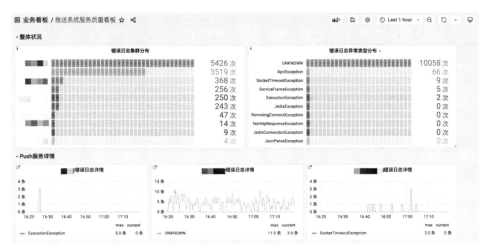

图 15-21　推送系统服务质量看板

2. 业务服务

业务服务看板都是自动按需创建的，包括但不限于 JVM 线程、日志监控、容器监控、线程池等，以服务为维度监控整个服务的运行状态，如图 15-22 和 15-23 所示。

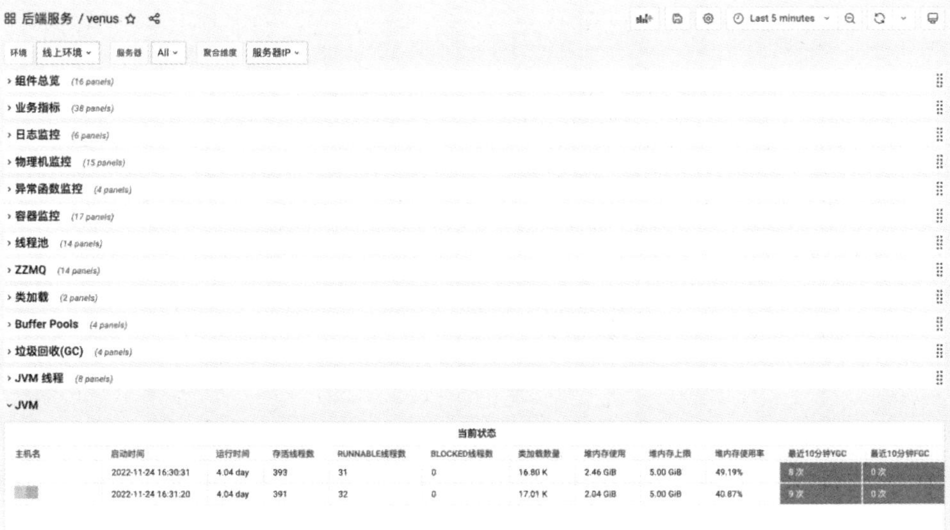

图 15-22　后端服务（1）

图 15-23　后端服务（2）

3. 架构组件

架构组件以某一个具体中间件、组件 SDK 为维度（偏向业务使用方监控），监控各个服务的运行状态，如监控各个服务的线程池执行详情、MQ 各个 Topic 的生产和消费详情、分布式锁的使用详情等，如图 15-24 和图 15-25 所示。

图 15-24　线程池执行详情

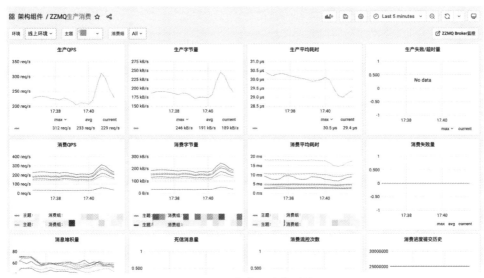

图 15-25　生产和消费详情

4. 运维服务

运维服务以某一个具体中间件服务、资源为维度（偏向运维监控），监控中间件、资源的运行状态，如物理机监控、MySQL 数据库监控等，如图 15-26 和图 15-27 所示。

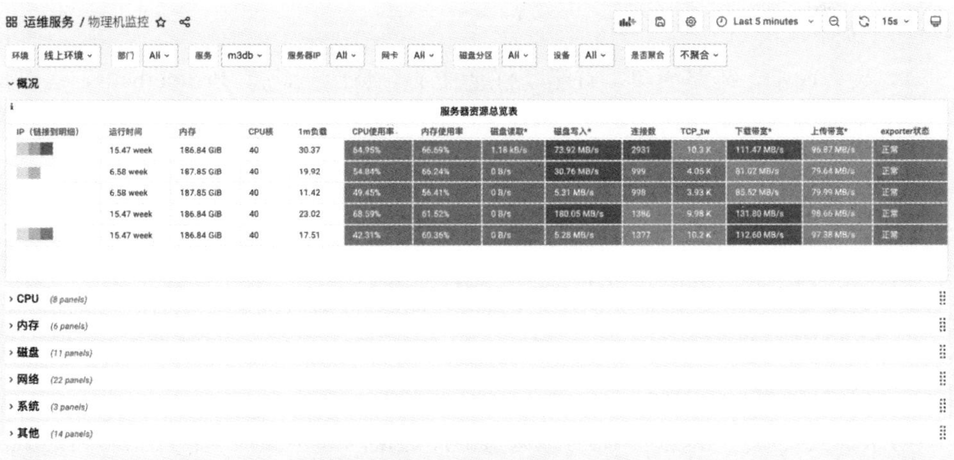

图 15-26　物理机监控

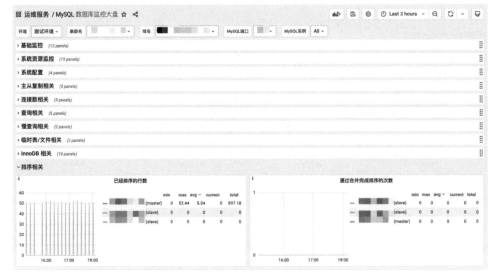

图 15-27　MySQL 数据库监控大盘

15.5　总结

借助于开源社区的力量，我们通过引进 Prometheus + Grafana 打造了转转新一代的监控系统。在落地过程中，我们始终站在用户的角度，基于转转的业务场景进行了少量的二次改造，针对架构模型、看板规划、学习成本、报警管理做了深度的定制化，最终建立了一套集业务服务、架构中间件、运维于一体的监控系统。新架构具有如下优点：

- 架构简洁，链路简单，省略了注册中心，甚至省略了 Prometheus，运维成本低。
- 看板风格统一，使用成本低，拥有权限隔离，且服务自动拥有中间件 SDK 监控。
- 业务人员开箱即用，既有使用自由，又拥有为业务自动创建看板的兜底。
- 报警设置简单易用，灵活高效，通过点击鼠标即可拥有多条件、多通道的报警设置，定制化程度高，由系统自动翻译成 PromQL，摆脱了手写 PromQL 报警的烦恼。

新系统上线后，也受到了业务线人员的广泛使用和一致好评。相信转转遇到的问题其他公司也可能会遇到，当然，转转的解决方案并不适用于所有场景，没有最好的架构，只有最适合的架构，仅供参考。

SAFe 规模化敏捷质量
内建实践与思考

随着研发规模的逐渐扩大，小团队的适应能力与交付能力逐渐"力不从心"，而制约交付能力的关键——质量能力又难以提升。似乎在每一次技术解放带来交付能力的上升后，都会在"质量"这个平衡价值的关键点上徘徊很久，是面向用户需求变化改得快重要，还是将每一次交付变化都做得好重要？这些都受到业务特征、团队能力和企业文化等多方面的影响。随着 SAFe（Scaled Agile Framework，规模化敏捷框架）在国内的逐渐流行，质量内建（Built-in Quality）作为其四大核心价值之一给我们带来了很多可以借鉴的经验。

16.1　规模化敏捷体系 SAFe

SAFe 是一个公开发布和免费使用的知识体系，整合了多种经过验证的企业级精益-敏捷开发模式。SAFe 是可扩展和模块化的框架，企业可以根据自身情况加以应用，从而获得更好的业务成果，并培养更快乐和敬业的员工。图 16-1 所示为 SAFe 5.1 的最小模式 ESSENTIAL 基础层。

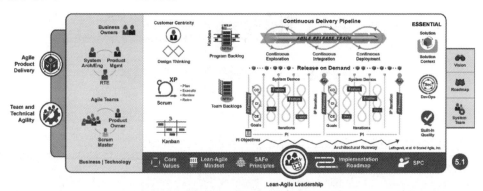

图 16-1　SAFe 5.1 的最小模式 ESSENTIAL 基础层

相对于 Scrum 或者 Kanban，整个 SAFe 5.1 看起来更加符合规则和层次管理，虽然似乎不那么敏捷，但是却能帮助大型团队构建更加明确的目标及可预见的交付。它既引入了敏捷的各种优秀实践，促进了团队的适应能力，又兼顾了大型企业的管理体系，避免过于松散的管理带来目标分散和交付风险。

作为 SAFe 四大核心价值之一的质量内建在各种活动及实践中被反复强调，其由流动性、架构与设计质量、代码质量、系统质量和发布质量五方面组成。

下面我们从 SAFe 体系的关键事件角度，展开介绍质量是如何得到保障和提升的。

16.2　SAFe 关键事件与质量内建

SAFe 的多团队价值交付主要通过 PI（Program Increment，程序增量）和组成 PI 的迭代实现，通过基于 DevOps 的持续探索、持续集成、持续部署完成增量发布，交付中的 PI 与迭代如图 16-2 所示。

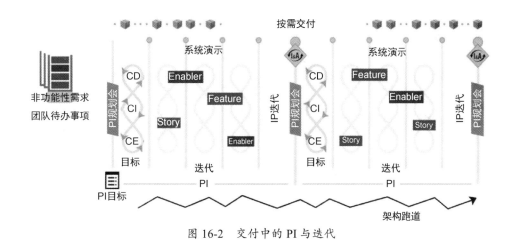

图 16-2　交付中的 PI 与迭代

PI 一般由 5～6 个迭代组成，跨越 2～3 个月的时长，其中最后一个迭代通常是 IP 迭代（Innovation and Planning Iteration），它是 PI 交付的缓冲区，在这个迭代中通常进行交付的补充、技术的重构、技能的学习等。而每个迭代通常以两周为标准，围绕 PI 目标进行价值交付。

整个 PI 最终会通过 ART（Agile Release Train，敏捷发布火车）发布，为用户交付满足 PI 目标的系统。ART 的整个执行生命周期是由 ART 事件和团队事件两类事件组成的，如图 16-3 所示为 ART 事件。

1. PI 梳理会

通常在进行 PI 规划会前都会组织一个 PI 梳理的事件，其目的是帮助业务负责人与产品管理、产品负责人对齐 PI 准备交付的下一个目标，并为下一个 PI 规划会确定交付的范围。

通过假设陈述表格来对期望交付的特性进行评估，其中比较关键的内容如下。

（1）目标群体：谁将从此特性中受益。

（2）问题/机会：这个特性能够解决当前什么问题，其中有何机会。

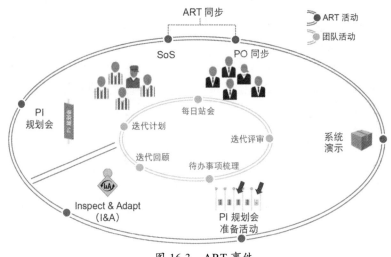

图 16-3　ART 事件

（3）可能的解决方案：有哪些改善和解决问题的假设。

（4）业务成果：该特性有哪些可量化的指标（当我们实现功能 X 时，关键结果 Y 将增加 Z%）。

（5）规模：完成该特性所需要开销的规模（复杂度、成本等），常用 T 恤尺码估算法和敏捷扑克估算法。

在这几个关键信息中，对待排期的特性质量提出了一定的要求，该目标也推荐遵守 SMART 原则［Specific（具体的）、Measurable（可衡量的）、Attainable（可以达到的）、Relevant（相关性）、Time-based（明确的截止期限）］，以便在后续拆分用户故事（User Story，US）中避免偏差。

2. PI 规划会

PI 规划会是 SAFe 最有魔力的一个环节，也是一个为期两天的活动，活动计划如图 16-4 所示。

在这两天中，多个敏捷交付团队共有 50～125 人，在一起对后续 6 个迭代所需要完成的所有特性进行排期及依赖梳理。在规划会中有如下几个影响交付的关键内容。

（1）PI 目标（PI Objectives）：整个 PI 目标由多个特性组成，这些特性通过 PI 规划会被安排在不同的迭代中（也存在跨迭代的情况），因为如何确保目标的准时高质量交付是最重要的，所以针对目标的场景测试用例设计也应该尽早展开。

业务背景	8:00 – 9:00	· 业务状态
产品/解决方案愿景	9:00 – 10:30	· 愿景和已分配优先级的 Feature
架构愿景和开发实践	10:30 – 11:30	· 架构、共同框架等 · 敏捷工具、工程实践等
规划流程介绍和午休	11:30 – 1:00	· 讲师解释规划流程
团队分组讨论	1:00 – 4:00	· 团队制定草案并识别风险和阻碍 · 架构师和产品经理到各组巡视指导和答疑
草案评审	4:00 – 5:00	· 团队展示草案、风险和阻碍
管理层评审与解决问题	5:00 – 6:00	· 根据挑战、风险和阻碍做出相应调整

规划调整	8:00 – 9:00	· 根据前一天的管理层会议做出规划调整
团队分组讨论	9:00 – 11:00	· 团队制定最终计划并细化风险和阻碍 · 业务负责人 (BO) 到各组巡视指导，并为团队目标分配业务价值
最终计划评审和午休	11:00 – 1:00	· 团队展示最终计划、风险和阻碍
Program 风险	1:00 – 2:00	· 讨论剩余的 Program 风险并且进行 ROAM 处理
PI 信心投票	2:00 – 2:15	· 团队和 Program 信心投票
如有必要，重新再规划一次	2:15 – ???	· 如有必要，可以继续规划，直到获得共同承诺
规划回顾 与下一步说明	获得承诺后的事项	· 复盘 · 下一步说明 · 总结说明

图 16-4　PI 规划会活动计划

（2）交付能力：每个迭代的交付能力都受到实际工作天数、团队可工作人员（扣除节假日、请假等）、团队交付系数（通过过去迭代的平均交付能力计算得到）的影响。在进行迭代排期时，需要将实际排期负载与团队预估交付能力进行比较，避免因排期不合理而产生的交付无法完成的风险。团队交付能力系数也是提升研发效能的关键指标，影响团队交付能力系数的常见因素包含质量不达标带来的返工浪费。

（3）交付依赖：在多团队进行协作时，交付之间存在依赖情况无法避免，可以通过图 16-5 所示的项目板提前进行依赖识别和团队之间的交付先后排期，以减少不必要的交付等待。对存在依赖的模块进行针对性的测试排期及隔离测试是十分重要的。

（4）风险：在 PI 规划会中团队会先提交本轮 PI 交付面对的两类风险：团队级风险与项目级风险。这些风险会在规划会中由各组敏捷教练或者整个版本火车发布工程师协调解决方案，最终得到已知风险的解决方案。质量的风险往往容易被忽视，应尽早提出测试数据、测试环境所存在的风险。

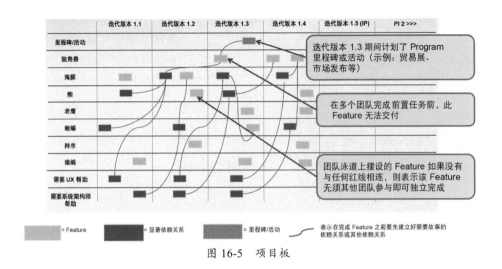

图 16-5　项目板

各个团队通过 PI 规划会都明确了自己的交付目标与依赖风险，而业务负责人作为参与方也会对整个 PI 目标进行业务价值评分，从而与团队对齐交付目标。最后，由参与本次计划的所有团队成员通过交付信心投票的方式来表达对完成整个 PI 目标交付的信心，也从另一个方面确认整个 PI 计划制订的合理性。

3. 代办项梳理

通过 PI 规划会已经完成了一个为期 6 个迭代的规划，在每个具体的迭代计划进行前，都可以通过代办项梳理对待交付的用户故事进行澄清并给出交付复杂度估算，以帮助迭代计划能够更加准确地排期，同时帮助团队提前了解下一个迭代交付的范围。

在代办项梳理中，通常由产品负责人给团队成员介绍代办项中高优先级的用户故事，团队成员根据对业务的理解给出参考的故事点（复杂度），帮助产品负责人了解如何实现复杂度并规划下一个迭代交付的范围。

对故事点的估算能力是团队重要的能力指标之一，也是团队对需求理解程度的重要表现，对于不明确的需求可以通过实例化需求的方式进一步明确。通过梳理会，团队成员可以共同丰富用户故事，完成其中验收标准的内容。对于用户故事的质量，遵守"INVEST 原则"是一个很好的选择，INVEST 是 Independent、Negotiable、Valuable、Estimable、Small、Testable 的缩写，具体含义如下。

（1）Independent：独立的，是指被拆分后的用户故事相对独立，能够进行单独开发，不具有强耦合性。比如，我们在拆分登录框的功能时，团队拆分的故事中包括扫码登录和账号两个功能，实际上这两个功能就可以被拆分成两个独立的故事分别进行开发。但是针对同一个业务功能，不能基于不同开发技术栈拆分成前后端来实现，因为这不是一个独立的故事，也违反了故事可测试的原则，应当尽量避免。

（2）Negotiable：可协商的。故事不要在一开始锁定太多细节，从故事卡所隐藏的背后含义我们也容易了解，一张卡片无法包含太多的细节内容。因此，在用户故事沟通的过程中，第一，要求用户故事符合"远粗近细"的原则，避免在一开始就引入太多的细节设计，使相关人员误以为这个需求已经非常明确，不需要再展开讨论了。第二，故事卡本身就是一个沟通工具，借此工具我们希望能够面对面地及时沟通，从而避免细节遗漏。另外，很多故事是随着对业务需求和对场景的理解不断深化的，在迭代开始前，我们希望能够获取更多的细节，将用户故事不断完善，最终开发的功能是客户真正想要的。

（3）Valuable：有价值的，即故事必须是有价值的。这条原则在 INVEST 原则中是最重要的一条，通过 20/80 原则就能得到验证。如果大家统计一下自己手机中的 App，就会发现：我们常用的 App 竟然不到下载 App 总数的 20%！实际上，对于某一款具体的 App 来说，其中的软件功能可能已经超出了你的预期，比如我们常用的微信，大大小小上百个功能肯定是有的，而我们每天常用的基本上就是文字、语音、视频号、朋友圈等，远远达不到功能的 20%，微信的很多功能对我们来说其实没有太大作用。这也是为什么我们在承接用户需求、拆分用户故事的时候，一定要明确这个故事是有价值的，如果做太多无意义的功能，那么对于各种资源都是一种浪费。

（4）Estimable：可估算的，故事是可以估算大小的。为什么故事要是可估算的呢？其有两方面的原因：一是可估算的故事有助于我们协调内外部的资源进行迭代计划排期，如团队有多少资源、我们能做多少故事。二是可估算的故事可以帮助我们进一步澄清需求、降低风险，通过对故事工作量的评估，能够清楚这个故事的范围、识别要做的事情。如果故事无法估算，则很可能有两方面的问题：一是故事的颗粒度太大，无法估算。比如，产品经理告诉你需要做一个线上购物平台，这是什么概念？一个购物平台很可能就是另一个京东、拼多多或淘宝，我们无法评估需要投入多少资源去完成。二是故事无法估算可能是因为缺少有效的信息，现有信息不足以支撑估算。因此，估算也是以另外一种方式帮助我们完成风险识别。

（5）Small：颗粒度小的［也有翻译成颗粒度大小适中（Size appropriate）的］，实际上就是故事颗粒度是合适的，能够在一个迭代里完成。对于为期 2 周的迭代来讲，3～5 天的故事颗粒度是合适的，尽量不要超过 5 天。这一点也很容易理解，合适的故事颗粒度有助于我们做好迭代计划和对开发过程进行风险管控。试想，如果故事的颗粒度比较大，一个故事的工作量需要 5～6 天，甚至超过一周，那就意味着测试工作很可能被推迟到迭代的第二周，这一方面会造成测试资源不匹配；另一方面也不能尽早展开测试验证，让风险及时暴露出来。甚至，有的故事需要跨迭代才能完成，很显然这样的故事颗粒度大小是不合适的，需要进一步评估。

（6）Testable：可测试的。故事需要是可测试的，否则无法确认故事是否已经达成预期。对于一个独立的故事，如果没有办法进行测试，则意味着开发人员无法确认故事的开发程度，测试人员更是无法入手。比如，在面对对系统性能进行优化的需求时，如果没有清晰的测试范围，那么这个故事无法进行验收，这时候我们就需要考虑定义需求的范围、细化验收标准，比如将页面加载提升到 2s 以内就是我们对性能优化的最终结果，这是具有可测试性的。当然，测试有多种手段，并不是纯粹的手工测试、界面测试等。针对有些技术性的故事卡，测试人员确实无法进行手工测试，但这并不意味着这个故事不具备可测试性，这时测试人员需要借助其他的测试手段。

4. 迭代技术计划会

实践中，在迭代计划会中如果遇到复杂的用户故事拆分困难，大量时间浪费在与技术团队讨论实现方案的情况时，可以由团队自行组织迭代技术计划会，目的是让职能负责人协助各个团队从技术视角给出可参考的解决方案及合理的工作排期，提升迭代计划会的效率和质量。职能负责人在团队中的定位，如图 16-6 所示。

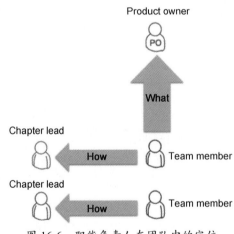

图 16-6　职能负责人在团队中的定位

由于在迭代技术计划会中一般按照职能划分团队，因此会后各个职能负责人还可以针对跨职能的情况进行协调，如一个用户故事的前后端及测试总排期时长、多个用户故事之间能否合并排期并行开发等。

5. 迭代

一般迭代由两周完成，扣除 1 天的冲刺日活动，实际工作时间有 9 天。下面介绍迭代包含的几个团队事件，它们都在为完成增量交付努力，其中保证增量交付的增量性和每次交付的高质量尤为重要。

1）计划会

迭代中的计划会为当前迭代进行排期活动。将代办事项中用户故事的优先级依次排列进入迭代，排期会参考通过待办项梳理给出的故事复杂度，确保迭代的负载不会超过所参考的团队能力指标。如果负载过高，则意味着团队交付压力增大，而质量在交付压力增大的情况下通常会出现明显的下降，这时合理地拆分交付范围尤为重要。

用户故事的交付质量可以通过完成定义（Definition of Done，DoD）来制定标准，如用户故事的完成必须满足开发自测、测试、UX（User experience，用户体验）验收、PO 验收等子任务，这样首先可以确保该用户故事的完成排期包含子任务的所有角色，其次有利于对每个子任务提升标准，即提升用户故事的交付质量。

对于比较复杂的用户故事，如果不进行设计上或者流程上的拆分，则会带来测试周期延后的问题，而缺乏充足的测试时间或者在迭代后期用户故事大量进入测试阶段，也会给质量带来很大的压力。因此，在计划排期中还需要考虑测试过程的并行化，通过 TDD/BDD 的模式让测试尽早对需求、代码进行验证，避免迭代中出现功能全部实现后才能进入测试环节，把迭代交付做成瀑布交付的情况，图 16-7 所示为通过测试左移缩短传统 V 模式测试中的等待周期。

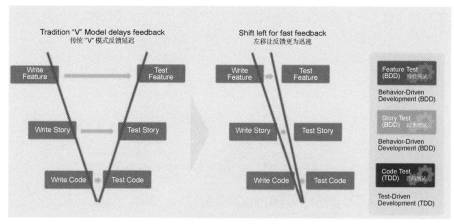

图 16-7　测试左移

2）每日站会

每日站会是迭代中出现频率最高的事件，其核心是同步团队进度、汇报项目风险。在站会中，团队可以通过基于看板模式的任务跟踪，全面、清晰地了解每个用户故事所处的阶段，从右往左解读看板任务，促进价值交付。

对于测试来说，每日站会"三问"可以用"昨天做了哪些用例和执行？今天得到了哪些结果和缺陷？下面需要对哪个用户故事进行验证？"来代替。

通过每日站会可以让团队成员随时了解影响质量的问题、存在的交付阻塞和需要注意的缺陷，从而避免同样的情况在多处出现。

3）测试用例评审

测试用例评审是团队共同对测试用例进行的一种评审活动，由测试组织、PO 和研发团队参与，属于非官方活动。PO 确认用例的正确性及场景的覆盖合理性；研发团队需要了解测试思路，并且共同明确哪些用例由研发人员进行自测，哪些由 QA 进行测试。

通过测试用例评审可以缓解迭代初期缺乏可测试工作的问题，也可以帮助团队了解测试如何覆盖业务逻辑的思维模式，从而在研发过程中加以注意，并提升质量。同时，核心用例的自测也提升了单元测试用例的质量和提交测试版本的质量。

当构建测试用例时，首先要确保业务逻辑的覆盖，然后根据数据流构建前后台的隔离测试目标，以及更进一步的分层测试目标，便于后面分层自动化测试的实施。

4）测试金字塔

测试金字塔模型是进一步提升测试效果的一种最佳实践。迭代中的交付周期短、节奏快，越是在项目后期对质量的控制能力越高，同时具有大量历史需求的验证对测试的自动化提出了要求，另外测试又受到测试对象目标和测试成本的影响，那么测试如何尽早介入和提升测试的有效性也备受关注。当前，测试尽早介入和提升测试有效性的方法为测试金字塔，也被称为分层自动化测试，如图 16-8 所示。

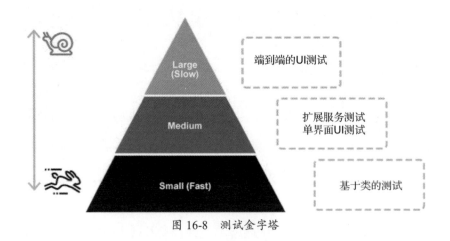

图 16-8　测试金字塔

在测试金字塔中，类似于单元级别的小测试执行效率比较高，而传统的大型端到端测试的执行效率相对比较低。通过提升底层自动化测试用例的质量和数量，可以加快测试的速度并且降低成本。这也是当前主流开发模式中强调开发人员要进行单元自测的原因。

当前，主流的微服务架构体系往往被分为 Controller 层、Services 层、Dao 层等，每一层都有明确的功能定义，如 Controller 层负责对外公开接口、Services 层负责业务逻辑的组合，因此有针对性的分层自动化测试可以基于白盒级别进一步提升测试金字塔模式的效果。通过 Sprintboottest 框架在早期就可以对 Services 层或者 Controller 层进行业务视角的验证，从而提高后端业务处理的质量，配合接口规范和模仿挡板形成前后台隔离，让测试代码早于开发代码实现成为可能，从而符合 TDD 的理念。

敏捷对自动化有极高的依赖，有针对性地构建金字塔自动化能进一步左移测试，降低测试执行的成本，强化测试设计，提升质量。而这些都依赖于团队技术架构拆分的合理性和规范化，如系统设计从一开始就考虑确保 UI 级别的关键业务逻辑操作对象配置规范和接口报文格式规范，提升系统的可测试性。

无论是要求测试人员具备极强的编程能力，还是通过订制的测试框架进行用例维护，测试金字塔模型都是尽早地对组成系统的每一个模块进行质量保证的手段，而达到质量目标所需要的质量意识和成本都是需要团队认可的。

5）代码评审

虽然代码评审并非官方事件，但是在当前基于持续集成、持续交付的体系下，质量门禁与代码评审都是标配实践。代码评审往往由开发人员组织，除了基本的代码质量评审，单元测试的有效性和合理性也应当被考虑，如针对 Service 层的业务测试或者基于 Controller 层的接口测试，以及如何构建模块之间的 Mock 隔离和如何覆盖场景都值得团队共同思考。另外，随着自动化测试的引入，测试代码的质量同样需要考虑，以避免出现由测试人员经验不足导致测试用例膨胀后的可维护性差的问题，以及自身的一些质量问题。

针对 SonarQube 的代码扫描规则也需要根据团队情况进行订制和优化，以避免规则过多带来的业务交付约束。

与代码评审对应的还有 ART 中的持续集成和发布流程体系，通过持续不断地尝试发布增量代码，可以有效降低发布时的风险。

6）评审会

当迭代结束时，团队成员需要向 PO 演示交付，在通过评审后确认迭代目标实现。由于在计划排期中已经对整个 PI 目标和本迭代的交付目标有了清晰的梳理，因此在评审会中通过演示完成的功能可以帮助团队收获交付信心。

在评审会演示中，以故事价值目标为核心，故事的质量由团队共同承担，通过故事中的子任务让团队成员对交付质量做出承诺。

7）回顾会

迭代交付回顾会是团队的一个改进活动，通过对本次迭代交付进行总结，帮助团队基于 PDCA 方式进行优化，对缺陷的分析和对生产故障的回顾都是不错的改进参考。

在完成回顾会后，团队将会进入下一个新的迭代，并回到计划排期中进行新的增量交付。

6. SOS & PO Sync 对齐会

小的敏捷团队进行内部构建自治和同步并不是一件非常困难的事情，但是当上升到多个敏捷团队时就会面临新的问题，SAFe 为解决这些问题新增了 SOS（Scrum of Scrum）对齐会和 PO Sync 对齐会两个事件。

一般 SOS 对齐会被安排在各个团队的站会之后，在 SOS 对齐会中各个敏捷教练对团队当前交付的进展、风险等进行同步，并围绕项目板确认团队之间的依赖关系和交付进度，协助解决阻碍团队交付的问题。

PO Sync 是由产品负责人参与的同步各个团队交付进度的会议，在该会议中产品负责人会对当前迭代交付的进度进行评估和说明。

7. 系统演示

每个迭代结束后都会有系统演示事件，该事件由产品负责人为业务负责人演示当前迭代交付特性，确认实现满足业务负责人需求的活动。如果发现实现偏差，则应该构建新的用户故事并在下一个迭代中进行针对性的调整，而"一次性做对事情"和"一次性做对的事情"都会在系统演示中得到体现。

8. 检查和调整

检查和调整（Inspect and Adapt，I&A）作为 PI 结束的最后一个事件，主要包括三个任务。

（1）系统演示：在该任务中，PO 会对本 PI 最终交付的主要 PI 目标进行再次演示，BO（Business Object，业务对象）在得到相关演示后需要对交付的 PI 目标进行评分，给出自己的满意度，这也是业务方对团队交付价值的认可。

（2）定性和定量度量：从开始到现在，我们很少谈及度量，并不是说度量不重要或者过分度量的副作用很大，而是对技术团队的度量不如最后 BO 对交付结果给出的商业价值分数更有意义。

通过比较商业价值分数及每个迭代的交付速率，评估整个 PI 交付能力的波动，为后续交付提供参考，图 16-9 所示为 Program Predictability Measure Program 交付能力度量。

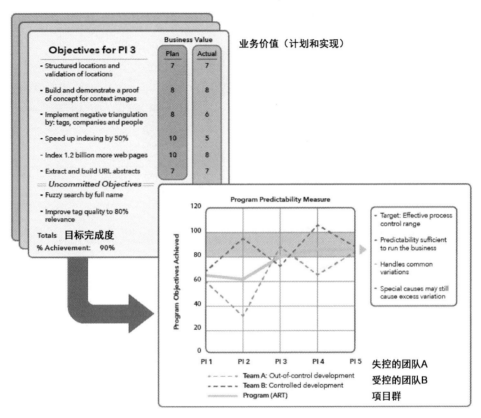

图 16-9　Program Predictability Measure Program 交付能力度量

（3）回顾及问题解决工作坊：整个 PI 最后也会有回顾总结，首先通过各个团队的回顾总结发现问题并且对问题进行根因分析，罗列出现问题的原因，然后由团队共同投票得到该问题的核心原因，再进一步对问题核心原因的解决方案进行头脑风暴，最终确认解决方案并在下一个 PI 中解决问题。

I&A 提供了跨团队的经验积累与总结，其中团队交付价值的效率与质量会被明显地展示，各个团队的优秀实践方案也会得到分享，从而帮助团队预防和解决问题。

16.3　SAFe 事件的背后

上面我们对 SAFe 的主要事件及事件中的一些补充事件，甚至实践进行了介绍，而支撑这套框架的背后逻辑并不是这些事件本身，而是团队成员的质量意识和能力在每一个事件上的参与与体现。

众多的角色、复杂的层次关系在每一层都不断地做着对齐和试错，而正是看似臃肿的体系却带来了惊人的效果，图 16-10 所示为实施 SAFe 带来的商业收益。

图 16-10　SAFe 带来的商业收益

1. 更短的产品上市时间

实施 SAFe 大规模敏捷的好处之一是具有了更短的产品上市时间。通过在跨职能多敏捷团队之间拉通价值，领先企业能够更快地满足客户需求，利用规模化敏捷的力量缩短决策时间，更高效地沟通，简化操作流程，并始终聚焦于客户。

2. 提升产品质量

内建质量是 SAFe 的核心价值之一，它强调将质量融入研发周期的每一步中的重要性。通过这种方式，采用 SAFe 大规模敏捷的方式将质量从最后环节前移至每个人的责任上，从而使组织受益。

3. 提高生产力

SAFe 通过三种方式提高可度量的生产力：授权高绩效团队和由多团队组成的团队减少不必要的工作，识别并消除延期，持续改进并确保在开发正确的产品。

4. 更高的员工敬业度

好的工作方式能塑造员工的幸福感，提高员工的敬业度。采用 SAFe 大规模敏捷能够帮助知识工作者获得自主权、掌控感和目标感，这些都是释放内在动机的关键要素。实践 SAFe 的企业能够降低员工的工作倦怠情绪，提升员工满足感和敬业度。

16.4　总结

　　每次谈到规模化敏捷往往都有一种让"大象起舞"的感觉，似乎只要套用一套科学的、有成功经验的管理模式，就可以将大型软件交付牢牢地抓在手里。然而，大多数的历史项目告诉我们，随着当前价值交付变化周期的缩短，大型软件研发已经无法通过控制模式或者专人专职的形式基于个人英雄主义带领团队成功交付。全员参与、质量内建、持续学习的文化意识才是支撑流程的关键，从每一个事件找到不同角色的参与点，找到一次次修正偏差的机会，最终达到与客户共赢的目标。

华润银行敏捷转型案例

在经营环境复杂多变、产品服务同质化、竞争加剧的行业背景下，缺乏规模优势且资源有限的城市商业银行，如何在激烈的市场竞争中分得一杯羹？

华润银行选择另辟蹊径，集中资源打造线上贷款领域的明星产品，运用"田忌赛马"的思维来提升与巩固其行业优势。该贷款产品的亮点在于，客户在线即可完成所有业务的操作，对系统、平台等科技资源有较强的依赖性，客户体验在很大程度上取决于科技侧的响应水平。该贷款产品在设计完成并成功运行一段时间之后，却逐渐出现科技资源的瓶颈，具体如下。

（1）对接的核心企业洽谈情况不明、对接能力参差不齐、需求缺少合理的排期和规划，导致大量研发任务并行，需求交付频繁延期。

（2）关联系统繁多，跨系统沟通效率低；研发提测质量堪忧，多系统联调测试压力巨大。

（3）科技团队当下的工作模式不仅无法高效响应业务需求，而且导致技术债务快速积累，存在潜在的质量风险。

银行若想借助该线上贷款产品成功"出圈"，如何提升科技侧的响应力是绕不开的一个难题。

下面从团队作战阵形、沟通机制等层面，介绍华润银行如何以此线上贷款产品为突破口，构建高效率（需求交付前置时间缩短 20%以上）与高质量交付的研发团队，为该行的差异化竞争策略保驾护航的过程，旨在为业内有类似处境的银行提供些许参考。

17.1 从"平面作战"到"立体作战"

这款线上贷款产品是创新型的数字产品，其业务实现逻辑高度依赖系统与平台，且目录下的研发需求涉及多系统、多平台，往往需要多个团队密切协作才能完成交付。在华润银行科技部门传统的需求响应方式中，各个系统以资源池的方式支持产品研发，产品需求需要被拆分为系统需求后再分配到对应的系统，由各个系统独立进行需求排期和人员投入分配。

虽然系统建设资源池的模式能灵活调配资源，但同时也存在较高的沟通、协调成本。由于线上贷款业务涉及多个系统，因此产品负责人需要和多个系统的负责人沟通多线协调需求的排期问题。但从系统的角度来看，需求来源多样，各个产品均有急于上线的新需求，系统需要统筹安排需求优先级，重点产品的研发产能无法得到保障。再叠加人员的调配与流动（银行业中厂商人员的流动性问题十分普遍）问题，往往导致前期沟通的交付承诺无法达成，需求延期交付不可避免。同时，由于系统之间相对独立，因此较高的沟通成本也导致各个系统之间形成信息筒仓。原本相互关联，甚至相互依赖的系统需求的研发进度互不可见，给研发联调和测试工作都带来了极大困难，导致产品研发交付陷入泥潭。

显然，这种"沟通一次，心中默默祈祷按时交付，实则常常事与愿违"的状态已完全无法满足业务拓展的诉求，传统研发管理中系统各自为政的"平面作战"也无法适应复杂产品研发的高频协作需求。整合资源，使用部落制的方式组建跨系统的端到端交付团队，形成"海陆空"多系统协同的特种部队，以"立体作战"的方式支持高效率、高质量的交付势在必行。图 17-1 所示为线上贷款产品研发部落的结构图。

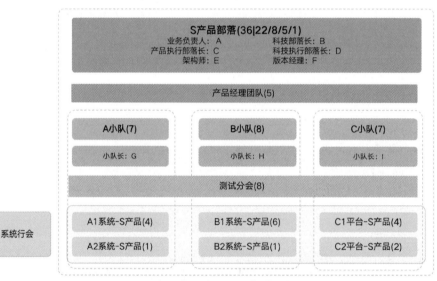

图 17-1　线上贷款产品研发部落结构图

在线上贷款产品研发过程中，为了解决各个系统协调困难、排期混乱导致的交付问题，我们引入了虚拟部落制——将共同服务于该产品的不同系统、不同职能、不同角色的人员划分出来，在保留原有职能线的基础上，拉通研发价值流，组建具备端到端交付能力的虚拟小队。多个小队组成一个部落，该部落可独立消化产品的绝大多数需求。

在这样的组织阵型设计下，我们将部落各个系统成员的工位调整到同一个区域，大幅降低了跨职能、跨系统带来的沟通成本。建立相对稳定的团队，让团队成员更有归属感和荣誉感，也进一步促进了部落内的配合协调，提升了协作效率。

在建立产品部落的基础上，我们推行了需求估算和跨小队（系统）的需求排期活动，旨在部落内建立统一的交付节奏。在每个迭代开始前，各个小队都要对下一个迭代的系统需求进行梳理，给出每个系统需求的优先级和预期移测时间。部落内的小队长要充分沟通，并分析需求关联性和依赖性，从整体维度进行考虑，给出更合理的系统需求研发计划。在这份"作战计划"的指导下，系统需求错位交付的可能性被大大降低，避免了跨系统联调时的长时间阻塞和等待。需求有节奏的稳步交付也大大缓解了需求测试和验收的压力，使得整个研发团队的工作得以有序进行。工作项多而不乱，多系统协同的"立体作战"收效颇丰。

17.2　从"疲于奔命"到"整齐行军"

线上贷款产品作为一款明星产品，每个版本都需要消化来自各个方面的需求。在转型实施之前，业务在版本研发过程中频繁追加"紧急需求"，导致版本范围不断扩大，研发团队压力巨大。当临近发版窗口时，部分需求才刚刚研发完成，留给测试的时间窗口极窄，测试又不得不加班加点追赶测试进度。虽然在发版制度中设置了"封版"的时间节点，但迫于交付压力，研发团队不得不反复"解除封版"，向版本中填充"紧急需求"。这些"紧急需求"没有经过充分测试就匆忙上线，存在极高的质量风险。

长此以往，业务方与科技方之间的信任感被消磨殆尽——业务方认为科技团队交付屡屡逾期，交付质量难以保证；科技方则认为业务方的需求规划不合理，研发团队为达到交付要求已疲于奔命。在敏捷转型中，为冲出业务方和科技方协作的泥潭，我们基于原有的发版节奏建立了图 17-2 所示的"版本火车"。

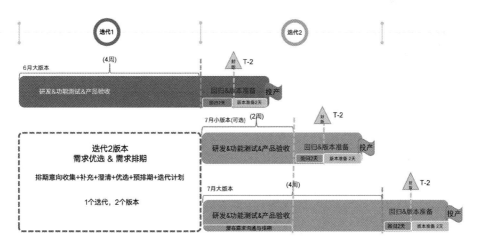

图 17-2　线上贷款产品"版本火车"

在业务方与科技方协作困境中，关键问题在于研发产能情况的不透明。通过版本火车规范了团队研发节奏，建立了稳定的迭代时间窗口，只需要几个迭代运行，研发团队就能明确自身的迭代研发容量，建立需求交付数量的基线。只有将团队的迭代研发容量透明化，才能重新建立业务方和科技方之间的信任。

在迭代容量透明的前提下，业务方和科技方达成了新的契约。业务团队需要对每个版本的需求进行优选，且在追加"紧急需求"时需要考虑替换低优先级的需求。这样的优选机制保证了迭代工作量可以维持在研发团队可接受的范围内，最大程度减少了研发团队追赶发版日期的低质量交付情况；科技团队也因此具备了更稳定的工作节奏，能更从容地安排需求研发工作，减少并行工作量，形成稳定的需求交付流，实现高时效、高质量的需求交付。

通过实行版本火车，该贷款产品的需求交付前置时间从改进前的 82 天逐步稳定至 42 天，生产缺陷数大幅下降。仅仅通过增加需求优选，业务就获得了更短的交付时间和更高的产品质量。同时，版本火车建立的稳定交付节奏也使得该产品的相关系统在联调时获得了极大的便利，线上贷款产品的研发团队也逐步成为明星团队，为组织后续的敏捷规模化推广建立了良好的基础。

17.3　从"两眼一抹黑"到"透明化"战场

华润银行实行的传统项目管理制度高度依赖汇报材料，团队负责人需要整理繁杂的项目计划和过程文档。项目计划文档可操作性差，最终大多流于形式；项目周报言之无物，最终成为团队负担。

线上贷款产品作为明星产品，虽然在团队管理上获得了一定的自主性，但在传统的项目管理框架下，团队负责人还是只能通过团队成员的日报、周报掌握团队的研发进度，通常需要额外维护一张项目进度表来对事项进行跟踪。日报和周报的汇报延迟、风险记录遗漏等问题，使部分关键的阻塞问题未能及时得到暴露，导致需求按时交付的风险陡增，研发团队往往不得不通过加班为此买单。

研发团队负责人对自己团队的研发进度掌控尚且如此，跨团队协作时的进度跟进就更为困难了。同时，产品的研发对产品经理而言几乎就是"黑盒"，期望在业务方和科技方之间建立交付承诺的信任更是无从谈起。

为支持业务方和科技方协作，破解"研发黑盒"，我们基于原有的需求术语在部落中建立了"意向需求-SR（System Requirement，系统需求）"的两层需求体系，并梳理了与之匹配的需求价值流，实现了对业务方和科技方双层价值流动的精细化管理，如图 17-3 所示。

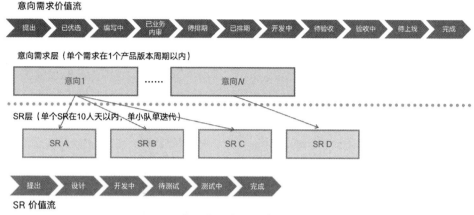

图 17-3　线上贷款产品需求体系和价值流

我们围绕意向、SR 价值流建立了双层看板，通过可视化的方式记录需求的流动情况。通过每日站会机制推动团队积极对齐项目进度，将项目进展、阻塞直观地在看板上展现出来。开发进度不再是团队负责人手中疲于维护的"战况简报"，而是快速更新、对团队成员透明可见的"战场实况"。意向需求作为较粗颗粒度的需求，更新频率偏低，可以用于观察产品需求所处的具体阶段；系统需求的颗粒度更细，更易于在看板上流动，能快速反映需求的研发状态和阻塞情况。

当跨团队协作时，只需快速浏览一下相关团队的需求看板就能了解关联需求所处的状态。测试团队也可以参考关联需求的开发进度来安排测试计划，及时暴露测试压力和交付风险，避免测试团队在版本末期后知后觉，被陡然增加的繁重测试任务压垮。

"透明化"使得团队中的每个成员都能了解当前迭代遇到的问题和瓶颈，鼓励团队成员在工作过程中发现问题、提出问题，进而利用团队的力量解决问题，极大地缩短了团队在遇到问题时的阻塞时间。团队负责人的工作也不再是单纯的工作指派，而是协助团队协调外部资源，为解决阻塞问题提供帮助。"透明化"使得团队的自主性发挥到极致，管理人员不再需要追踪各个事项的细枝末节，转而实施"双手放开，两眼紧盯"的管理模式。

17.4　欲善其事，先利其器

该线上贷款产品的研发团队有较高的外包占比，如何提升产品交付质量是团队的一大难点。团队负责人频繁强调开发自测的重要性，并为了确保开发自测要求开发人员在移测时提供自测的截图。虽然针对这些情况设置了详细的工作规范，但收效依旧甚微。

在实施转型的过程中，针对团队质量的提升，我们增加了桌面检查活动作为质量门禁，即在开发移动测试时，测试人员提供对应需求的核心功能验收案例和测试数据，开发人员对照核心案例进行功能演示。通过对桌面检查的演示，测试人员对功能的实现有了更直观的认知，同时也能从测试的视角提示开发人员可能存在的质量风险；开发人员能在交付早期识别缺陷，大幅降低了缺陷的修复成本，在很大程度上提升了产品交付质量。成熟运行桌面检查的小队自发邀请了 UI 人员加入，进一步保障了产品样式的还原和交互的流畅。

同时，我们优化了代码评审流程，基于行内的基础设施完善了代码质量提升循环，如图 17-4 所示。开发人员提交的代码均会触发质量扫描，扫描报告会被推送给 DevOps 平台，供团队在代码评审时参考。当团队在 DevOps 平台进行代码评审时，可将评审意见直接批注在代码上，便于开发人员快速定位优化点。成体系的代码评审工具链结合质量门禁不仅提升了团队的代码质量，而且能将研发质量活动留痕，这既满足了银行对代码评审等质量活动进行记录的审计要求，又减轻了研发团队整理材料的负担。

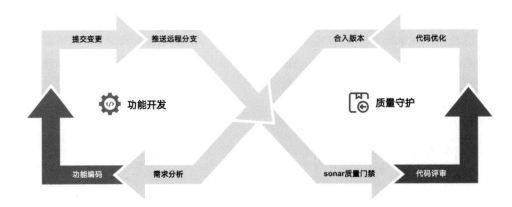

图 17-4　代码质量提升循环

随着团队交付能力的增强，对工具的要求也会越来越高。让工具匹配团队交付节奏，沉淀研发数据和业务数据，建立"持续交付-持续改善"的迭代循环，是建设卓越团队的必经之路。随着敏捷转型的规模化推广，DevOps 的基础能力建设也成为华润银行的重点战略目标。

17.5　好钢用在刀刃上

虽然部落制能大幅提升科技团队的交付能力，保障需求交付时效，但部落制伴随的资源锁定对中小银行有限的资源也是一个不小的挑战，只有甄别重点业务，集中优势资源，将"好钢用在刀刃上"，才更有可能在竞争的红海中脱颖而出。在建设部落的同时，也应该持续打磨研发工具链，构建流畅的工作流程，强化质量内建要求，在持续交付的过程中实现流程优化和人员能力的培养。"集精兵、打硬仗"，通过应用产品部落制让交付团队伴随产品持续成长，实现业务的突破和蓬勃发展。

以终为始，目标驱动的研发效能度量实践

研发效能度量是这两年行业中关注度非常高的一个话题。在数字化转型的大趋势下，很多企业都加大了对软件研发的投入，在研发规模日益扩大的同时，也积累了大量研发效能的基础数据。有了数据，就可以定义出一些指标来度量研发效能。我们经常说：如果一种度量真的很重要，则是因为它可以对决策和行为产生一些可以想象的影响。因此，难点并不是创造和积累了多少指标，而是用好这些指标，让我们能够客观量化、分析研发过程中的具体问题，进而形成针对性的改进，这才是成功的关键。

18.1 要想很好地度量某种东西，必须理解为什么要度量它

很多企业在落地效能度量的过程中都走过一些弯路，其中很大一部分原因是，相关干系人对度的具体目标和期望没有达成必要的共识，或度量指标和度量行为与目标没有对齐。对于这类问题，笔者把它们总结为指标蔓延、指标偏差和指标失效三大问题。

1. 指标蔓延

很多人开始接触研发效能度量的工作，都是从定义度量指标开始的。而这时如果方法不对，就很容易陷入指标蔓延的陷阱。比如，有的企业以头脑风暴的方式来定义指标，就是大家一起讨论，以穷举的方式把能想到的指标都列出来，形成一个庞大的指标库。有时，他们还对标行业中一些所谓的"大厂"，这些"大厂"普遍都有几百甚至上千个指标，如果不考虑"大厂"的发展历程和背景上下文，盲目进行对标，就很难区分哪些是重点指标。

在《爱丽丝漫游仙境记》中有一段爱丽丝与猫的对话很有寓意。

有一天，爱丽丝走到岔路口，见到一只柴郡猫坐在树上。

爱丽丝问："能否请你告诉我，我应该走这里的哪条路？"

猫回答："这要看你想去哪儿。"

爱丽丝说："我去哪儿都无所谓。"

猫回答："那么，走哪条路也就无所谓了。"

由此，我们说没有目标的指引就不可能找到合适的指标，即使定义了大量指标，实际上也没有太大价值。这就是为什么我们建议要根据当前企业的上下文，优先定义和选取出"北极星指标"（某个阶段的唯一关键指标）来指导我们进行改进，"北极星指标"寓意是指标要像北极星一样指引方向，而这就来自对目标的对齐。

2. 指标偏差

第二个常见的问题是指标偏差，如为了方便，找一些好度量的指标，而这常常就会产生"路灯效应"，这个术语来源于"在路灯下寻找钥匙"的故事。

一天晚上，一个警察看到一个醉汉在路灯下找东西，便问醉汉在找什么。

醉汉回答说，他钥匙丢了。

警察看了看也没找到，就问他："你确定钥匙是在这儿丢的，就在路灯下？"

醉汉说："不，但是这儿的光是最亮的。"

如果你只看能看到的地方，则说明你可能找错了地方。对于度量，当我们使用易于采集、易于度量的指标，而不管这些度量指标是否满足需要时，就会出现这种情况。从自认为简单、方便的地方入手，往往会忽略问题最根本、最核心的部分，当然这也有可能是因为超出了认知范围。

比如，如果管理者只知道工时、打卡数据和资源利用率，还在用上个时代管理体力劳动者的方式管理工程师，那么他可能并没有真正理解和有效度量软件研发过程。

在降本增效的大环境下，我们看到有些企业还在"卷"工时数据，依赖工时做研发规划和效能分析，其实一线工程师早已怨声载道，这些看上去很高的资源利用率，根本无法转化为真实有效的产能。这就属于由缺乏研发效能领域的专业性和没有打开视野导致的指标偏差，这时，最应该做的就是学习一些更先进、更科学的方法，如基于研发价值流的度量分析方法、基于代码的工程效率和质量分析方法等。

3. 指标失效

第三个问题是指标失效。我们经常说：不要因为走得太远，而忘记了为什么出发。这里也有一个"多佛尔角的哨兵"的小故事。

多佛尔角是英国隔着英吉利海峡离欧洲大陆最近的地方。

在第二次世界大战后，英国开始裁军，发现那里一直设置三个哨兵。

没有人知道为什么要在多佛尔角设三个哨兵，由于历年来皇家陆军都有这三个职位，因此历任官员也没有问原因，就按照传统保留下来了。

在裁军的时候，就去寻找当初设置这些岗位的原因，发现居然跟第二次世界大战没关系，而是一直追溯到1805年，也就是特拉法尔加海战之前。

当时，英国人一直担心拿破仑会登陆英伦，于是就派了三个哨兵天天在多佛尔角用望远镜往对岸看。

在特拉法尔加海战之后，拿破仑对英国的威胁已经消除，但是不知道什么原因，这三个哨兵一直没有撤。

再往后，历代的英军官员总是在想，虽然不知道这三个人站在那里的目的，但既然当初设了这三个岗位，一定有目的，就这样将没用的哨位设了一百多年。

其实，多年过去了，当初的目的已经不存在了，只留下了形式。

虽然黑格尔说过："凡是现实的都是合理的"，历史上使用过的度量指标自然有它们产生的合理原因。但官僚主义的一个问题是，一旦制定了某项政策，不管该政策支持的组织目标是什么，遵循该政策就都会成为目标。很多时候，时间久了，就忘了当时做那些事情的目的，而只剩下了形式。

杰夫·贝佐斯（Jeff Bezos）在 2017 年致股东信中也特别谈到了抵制代理，比如将流程当作代理。一旦将流程作为想要结果的代理，就会不再关注结果，而是一心确保正确地遵循流程。这样的问题在效能度量领域也经常出现，需要我们及时识别和避免。

18.2　业界目标驱动的效能度量方法

现在，我们已经知道度量目标的重要性，下一步就是让度量指标向目标对齐，但直接从目标到指标并非易事，存在一定的难度。因为指标通常是目标在特定方面的代理，本身就存在一定的局限性，并且指标与目标存在一定的距离，这就需要分析和推导的过程，而一个目标也可能对应多个指标，在分析和推导的过程中就需要一些转换。将两者有效对应的方法，就是在中间增加一层映射。

行业中给出了两种解决方案，分别是 Google 的 GSM（Goals-Signals-Metics，目标-信号-指标）方法和软件工程领域经典的 GQM（Goal-Question-Metric）方法。

1. GSM 方法

在《Google 软件工程》一书中提到，Google 是一家数据驱动型的公司，对于如何度量工程生产力也有独到的见解。Google 在实践中提出了 GSM 方法来指导度量指标的创建。

（1）目标：期望达成的最终结果，用来表达你想了解的较高层次上的东西，但它并不指定某种具体的度量方法。

（2）信号：用来判断我们是否已经得到了最终结果。信号是我们想要度量的东西，但是它们本身很可能无法直接被度量。

（3）指标：信号的代理。指标是我们事实上可以度量的东西。

GSM 方法通过目标-信号-指标的推导过程，帮助我们避免指标蔓延和指标偏差，迫使我们思考哪些指标能真正帮助我们实现目标，而不是简单地考虑有哪些现成的指标。

针对目标，Google 又将生产力划分为五个核心要素。我们需要对这五个要素进行相互权衡，而不能在改进其中某个要素的同时，无意间导致其他要素受到影响。这五个要素可以使用助记符"QUANTS"来表示。

（1）代码质量（Quality of the code）：产出的代码质量如何？测试用例是否足够好，是否能防止回归问题？架构在降低风险和变更方面的表现如何？

（2）工程师的专注力（Attention from engineers）：工程师多久能达到一次心流状态？他们被各种通知分散了多少注意力？工具是否能促进工程师专注做事？

（3）认知复杂度（Intellectual complexity）：完成一项任务需要多少认知负荷？要解决的问题的内在复杂度是什么？工程师是否需要处理不必要的复杂度？

（4）节奏和速度（Tempo and velocity）：工程师完成任务和推出版本的速度如何？在给定的时间内，他们能完成多少项任务？

（5）满意度（Satisfaction）：工程师对工具的满意度如何？工具对工程师需求的满足程度如何？工程师对自己的工作和最终产品的满意度如何？工程师是否感到疲惫不堪？

利用 GSM 方法，我们可以把度量指标向目标对齐。一个好的指标是要度量的信号的恰当代理，并且它可以帮助我们追溯到最初的目标。

2. GQM 方法

GQM 方法最早由 Basili 提出，并发表在软件工程领域的权威期刊 *IEEE Transactions on Software Engineering* 上。GQM 方法当初是为软件工程研究中的数据收集和分析而设计的，基本思想是数据的收集和分析一定要聚焦于清晰、具体的目标，每个目标都要被划归为一组可量化回答的问题，且每个问题都要通过若干个特定的指标来回答。依据指标收集到的数据，通过分析产生对问题的回答，进而达成定义的目标。

GQM 方法有三个层次：目标（概念层）、问题（操作层）和指标（量化层），它们对理解度量都很重要。

（1）目标（概念层）：设定目标，以通用的术语表达组织的需要。理解设定指标背后的目标的组织，更有可能通过使用和信任这些指标来指导未来的决策。

（2）问题（操作层）：将一组问题用于评估目标。一旦你确定了目标，就可以用一系列问题来刻画它，并探索解决方案。好的问题可以阐明当前遇到的困难，以及解决它们的潜在步骤。

（3）指标（量化层）：使用一组指标以定量的方式回答问题。好的关键指标，可以提供最强的信号且计算成本低廉。每个指标都至少与一个问题相关，同一个指标有时可以用于回答多个问题，有时也需要多个指标来回答一个问题。

GQM 方法有很多成功的应用案例，其逻辑是通过问题评估目标，进而再定位到指标，模型不复杂且符合思考逻辑，相比 GSM 方法更容易被理解和使用。由于 GQM 方法在定位和设计指标时，会优先选取能提供最强信号的指标，因此与 GSM 方法并不冲突。

18.3 落地目标驱动的效能度量实践

GQM 方法和 GSM 方法为我们提供了效能洞察和分析的指导结构，以终为始牵引数据驱动的改进闭环。下面我们基于上述方法，介绍企业落地的一些具体实践。

1. 明确具体化的度量目标

对于目标的设定，要综合考虑度量的受众、对象、目的和维度。

1）度量的受众

就像产品要服务于用户一样，度量一定是为具体的受众服务的，受众可能是企业的决策者、基层管理者，也可能是一线工程师。度量的最终目标是帮助受众做出决策，采取行动。因此，在度量工作启动时，一定要先了解谁是受众，以及受众所需要的数据、想如何利用数据等，这是一切工作的起始点。

2）度量的对象

在企业研发交付的上下文中，度量的对象可以分为结果、产出、过程、组织四种类别。

结果：如业务价值、客户满意度等。

产出：如需求交付、代码产出等。

过程：如研发活动、安全合规等。

组织：如研发团队、工程师等。

需要注意的是，在研发效能领域中，把重心放在度量个体工程师的效能上，其效果往往不尽如人意，且副作用比较大，容易导致围绕指标产生博弈和数字游戏。因此，我们更建议度量组织的整体效能，适当弱化对个体的度量。

3）度量的目的

度量的目的可以分为了解、评价、改进、控制、预测五部分。

了解：其是认知研发效能的第一步，也是评价、改进、控制和预测的基础。比如，通过查看研效大盘了解研发效能的整体情况（如在行业中所处的水平、项目的进展和风险等）。

评价：在了解的基础上，通过与基线、历史信息或同类对象的对比产生评价。可以与自己比，如同比/环比；也可以与同行比，如与 Google、微软、腾讯、字节等行业中的标杆企业比。

改进：对评价中分析的差距进行改进。改进最终体现为指标的提升或降低。比如，很多敏捷组织首选的改进方向是响应力，即快速响应需求交付的能力，追求的是在吞吐量和质量稳定的情况下，响应速度更快。

控制：除了改进，目标也可以是将指标控制在合理的范围内。比如，控制质量就要收敛线上的缺陷；控制稳定性就要让 SLA（Service-Level Agreement，服务等级协议）达到目标。

预测：了解、评价、改进和控制都是针对现状来说的，而预测是面向未来的，它可以帮助我们提前实施改进和控制。比如，如果流动负载过高，则后面的交付周期肯定会受到负面影响，这就需要及时采取行动限制在制品，或者交付周期类指标，我们经常会度量其过去一段周期内的 85%分位数，这就是基于概率思维对未来交付周期进行合理的预测。

4）度量的维度

上面提到 Google 用"QUANTS"来表达生产力的核心要素，其实它们也是我们考查度量对象的不同评估角度或维度。下面是在研发效能领域经常用到的度量维度，笔者将其概括为"多、快、好、省、强"。

多（数量维度）：比如，当以结果为度量对象时，可以评估产生的业务价值；当以产出为度量对象时，可以评估需求吞吐量等。

快（效率维度）：比如，当以结果为度量对象时，可以评估按时间要求满足客户需求的情况；当以产出为度量对象时，可以评估需求交付周期的长短；当以过程为度量对象时，可以评估变更前置时间的情况等。

好（质量维度）：比如，当以结果为度量对象时，可以评估客户感知到的质量问题的多少、SLA 的达成情况等；当以产出为度量对象时，可以评估缺陷检出的情况、性能满足的情况等；当以过程为度量对象时，可以评估需求提出的质量、开发提测的质量等。

省（成本维度）：比如，当以过程为度量对象时，可以评估花费的人力资源成本和设备资源成本等。

强（能力维度）：比如，当以过程为度量对象时，可以评估研发过程中的协作能力（如敏捷协作）、工程能力（如主干开发、CI/CD）、技术能力（如架构解耦、可复用性、可配置性、可扩展性）等；当以组织为度量对象时，可以评估员工的满意度（如 eNPS）等，如图 18-1 所示。

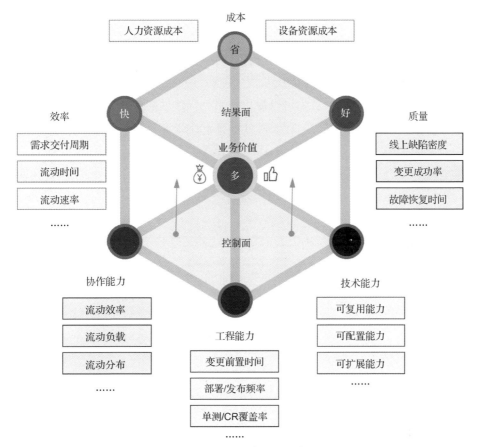

图 18-1　效能度量的维度

需要注意的是，并不是每个度量对象都会涉及这些度量维度，我们只需要关注特定度量对象的关键度量维度，并在这些维度上进行权衡和取舍即可。

2. 基于目标提出问题，探索解决方案

上面提到，一旦确定了目标就可以用一系列问题来刻画它，并探索解决方案。好的问题有助于进一步细化目标，让目标更加具体化，还可以用来进一步聚焦并进行探索性分析。我们可以从以下几个角度来提问：

- 度量对象的当前情况是怎样的？
- 度量对象的数据基线是怎样的？
- 度量对象在时间趋势上的变化是怎样的？
- 度量对象在时间趋势上变化的原因是什么？
- 度量对象的同类对象是怎样的？
- 度量对象有哪些细分维度？

- 度量对象在各个细分维度上是否平均？
- 度量对象在哪些细分维度上有改进机会？

举个例子，某个研发组织度量的目标是对研发产出的效率维度进行改进，具体的子目标就是要缩短需求交付周期。

基于这个明确的目标，首先可以提出一系列描述性的问题，比如当前的需求交付周期多长，与基线、历史、同行比，分别属于什么水平？

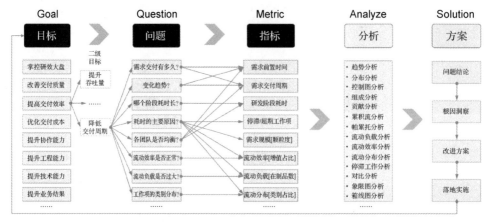

图 18-2 GQM 方法的落地案例

在进行探索性分析时可继续提问：需求交付周期在研发各个阶段的耗时是怎样的，有没有哪个阶段（如开发阶段或测试阶段）成为交付的瓶颈？需求交付周期在下一级部门中是否平均，有没有哪个部门很突出导致整体受到影响？需求交付周期在其他细分维度下（如需求类别、需求颗粒度等）的表现是否平均，在某个特定的细分维度上是否影响突出？以上各个维度对整体的贡献度是怎样的，哪个细分维度的改进所产生的杠杆效应最大？

3. 推导出能提供最强信号的指标并开展数据分析

有了问题就可以进一步推导出细化的指标。每个指标至少与一个问题相关，同一个指标有时可以用于回答多个问题，同一个问题也可能需要多个指标来回答。关键指标能够提供最强的信号且数据采集和分析成本低廉。

在上面的例子中，我们就可以基于问题设计一系列的指标，比如流动时间（或需求交付周期），以及将各种维度进行细分得到的二级细化指标；还可以采用流动速率、流动效率、流动负载、流动分布等一系列辅助参考指标，用于进一步探索和挖掘问题根因，从而进行针对性的改进。

关于研发价值流分析中的五大流动指标及其相关细节定义和解读方法，可以参考《软件研发效能权威指南》《价值流动：数字化场景下软件研发效能与业务敏捷的关键》这两本书中的详细说明。

另外，在实际工作中，我们经常使用效能度量的一些数据分析方法，在这里做一下简要说明，可以根据实际情况按需使用，如图 18-3 所示。

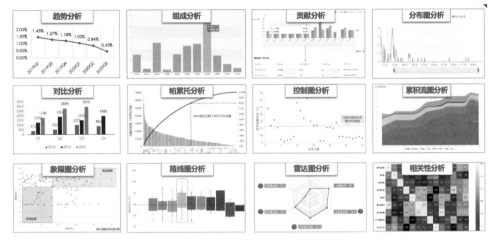

图 18-3　数据分析方法

（1）趋势分析：趋势>绝对值，在度量结果时，指标随着时间的变化比绝对值更重要，但趋势不一定一直那么完美，变革的"烟斗曲线"就是常见的场景。

（2）组成分析：比如，需求交付周期在各个研发阶段的耗时拆分：BRD（Business Requiment Document，商业需求文档）确认、需求等待、方案及 PRD（Product Requiment Documen，产品需求文档）、设计周期、等待开发、开发周期、等待测试、测试周期、等待上线、上线周期、等待验收、验收周期等。

（3）贡献分析：分析度量指标在数值上变化的主要原因，以及正负向因素及其贡献度。

（4）分布图分析：如交付周期类指标，常常符合韦伯分布，可以用 85%分位数来评估、分析和预测。

（5）对比分析：同比/环比分析，如同级别部门分析、同类对象分析等。

（6）帕累托分析：就是我们常说的 2/8 定律，用来分析组织的整体均衡度是否合理，是否存在关键人力依赖，各个模块的缺陷贡献度是否合理，是否存在缺陷分布集中的模块等。

（7）控制图分析：如各个产品线的缺陷密度，通过绘制控制线可以观察移动平均值、标准差的变化情况，找到需要干预和控制的点。

（8）累积流图分析：综合反映前置时间（或交付周期）、在制品数量、交付速率等指标，体现团队协作、计划和交付需求的模式，常用于发现系统性的改进机会。

（9）象限图分析：如代码产出和代码质量的四象限分析，识别低码低产、高重复（代码产能低、重复度高）的部分。通过象限分析可以识别出关键的少数个体，有助于对代码进行针对性的改进。

（10）箱线图分析：一种显示一组数据分散情况的统计图，主要用于反映原始数据分布的特征，还可以用于多组数据分布特征的比较。其利用数据中的最小值、第一四分位数、中位数、第三四分位数、最大值五个统计量描述数据，可以粗略地看出数据是否具有对称性、分布的分散程度等信息

（11）雷达图分析：比如，分析目前组织整体工程能力的水平和行业其他组织是否存在差距。

（12）相关性分析：比如，通过关联分析寻找影响结果指标的关键因素，分析常见的人均流动负载、紧急需求插入等因素是否对需求交付周期有显著的负面影响。

4. 采取改进行动并持续跟踪结果

度量本身从来不是目的，目的是采取改进行动，最终提升研发效能和生产力。通过度量活动进行研究并分析出结论之后，需要列出待办事项清单，以说明需要如何改进。改进行动需要从小范围开始，在组织结构上进行纵向切片，选取真实的项目作为试点。改进行动需要有明确的范围、时间和成功标准，并以实验的心态来进行，如图 18-4 所示。

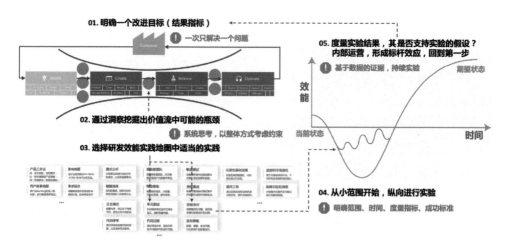

图 18-4　基于度量的改进闭环

改进行动要进行周期性的回顾，度量实验结果，判断其是否支持实验的假设。如果假设成立，则可以通过内部运营形成标杆效应，横向扩大改进范围；如果假设

不成立，就要反思可能的原因，是实践真的无效，还是具体落地执行不到位。

当然，改进行动作为一种变革，常常会展现出"J曲线"，即在改进的初期会出现由学习成本、工作习惯转变、新方法和工具的投入等引发的不适应等情况，从而引发指标在变好之前出现短期下滑，但这也是团队必须要克服的一个阶段。大家不能在浅尝辄止后，就武断地宣称敏捷、DevOps业界普适的方法对自己无效，因为自己的情况"很特殊"。只要我们相信研发效能、软件工程学科的专业性，通过体系化实践和科学方法的指引，建立数据驱动的思维方式和行为模式，朝着正确的方向努力，就会实现一分耕耘、一分收获。

18.4 总结

研发效能的度量应该是以终为始、目标驱动的。在开展度量行动之前，应该明确目标，以及在得到度量结果之后，能够进行有效决策和实施行动。

结合GQM和GSM方法，给出了企业中落地效能度量的一些关键实践。

（1）明确具体化的度量目标：对于度量目标的设定要综合考虑度量的受众、度量的对象、度量的目的和度量的维度。其中，常见的度量维度可以概括为"多、快、好、省、强"。

（2）基于目标提出问题，探索解决方案：使用一系列问题来刻画目标，并探索解决方案，可以先从描述性的问题开始，然后进行探索性分析并转化为一系列问题。

（3）推导出能提供最强信号的指标并开展数据分析：将每个问题都细化为一个或多个指标。好的关键指标能提供最强信号且数据采集和计算成本低廉。在进行指标分析时，可以使用业界常见的一些数据分析方法，从宏观到微观、从表象到根因，最终完成针对性的改进。

（4）采取改进行动，并持续跟踪结果：在数据分析得出结论之后，需要列出待办事项清单。改进活动需要从小范围开始，在组织结构上进行纵向切片，选取真实的项目作为试点。改进行动需要有明确的范围、时间、成功标准，并以实验的心态来进行。

数字化与数据中台的一些思考

近几年，伴随着数字化概念的兴盛，企业数据中台建设逐步驶入深水区。企业是否适合建设数据中台及如何落地数据中台，成为企业数字化转型绕不开的话题。

当然，我们也可以不受数据中台话题的限制，审视数字化如何助力企业与产业发展，从而获取一个更高维度的答案。

19.1 数字化与数字化转型

2016 年以前，IT 厂商与各个咨询公司频频提到信息化改造，助力信息化概念的兴盛，而在 2016 年以后，大家在信息化改造的基础上逐步开始关注数字化。因此，直到如今，谈及"数字化"的概念也更多是"信息化"的延续。

我们需要了解信息化与数字化的区别。

信息化：将企业运营流程线上化的过程，如 OA（Office Automation，办公自动化）、ERP（Enterprise Resource Planning，企业资源计划）、CRM 等系统的建设均在其列，旨在通过工具建设实现工作流程的无纸化与线上化，从而达到企业运营提效的目标。

数字化：在信息化的基础上，实现系统间的数据融通，利用数字技术模拟企业运营流程，进而实现数字孪生，利用大数据算力挖掘业务优化空间与创新机会，乃至寻求企业与人类社会运营的最优解。

在上述概念的基础上，我们来看常聊常新的"数字化转型"。

站在企业的视角，数字化转型是在数据融通的基础上，也就是在打造良好的企业数据根基的基础上，利用数据为企业赋能的过程，赋能既包括产品、服务与用户体验的升级，也包括盈利模式与商业模式的变革。

至于企业为什么需要数字化转型，最简单的原因是企业竞争与生存所需。尤其是在新冠疫情的三年时间里，企业数字化转型按下了加速键。每家企业都希望通过数字化的方式降本提效，找到业务发展新的增长点，完成生产组织形式与商业模式的升级。

而站在行业与产业的视角，则会有更加深层次的认知产生。

2023 年年初，中共中央 国务院印发了《数字中国建设整体布局规划》（以下简称《规划》），《规划》明确，数字中国建设按照"2522"的整体框架进行布局，即夯实数字基础设施和数据资源体系"两大基础"，推进数字技术与经济、政治、文化、社会、生态文明建设"五位一体"深度融合，强化数字技术创新体系和数字安全屏障"两大能力"，优化数字化发展国内、国际"两个环境"。

这无疑更加利好数字化的推进落地，但与此同时，我们也需要意识到数字化转型存在较难克服的困难，也存在一些尚需讨论的争议。

下面以数字化转型项目起步阶段的实施难点为例。

首先，"数据融通"是横贯在项目起步阶段的一座"大山"。尤其是针对传统行业，如煤炭生产企业，动辄拥有上千家设备供应商，上百种通信协议，数据共享与信息互通的难度可想而知。

因此，制定统一标准的数据规范，并且构建便捷、快速的数据接入服务，就成为企业数字化转型的第一关。

其次，在项目起步阶段需要完成海量的业务流程建模工作。就大型企业而言，业务单元繁杂，需要项目成员具备极强的沟通能力与架构能力，完成大量的走访调研，实现全业务洞察，进而将数据与业务运转紧密结合在一起，释放数据的生产力。

除了这些需要解决的困难，数字化转型还有诸多争议，其中数字化是否会将"人"物化最值得反思。数字化转型不应该把企业员工当成企业运转的零部件或者生产物料，而是对员工要有人文关怀，要做到以人为本。

同时，还需要认识到，数字化转型是手段，是解决方案，不是目标。

在互联网企业的数字化转型中，常见的实施路径是将基础数据设施、各种数据应用服务与数字解决方案结合在一起，这几乎等同于近些年同样火热的数据中台，那么，数字化转型与数据中台到底是什么关系呢？

19.2　数字化转型与数据中台

数据中台的概念，从 2018 年左右在互联网领域内逐渐火热起来，旨在通过数据中台打破企业内的数据隔阂，解决企业面临的"数据孤岛"问题，进而挖掘数据价值，赋能业务发展。

在上述流程中，我们不能将数据中台简单地等同于数据工具，而应将数据中台视为数据工具、数据服务模式与数据运营机制的结合体，也可以视为一种战略选择与运营解决方案，以及行之有效的一套数据运营机制。

对企业来说，数据中台是企业全域数据管理与共享服务中心。如果将其数据应用场景进行拓展，它就成为企业数字化转型的 MVP 试验版本；如果将其聚焦在数据服务领域，它就成为企业数字化转型的核心引擎。由此，数字化转型离不开数据中台。

不过，近两年也有一些关于数据中台的负面声音，可能主要有以下两个原因。

其一，数据中台属于前期投入、后期收益的工程，如果企业自建数据中台，那么短期内要投入大量的人力，却没有太多可量化的收益体现。

其二，伴随着数据中台概念的火热，市面上出现了很多相关产品，但是有些厂商把数据中台当成噱头，其实只是提供了传统的数据处理工具或者数据存储服务。

不过"真金不怕火炼"，随着企业数字化转型的推进，数据中台的应用价值会被逐步放大，相信届时有关数据中台的负面声音也会减弱。

那么，作为数字化转型的核心引擎，数据中台应该如何建设呢？

每当提到数据中台，笔者总是不自觉地将它想象成一棵树，一棵生长在大地上，有根系、主干、枝叶和果实的大树，这些元素结合在一起，就组成了相对完整的"数据中台"。如图 19-1 所示。

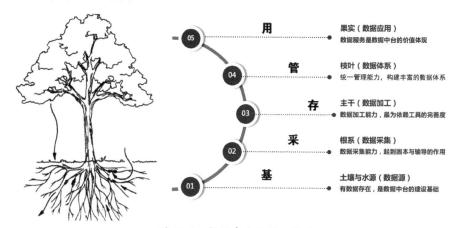

图 19-1 数据中台的核心能力

图 19-1 中提到了数据中台的"基"是想提示大家，只有汲取更多数据，数据中台的应用价值才会更大。而在丰富数据资产的基础上，数据中台的核心能力体现在对数据的"采、存、管、用"四个方面，即对企业数据的采集、加工、统一管理与数据服务四项能力。

（1）采：数据采集能力是数据中台的基础。

当前，很多企业存在大量的"数据孤岛"，各个业务系统之间的数据相对独立，而且前台产品还在不断地产生新的数据。面对不同类型的数据源，完成数据的采集与接入是数据中台建设的第一步。

对于互联网企业来讲，线上产品埋点采集是相对常见的数据采集方式。而对于传统企业来讲，则会有更丰富的数据采集手段。比如，工业数据的采集就经常使用到物联网传感器，但是由于企业所用工业设备种类繁多，设备所用工业协议不同，因此数据采集需要解析各种协议完成数据转换，只有这样才能实现设备互联互通。

而数据中台体系会建立一套标准执行的数据采集方案，并辅以高效便捷的数据采集管理平台做支撑。

（2）存：数据加工与存储能力。

目前，数据加工与储存技术相对比较成熟，大数据与云服务厂商一般都会提供该部分的产品能力。不过，将企业各种数据原封不动地统一存储在一起是不会产生更多应用价值的，还需要打破"数据壁垒"，实现数据融通。因此，在数据中台建设过程中，需要对数据进行整合与完善，并结合前文提供的"业务流程建模"，打造出具备业务意义的企业级全域数据体系。

数据中台需要有企业级的数据服务视角，只有这样才能服务好业务，拓展更多的数据应用场景。而从业务模型到数据模型，模型设计的合理与否直接影响着数据中台的数据服务质量，这就对大数据从业人员提出了更高的从业要求。

（3）管：企业数据的统一管理能力。

数据中台建设有些类似于环境污染治理，需要规避再次出现"污染"的情况。因此，要求企业建设规范的、统一的数据标准，与一套可执行的数据资产管理制度。

对于互联网企业来说，数据资产管理的基础是元数据管理，简单理解就是数据标准管理。当因业务新增或者由其他原因产生新增数据时，可以按照数据中台提供的规则，自动接入企业全域数据体系。

（4）用：数据应用与数据服务。

数据服务能力，是数据中台的应用价值体现。

当然，数据服务有很多种形式，其中相对直观的是画像服务。通过用户画像标签的积累实现精细化运营，提高人效。如今，行业竞争激烈，高人效企业会具备更多的优势。比如，传统电销类公司，电话销售接触的客户越精准，单位时间内的成单概率就越高，为公司带来的收益就越大。

除此之外，基于业务认知与数据中台沉淀的数据资产，结合算法能力可以简化业务流程，释放多余人力，并逐步实现业务优化空间与创新机会的挖掘，最终寻求到企业运营的最优解。

因此，从土壤到根系、主干、枝叶，最终到开花结果，整个过程才是数据中台的全貌。

19.3　数据中台建设思路与实践

在"一棵树"的认知下，再来介绍一下该怎么去种树。数据中台的建设思路可用一句话来概括：一个方向，"两条腿"走路，三步走向成功。

一个方向：利用数据中台融通企业数据资产，确保业务发展的方向不动摇。

"两条腿"走路：数据体系建设与数据平台建设同步进行，提高数据中台建设的能见度。

三步走向成功：从数据治理到数据服务，再到数据智能服务，分三步完成数据中台建设。

基于以上建设思路，我们结合 58 集团数据中台的实践案例，探讨数据中台建设的最佳路径。

1. 一个方向

建设数据中台是为了促进业务发展，不是为了建设数据体系，也不是为了建设大数据工具，其建设目标与最终价值还是为业务发展保驾护航。

中台建设忌讳战略定位与战略方向不清晰，如果没有明确的战略定位，就会缺少组织架构的支持，也就缺乏自上而下的执行力；如果没有明确的战略方向，就会缺少击破数据隔离与部门壁垒的最强动力。

由于很多时候业务团队会把数据视为私有财产，而非集团的共有财富，但中台建设需要业务团队放弃一些系统的自研职责，因此，对于数据中台来说，当前最适合的建设方向就是融通企业数据资产和驱动业务发展，与前台业务团队站在一起，达成"手牵手、心连心"的共赢局面。

58 集团横跨房产、招聘、本地生活、汽车、二手交易等业务，旗下有 58 同城、安居客、赶集直招、中华英才、58 到家等品牌。面对丰富多样的业务形态，58 数据中台团队携手前台业务团队，秉持助力业务高质量健康发展的目标，在提供各类优质大数据产品服务的基础上，引进各个业务团队的数字化成功经验，使其在不同业务间流转，进而实现数据驱动的服务进阶。

由于 58 数据中台团队具备如上的定位认知，因此与各业务团队携手打造出了一个融洽和谐的大数据应用环境。

2. "两条腿"走路

一个相对完善的数据中台既包含企业核心的业务数据，又拥有共用的大数据开发平台和各类数据工具。

简言之，可以将数据中台拆分为数据体系建设与数据平台建设，因为两者所需的资源不同，所以可以"两条腿"走路，让数据体系建设与数据平台建设同步进行。而且要建设统一、共用的大数据开发平台，这样能提高数据中台建设的能见度，后续跨业务数据汇聚的成本也会更低。

数据中台建设是一场持久战，我们要让参与方与管理者尽早看到项目的一些成果，这样才能增强大家对数据中台建设的信心。因此，在数据中台建设中，需要一直秉持优先完成"能见度"高的项目内容的原则。

58 数据中台建设的过程也同样是"两条腿"走路，集团数据体系建设与数据平台建设最初分属两个团队，宛如两条齐头并进的大江，最终两江交汇，融为更加完整的 58 数据中台团队。

其中，数据体系建设团队服务于有效管理企业数据的目标，推动数据治理等事宜，承担企业数据及服务输出的职责，监督企业数据的使用情况，为业务团队提供数据使用建议，进而提高数据流动性。

而数据平台建设团队为前、中、后台团队打造了涵盖大数据生产与应用全流程的工具链，其建设范围包括但不限于数据开发平台、BI（Business Intelligence，商业智能）数据分析与可视化平台、用户画像服务平台与埋点管理、UA（User Analysis，用户分析）平台等。

3. 三步走向成功

三步走向成功，是数据中台建设较为理想的步骤，其中，数据治理的工作颗粒度很大，但是只有统一数据口径，打破不同数据主题或者不同业务数据之间的隔阂，企业数据这条大河才会流淌开来。

目前，很多传统企业数字化转型的第一步其实也是数据治理，即把盘踞在线下和线上的数据融通在一起。

就 58 同城而言，很早就成立了数据治理工作组，该工作组一直致力于推动集团全面的数据治理工作，保障集团数据资产发挥稳定、高效的价值。尤其是在新冠疫情期间，为聚焦"降本、增效"，工作组再次发起了集团数据治理项目。在该项目中，数据中台团队围绕方法、工具、度量三个方面，支持各业务单元与集团治理目标的达成，如图 19-2 所示。

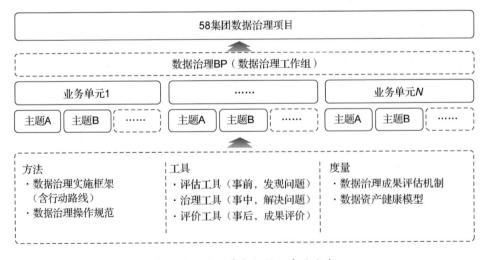

图 19-2 58 同城数据治理实施方案

方法：

- 数据治理实施框架：统一数据治理策略、数据治理框架与落地计划。
- 数据治理操作规范：覆盖数据治理全生命周期，传递治理经验，拟定操作规范。

工具：

- 评估工具（事前，发现问题）：健康监测，提供低分预警，发现待治理的点。
- 治理工具（事中，解决问题）：实施治理，简化治理环节，提供治理工具。
- 评价工具（事后，成果评价）：治理评估，量化治理成果，评价目标达成。

度量：

- 数据治理成果评估机制：结合财务核算口径，考虑存量和增量情况，输出成本节省成果。
- 数据资产健康模型：以统一元数据服务为基础，构建覆盖存储、计算与安全等多方面的数据资产健康监测指标。

那么，数据服务指的是什么呢？

数据共享是最直接的数据服务，除此之外，数据服务还可以结合数据平台打造各种数据工具，如经营分析、精细化运营等，上面提到的诸多数据应用与数据服务场景都处于这个环节。

综合来看，数据服务有以下两个共同点。

其一，提高决策的速度，不管是管理层的战略决策，还是一线执行的运营决策，都可以通过数据服务来加快决策进程。

其二，挖掘更多的机会，通过数据价值挖掘，看到以往忽略的细节，不管是商机、"战机"，还是其他价值的挖潜，都可以给企业带来更多的机会。

同样，58同城的数据服务建设也遵循上述共同点，其数据中台建设概览，如图19-3所示。

在数据治理与数据服务建设的基础上，我们来介绍一下数据智能服务。

最近几年，很多人说数据中台的下一个阶段是AI中台。但在笔者看来，AI中台也可以算作附着在数据中台上的一种应用层服务，这种服务就叫智能服务，核心能力在于通过对数据处理与算法训练来表征历史、预测未来。

对数据中台来说，数据处理能力、数据模型能力与数据应用能力决定着数据中台的能力下限，而算法能力将会拔高数据中台的能力上限。

当然，笔者也一直相信，在企业数字化转型的道路上，数据可以成为新的生产力，而算法能力就像催化剂，能够加快这个进程。

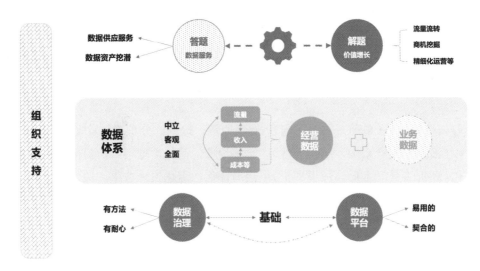

图 19-3　58 同城数据中台建设概览

回首近几年数据中台的发展，主要还是集中在大型企业，数据中台厂商也是以服务大型客户为主。这些先行者基本上已经完成了数据治理，并进入数据服务建设环节，到了享受数据中台建设成果的阶段，也到了考验实施团队是否完成业务洞悉的阶段。

同时，我们也进一步认识到，虽然企业乃至行业都需要进行数字化转型，但并不是所有的企业都需要建设数据中台。数据中台的建设基础是企业的业务模式复杂，且有大量数据的积累沉淀或者有大量数据的接入可能。如果企业业务模式单一，那么虽然依旧需要大数据团队，但是所建设的就不能称为数据中台，而可以称为大数据服务平台。

前面提到，狭义的数据中台可以被理解为数字化转型的核心引擎，而泛中台化的数据中台则可以被视为数字化转型的 MVP 版本，但是不管是企业自研，还是采购数据中台厂商的产品，最终比拼的都是企业对业务与行业的认知能力。

因此，只有立足企业与行业之中，才能打造出真正的数据生产力工具。

研发过程的数字化实践

传统的软件研发在需求传递、研发过程、发布上线和运维运营方面，都难以应对快速变化的业务需求和突发高峰流量的要求。而引入研发过程数字化实践后，不仅可以通过快速交付解决业务响应力不足的问题，还能不断提升研发能力，使创新不断涌现，但这一切能力的获得并非易事。

研发过程数字化只是技术手段，提升研发效能和业务优势才是目标。简单来说，研发的数字化转型可以为业务带来 4 个方面的收益和能力：研发流程智能化、业务异步化转型、软件供应链安全、激发员工创造力、

20.1　研发流程智能化

2020 年 Gartner 提出了超自动化的技术概念。超自动化是以 RPA（Robotic Process Automation，机器人流程自动化）为技术框架，融合了低代码开发、iPaaS、流程挖掘、任务挖掘等智能创新技术，为用户提供自动化流程分析、流程编排、流程监控等一站式的自动化解决方案。

超自动化不仅是执行自动化所需的工具，还能为自动化的每个步骤建立协议，包括流程发现、流程优化、设计、规划、开发、部署和监控。如图 20-1 所示，随着自动化水平的提升，自动化的范围也随之扩大。

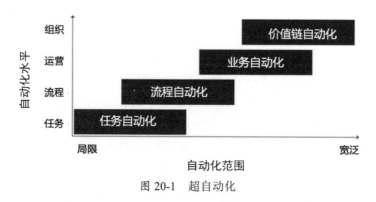

图 20-1　超自动化

当前，企业已经在业务流程上做了相关尝试，但流程自动化很少应用于研发领域。随着企业数字化转型的深入，支持业务交付新能力的研发工作如何能快速、高效地贯彻价值交付的目标，成为亟待解决的问题。

极狐链（UltraFox）是极狐 GitLab 推出的一款开箱即用、安全稳定的企业级应用连接器，无须编写代码，普通业务人员也能通过简单的图形化配置，将企业内外部不同的业务、应用、数据、API 连接起来，轻松实现工作任务自动化，大大提升了工作效率，降低了人力成本，极狐链流程编辑界面如图 20-2 所示。

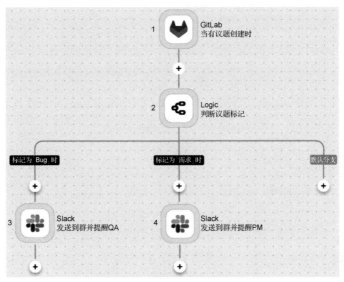

图 20-2　极狐链流程编辑界面

GitLab 是一款 DevOps 研发平台，功能包括项目管理、源代码管理、CI 管理、制品库管理、安全管理、发布管理、配置管理、运维监控和防护管理，涵盖整个研发生命周期。由于其设计理念是开放的一体化平台，因此具备丰富的 API 和广泛的生态基础，通过研发流程中的议题进行逻辑判断并触发其他工具的相关动作，实现流程的自动化衔接。同时，本产品支持复杂逻辑的流程，提供顺序、选择、循环执行，并且还支持数据格式转换、自动映射等常见场景，可以轻松应对 90%以上的业务流程。

同时，极狐链有着广泛的生态支持，拥有多款热门应用的集成能力，并且应用一直在持续增加，原理是只要待集成系统可以提供标准 API，都能使用 HTTP 应用无缝接入，实现业务衔接、数据流转和资源整合。

在研发过程中，会涉及多个部门和工具的流程整合场景。需求描述与功能代码的一致性，测试版本中开发人员提交的新功能信息，发布版本中上线的需求状态的更新，都是需要进行跨部门协作的情况，如何高效、准确地传递信息，以及同步工具状态是提升研发效能的关键点。

另外，GitLab 基于快速迭代产品推出了极狐 Flow，极狐 Flow 是一种适合创新性产品快速迭代的研发管理实践，如图 20-3 所示。在小规模团队中，通过 GitLab 提供的规范性和自动化能力，可以让团队快速迭代产品，又不失去对需求交付的掌控。

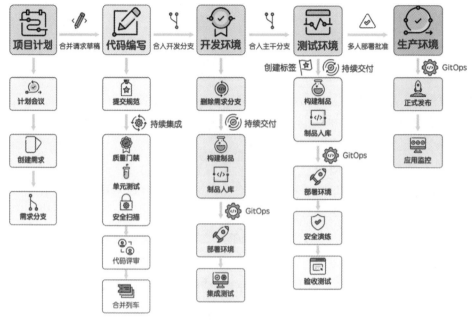

图 20-3　极狐 Flow 功能全景图

- 项目计划：通过敏捷方式进行项目迭代，创建议题跟踪需求，通过议题自动化创建开发分支。
- 代码编写：提交规则进行需求与代码的关联，基于 Develop 分支创建特性分支来保存功能编码，代码更新后触发持续集成，符合质量要求的代码进入代码评审，降低质量风险，代码负责人可以保证关键代码修改的质量。
- 开发环境：将代码合并至 Develop 分支，自动删除需求分支，通过容器方式构建制品并存入二进制仓库，完成部署后进行集成测试。
- 测试环境：将功能代码从 Develop 分支合并至 Master 分支，利用自动化测试保证功能完整，通过动态安全检查模拟安全演练，最后进行验收测试。
- 生产环境：通过评审触发正式发布过程，所有软件的发布过程和环境配置都被存储在代码仓库中，这是 GitLab 特有的 GitOps 实践。

20.2　业务异步化转型

在 GitLab 的 2021 年远程办公报告中，82%的受访者同意远程办公是未来的工作模式，几乎同样多（80%）的受访者会向朋友推荐远程办公。认识到这种对灵活性的需求并有意识地努力注入远程优先实践的公司将可能会得到蓬勃发展。

作为一个有着十年成长历史的 DevOps 研发平台，GitLab 通过将跨团队协作和沟通引入一体化平台，从根本上改变了团队的工作方式。如今，GitLab.Inc 是全球最大的使用全远程工作模式的公司之一，截至 2023 年 2 月，其业务遍布 60 多个国家和地区，拥有 1800 多名员工。其首要实践就是通过文档固化员工学到的经验教训和最佳实践，包括异步工作流、会议、沟通、文化、管理等。下面着重介绍其核心实践，即文档优先原则和方法。我们很难想象如此大规模的软件研发公司，从成立的第一天起就践行了全员远程办公，在软件行业里也称得上是一个奇迹。

还记得电影《摩登时代》中卓别林饰演的流水线工人吗？由于他长时间机械地重复拧螺丝，出现了于里拿着扳手看见什么都要去拧一下的闹剧。在企业信息的流水线上，员工按照文档和符号规则处理信息，这些活动何尝不是另外一种机械化的流水线呢？其中，本质区别是"开源开放，人人贡献"的愿景，让信息处理节点上的每一个员工都有意愿和能力对文档与符号规则进行优化，从而激发全体员工的积极性。文化和愿景是远程办公能够不断演进的核心推动力。

在由日历和日程安排决定的世界中，人们习惯于同步工作，这意味着人们需要同时在同一个地点（物理上或虚拟上）。同步工作的另一个噩梦就是"无休止的低效会议"。异步沟通是消除会议和同步工作的一门艺术，可以让所有员工都能按照灵活的时间表完成工作。

在远程办公的场景中，掌握异步工作流至关重要，甚至在同步办公环境中，也可以大大提升开会的效率，优先实现"异步"工作可以提高效率并减少业务流程中的瓶颈。异步化改造的先决条件是创建强大的文档，因为异步沟通的核心是文档，它是一种不需要实时方式传递信息，允许有一定延迟，但可以无限重复传递信息的实践。如果你的组织没有标准化的文档编制方法，则可以建立该方法。通过 GitLab WiKi 主页实现部门服务目录、使用 MarkDown 格式绘制流程图、创建流程入口（指向特定仓库的特定议题模板，作为一个工作任务的开始）等，这些内容都是实现透明化的基础。使用 MarkDown 的优势在于，能将第三方工具中 Word 形式的软件需求、管理流程和培训内容，全部以代码的形式放在 GitLab 中进行版本化管理，以发挥统一工具平台的最大优势。

异步还意味着，如果同事甚至老板在周末给你发了电子邮件，你不需要立即回复，只需在周一回复即可。如果事情很紧急，团队成员可以随时在聊天中向某人发送消息，这就是人们通过过滤信息了解事情是否紧急的方式。

远程办公的本质是将面对面的同步交流方式变为以工具、文本和标签体系为主的异步交流方式。异步化改造是将企业的价值流、工作流和信息流进行梳理，通过工具承载各个部门协同工作的模式，重点在于传统企业面对面的沟通方式无法被工具和系统有效地记录与传递。而异步沟通方式是以统一工具承载的文字和标签为信息载体，可以很好地通过工具和系统进行记录与传递，从而形成一条信息处理的流水线，信息记录即完成价值流动，信息传递即完成工作流程，信息的记录和传递也是企业治理能力的体现。

更重要的是，通过异步化改造，企业的决策、业务、任务信息都以文字和标签的形式记录在信息系统中，这些信息可以很好地被计算机理解和处理，进而通过数据算法和自动化工具大大提升企业的决策效率、服务水平和执行能力。

实施远程办公也会遇到一些问题，因为并不是所有人都能适应从集中办公模式过渡到远程办公模式，这就需要为每一位入职的员工分配一位导师，帮助新员工快速适应新的工作模式。从情感连接的角度出发，采用远程办公的企业经常会举办线下活动，让大家玩在一起，以提升团队凝聚力。

远程办公不仅提升了企业效能，而且是公司治理模式上的变革。

如图20-4所示，信息流是指企业高层管理者确定战略方向后，将企业愿景和目标信息传递给中层管理者；中层管理者选择机会点立项后，将工作任务安排给执行人员；执行人员将完成任务的过程和结果信息进行记录与数据分析，进而形成改进价值流和工作流的方案，这就是一个完整的企业信息流。

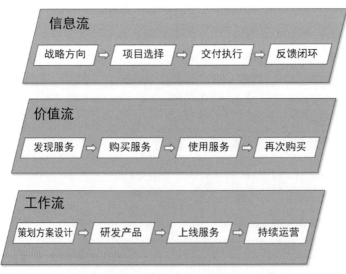

图 20-4　企业运作工作流、价值流和信息流

价值流是对企业核心业务进行流程规划和服务交付的数字化过程，首先借助场景导入和渠道伙伴让客户发现服务，并通过一键下单的购买环节提高服务转化率。

在客户使用服务的过程中，对客户的行为进行记录和分析，从而优化价值交流，提升价值交付，进而促进客户再次购买。

工作流是服务的上线过程，包括策划方案设计、研发产品、上线服务和持续运营 4 个阶段。通过信息流、价值流和工作流的异步化过程可以获得企业管理信息、业务信息和服务信息在信息系统中的记录。异步化就是将企业管理信息、业务信息和服务信息数字化的过程，将传统企业中的这些信息识别出来并进行持续优化，是异步化要实现的最终目标。

实现异步办公不是一个一蹴而就的过程，需要经历以下 10 个阶段。

（1）禁止远程：不允许远程办公，通常是由领导层的要求或业务的性质决定的。

（2）远程时间：也称为"远程容忍"，此阶段允许员工在办公室外工作几天，这在将远程办公日作为招聘福利的公司中很常见。

（3）远程例外：有些员工可以无限期远程办公，而大多数员工则需要在公司办公室工作。

（4）允许远程：公司的任何人都可以在某些时候远程办公，但对于依赖地理位置的角色很少有例外。

（5）混合远程（办公）：一些员工（但不是全部）被允许 100%的时间远程办公，其余的在至少一个实体办公室现场工作。这可能是一个诱人的折中方案，但有许多缺点，我们在下一节详细讨论。

（6）远程办公日：整个公司（包括高管）同时远程办公。

（7）远程优先：公司针对远程进行了优化，其文档、策略和工作流假定组织 100%是分布式的，即使有些员工偶尔会到办公室会面。

（8）仅限远程：在共享办公室中，没有与地点强绑定的工作内容。但是，这项工作仍然要求整个组织都工作在同一个时区内。这些公司需要"核心团队时区"来同步安排工作。

（9）全远程：像 GitLab 这样的全远程公司，没有办公室，也没有首选时区。倾向于以异步方式进行沟通，鼓励以文档方式传递信息，大幅减少同步会议，为员工就业地点提供更大的灵活性，就业地点并不局限于一线城市。

（10）严格远程：严格远程公司中的员工可通过虚拟助手方式参与会议，无须本人亲自参加会议，也永远不允许同步会议召开。

一般通过以上 10 个阶段来衡量公司异步工作实施的情况，并不是所有公司都能走到第 10 个阶段，我们需要根据公司不同角色和团队的特点，推进当下最适合的工作模式。比如，外包团队如果要进行远程交付，那么如何管理外包团队的产出与绩效就成为需要考虑的问题。

事实上，管理一家全远程公司就像管理任何其他公司一样。管理核心可归结为信任、沟通和全公司对共同目标的认同，所有这些都可以帮助你避免功能障碍。下面是我们比较推崇的 5 个远程管理准则。

1. 拥抱完全透明

透明度是一个经常被大多数公司视为价值观的术语。在全远程环境中，透明度不仅仅是一个流行语，而且是被接受并被允许指导每个决策的东西，如果这让你感到不自然和不舒服，则表明你的组织确实在践行透明度的价值观。

2. 文档优先原则

手册优先的文档方法对运营良好的企业至关重要，将组织目标、考核方案和文化进行文档化的好处是惊人的。重要的是，每个部门的季度目标也要清楚地记录下来，以便在整个公司内保持可见性。在 GitLab，我们每月都会检查这些目标或 OKR，因此提升目标透明度会促进组织内部协作，涌现更多创新的可能性。

3. 强调优先级与工作进展

要想使员工能够做出决策并为团队创造更高效的未来，确定文档的优先级至关重要。当紧急任务争夺你的注意力时，很容易导致记录工作过程的任务被拖延甚至被遗忘。在团队中建立工作完成的标准是"工作内容与工作进度记录全部完成"，这一点很重要。对工作任务进度进行掌控是所有公司都应该做的事情，在全远程组织中，因为面对面共享信息的机会更少，所以这一点更为重要。

4. 异步操作

跨时区移交项目的能力对分布式团队来说是一种竞争优势，但要最大限度地减少无互联网链接、系统异常和时间安排尴尬的会议。

5. 打破"孤岛"

在组织内寻找各个部门之间建立联系的方法中，GitLab 最常用的是反复出现的小组对话。小组对话是一种时长为 25 分钟的会议，每个团队都会提供有关其工作的最新信息。小组对话向整个公司开放，并轮流运行。

在 5G 移动网络流行的当下，远程视讯工具日益成熟，企业在新冠疫情常态化实践中已经积累了一些异步办公的经验，通过尝试异步办公或者远程办公模式提升自身的治理能力和竞争力，是新冠疫情带给企业的一次转机。

在生态环境方面，远程办公能减少通勤、出差，还能集中办公场地，减少碳排放；在社会影响方面，企业可以在全国范围内招聘员工，减少不同城市的工资差距；另外，通过对企业的信息流治理和业务流程梳理来提升企业的研发效能是我们最终期待的结果。

20.3　软件供应链安全

软件领域的供应链是指软件从开发到交付的全过程。软件的供应链安全是软件安全的源头。在 CNCF 的《软件供应链安全白皮书》中，强调了分层防御实践的重要性，并提供了从源代码安全、三方库安全、流水线安全、制品包安全和部署安全五个维度来提升软件供应链安全的整体方案。

一方面，根据全球网络安全软件公司趋势科技数据显示，仅 2020 年第三季度就有 150 家制造企业牵涉勒索软件。这个数字只是冰山一角，九成以上的企业因为害怕勒索软件对自己的品牌造成伤害，都在支付赎金后选择了静默。软件研发领域的安全问题越来越成为热点问题。

另一方面，针对安全的应对方式却十分僵化，某通信巨头也在抱怨"安全红线耗资巨大"，效率很低，该企业的安全红线检测时间长达一个月，公司总裁提出了将安全防范工作融入日常开发工作中的思路，对以往安全风险控制较好的部门适当放松要求，以加速交付过程。

软件供应链的安全实践。

- 全员参与：安全问题不是一个角色或部门的任务，需要包括研发工程师、测试工程师、运维工程师和安全工程师在内的全员参与，共建安全的软件交付过程。
- 安全流程自动化：把安全工作融入日常开发工作中去，通过流水线自动化执行安全检测，提升全员的安全认知，用安全仪表盘形成反馈闭环。
- 多维度的安全检测：包括静态安全测试、动态安全测试、依赖项扫描、License 合规性测试、模糊测试、密钥探测、容器安全和环境加固。

通过以上实践，可以为软件供应链中的源代码安全、三方库安全、流水线安全、制品包安全和部署安全提供多维度的安全能力，由于每一项检测都可以在不同频率和时长的流水线中重复执行，因此并不会降低研发效率。通过将安全问题左移，反而能降低软件发布过程中的安全风险和交付压力。

20.4　激发员工创造力

内源（InnerSource）是将开源软件研发方法和文化应用于内部软件研发的一种策略。内源在帮助组织形成开源文化的同时，还可以将软件供企业内部使用。团队通过内源可以实现提高知名度、加强协作和打破"孤岛"的目标。

GitLab 作为 DevOps 研发平台，截至 2021 年 7 月社区贡献者达到 2600 位。这样大规模的协作全部建立在远程办公的场景下，而且每个月都可以更新迭代一个版本。作为一家以开源项目为起点的企业，使用开源方法为企业研发软件供内部使用，这恰恰是内源的定义，只是内源的研发模式是通过多年的企业实践不断迭代优化而来的。从某种意义上说，GitLab 是一家具备内源方法与文化的企业。

内源的核心工作是对企业文化的提炼与对价值观的塑造，在中国联通内源项目实施的开始阶段，就提出了"打造融合、开放的开发者生态文化"的使命，以构建中国联通开发者生态体系，打造中国联通的研发者家园，以多层次和不同范围的文化建设、技术分享活动等提升员工归属感。

2023 年 1 月，GitLab 帮助中国联合网络通信有限公司软件研究院通过了由中国信息通信研究院推出的首批"可信内源治理能力评估①"认证。笔者也见证了拥有上万名研发工程师的企业是如何通过内源实践使其获得自下而上的创新能力的。员工从一味听从领导安排的工作模式变为以企业社区使命和愿景为目标的共同协作模式，这大大激发了员工的创造力。在万人级别的多地研发中心场景下，集中所有相关人员跨部门、跨地域进行新工具服务的研发与运营，在这个过程中也涌现了很多优秀人才，其中包括大量贡献功能代码的开发人员、优化业务流程的普通员工，更有推广工具与方法的布道师。内源开发模式推崇的开发者社区为企业发现和培养人才提出了新的方式。

在多研发中心的企业里，内源研发模式的价值在于，整合多地研发技术力量，优化企业的统一技术栈；实现集中企业所有相关技术人员在某个技术领域快速取得突破的目标。这也是从开源社区吸取优秀项目，加速企业创新速度，同时企业将这些技术积累贡献给社区，形成良性双向循环的过程。

如图 20-5 所示，内源开发模式需要打造开发者生态体系，包括领导层给予文化与使命的支持；孵化社区运营能力，建立数字化活动全流程的数据和反馈体系；搭建社区平台，组建管理委员会与技术委员会，不断吸纳技术部落；不断优化社区章程。以上工作与平台都基于 GitLab 的 DevOps 一体化研发平台。

在这个过程中不仅可以提升企业的创新能力，还能把社区作为发现和培养人才的渠道。通过技术问答和技术分享，帮助企业内部团队解决相关技术问题，提升研发质量和效率，同时提高软件复用水平。

---

① 2023 年 1 月 9 日，由中国信息通信研究院主办的 2023 年"ICT 深度观察大会"在北京举办，会上公布了首批"可信内源治理能力评估"认证结果，唯一通过的企业为中国联合网络通信有限公司软件研究院。

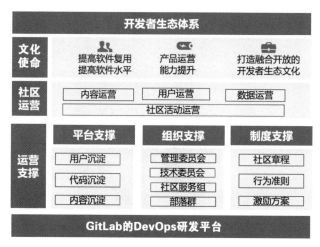

图 20-5　开发者生态体系

通过学习开源优秀实践为企业软件研发带来巨大的创新能力，已经成为一种趋势，一种标准，一个为企业源源不断地带来创造力的源泉。

测试技术转型方法与实践

21.1 概述

随着 DevOps 的广泛落地，持续集成、持续交付和持续部署已经在各类团队中有了各具特色的实践方式，它们大大缩短了从需求提出到交付客户的周期。但是在高效的交付过程中，测试过程却成为快速交付的阻碍，传统的手工测试已经无法满足快速交付的要求，要想解决耗时较长的手工测试和快速交付之间的矛盾，利用测试技术提升测试效率是目前最为有效的方法。

上面所说的测试技术包含自动化测试、测试平台及智能化测试，那么，测试团队如何应用这些测试技术以达到有效提高效能的效果呢？这需要结合测试团队的实际情况进行选择。

21.2 交付团队的形态

现在，行业中绝大多数交付团队都完成了或者正在进行敏捷转型，希望通过敏捷运作实现高效交付，通过实践 DevOps 提升研发效能。但是在敏捷转型过程中，由于交付团队对敏捷的理解和运作不同，因此交付团队存在不同的形态。如图 21-1 所示，交付团队有三种类型的团队：传统团队、"伪"敏捷团队和敏捷团队。

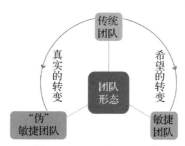

图 21-1　团队的不同形态

1. 传统团队

传统团队是完全按照瀑布模式交付的，需求收集、代码开发、测试保证、上线运维四大工作模块有明显的工作交接界限，团队"墙"严重，图 21-2 所示为传统团队的协作模式。

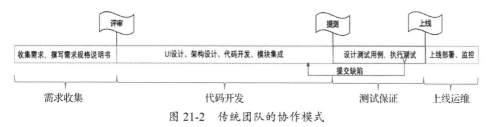

图 21-2　传统团队的协作模式

这种团队的角色分工明确，角色之间的交集相对较少，项目交付主要是"以面向测试的开发"完成的，团队交付的最终质量全部依靠集成测试阶段测试工程师对系统的理解，以及对系统的了解程度。当有需求发生变更时，绝大多数的情况都是产品经理直接和开发人员面对面确定，测试工程师往往都是当在测试过程中发现实现和原始需求不一致时，才知道需求发生过变更。整个团队都在修复测试提出的Bug、生产的 Bug、生产事故、Hotfix 发布版本等，交付物质量较差是这类团队最典型的特征。

2. "伪"敏捷团队

"伪"敏捷团队是指团队已经学习了一些敏捷方法，对敏捷有一些理解，但更多的是学习到了敏捷的"套路"，如每日站会、迭代计划会、迭代总结会、需求条目化等。在外人看来，这种团队是一个敏捷团队，但在深入团队迭代后会发现，团队每日站会就是面向 Scrum Master 的汇报会，迭代计划会和迭代总结会的内容就是面向业务的汇报会和邀功会，需求条目化就是一句话需求的代名词，这样的团队其实就是套用了敏捷外壳的团队。"伪"敏捷团队的协作模式如图 21-3 所示，在团队中其实主要还是开发中心和测试中心的合作方式，开发和测试之间仍然存在明显的"墙"。

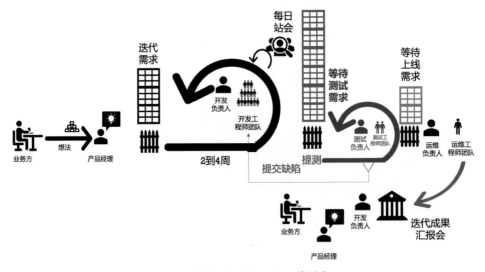

图 21-3　"伪"敏捷团队的协作模式

"伪"敏捷团队最典型的特点是，开发工程师不断地压榨测试团队的时间，在两周的迭代周期中超过 8 个工作日都在开发需求，开发团队不在意测试团队是否能完成迭代任务。每两周的迭代只会让没有交付给用户的需求源源不断地堆积在测试工程师手中，导致测试工程师只能用远远小于一个迭代的测试时间来完成至少一个迭代的测试任务，在迭代中有明显的提测环节。测试工程师为了减轻压力，需要建立一个测试需求的 Backlog，对需要进入测试的需求单独进行测试排期。这样，交付的需求每次从提出到交付上线，乐观估计至少要经历两个迭代才能交付给最终用户，但是这往往是不可能的，因为现实中绝大部分的需求都远远超过两个迭代的交付周期。当交付系统频繁发生线上故障时，开发工程师又要疲于修复各种问题，这就影响了固定两周的开发交付进度，因此又进入另外一种开发赶工的恶性循环。

3. 敏捷团队

这是一种交付团队，项目需求条目化拆分合理，所有的需求都有清晰的验证条件。开发工程师会为开发的每一个功能代码段撰写单元测试，每次提交的代码都没有引入新的技术债；在开发工程师编写代码的时候，测试工程师已经准备好对应需求的测试用例，一旦开发工程师完成开发，持续交付流水线就可以将对应变更交付到测试环境，测试工程师依据已经完成的测试用例就可以开始测试了。在测试工程师完成测试后，持续部署流水线会自动将其部署到集成测试环境，进入探索测试阶段。在一个可交付需求全部通过测试后，持续部署流水线会将变更交付给客户，敏捷团队的协作模式如图 21-4 所示。

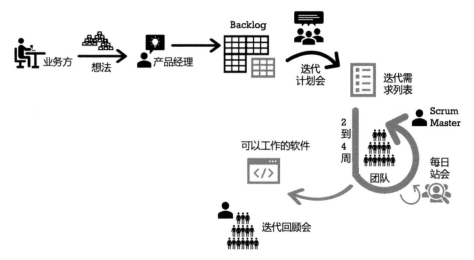

图 21-4　敏捷团队的协作模式

敏捷团队的目标是实现高效的端到端的交付，从而获得卓越的研发效能。测试工程师通过落地的持续测试不断地提高质量效能，从而将被动的验证变成主动的持续测试。

持续测试并不是全新的测试技术或测试方法，而是一种测试实践方法。自动化测试对于连续测试至关重要，但它并非全部。自动化测试旨在生成一组与用户故事或应用需求相关的通过或失败数据检查点，而持续测试侧重于业务风险并为软件是否可以发布提供决策依据。持续测试不仅意味着使用更多不同的工具，而且要求包括技术在内的人和流程的深度转变。持续测试其实是一种新的测试实践，是在软件交付生命周期过程中，以防控业务风险为目的，将每一个业务交付阶段都辅以测试活动进行测试，并尽最大可能自动化将测试结果不断反馈给制品过程的测试实践活动。持续测试主要包含测试左移、测试、测试右移三部分。

1）测试左移

测试左移聚焦于让测试人员在最重要的项目阶段参与进来，使他们把关注点从发现缺陷转移到风险预防上，从而避免一些技术风险和业务风险，同时驱动实现项目的商业目标。目前，测试左移有很多种做法，最为普遍的落地方法是在需求澄清会上，测试工程师从需求的业务合理性、系统的完整性和合规性、需求的可测试性等方面对需求进行综合评价，提出自己的疑问，并要求将必要的内容添加到对应需求的 AC（Acceptance Criteria，验收标准）中。在迭代进行过程中，需要通过开卡、验卡实践完成测试左移的实践落地。

开发工程师在准备实现一个故事卡片时，会将测试工程师、产品经理集合到一起，按照故事卡片上的验收条件，详细讲解自己对故事的理解及如何实现。这时，如果产品经理发现故事卡片有遗漏的验收条件，就需要及时补充。测试工程师基于自己对需求的理解、对系统全局的认识及对上下游的依赖，对验收条件缺失的内容进行补充，这种快速集合讨论的动作叫作开卡（KickOff，KO）。在开发工程师完成开发后，同样需要将产品经理、测试工程师集合到一起，按照故事的验收条件和已经实现的系统完成验收，产品经理从是否实现了对应故事的角度，测试工程师从是否完善的角度进行分析，通过后进入测试环节，这个动作叫作验卡（DeskCheck，DC）。在这个过程中，验收条件就是这条需求的测试用例，测试工程师只需要补充一些非功能测试用例就可以了。验收条件、开卡和验卡的实践保证了交付的流畅度，是目前测试左移最有效的一种实践方式。

测试过程主要推崇在持续集成流水线上，通过代码扫描、单元测试、单接口测试、业务接口测试、自动化验收测试和探索测试设立质量门禁，如图 21-5 所示，这既保证了交付质量，又提高了测试的自动化程度。

图 21-5　持续集成流水线上的测试活动

　　质量门禁是伴随着持续集成的发展逐渐推广开来的基于流水线的一个概念。门禁最早出现在我国南北朝时期北魏郦道元的《水经注·谷水》中："曹子建尝行御街，犯门禁，以此见薄"，意思是说曹子建在出门时由于违反了禁止通行的一些规矩，因此才被轻视。由此可以看出，门禁代指一些规矩。质量门禁规定了流水线上与质量相关的一些规矩，持续集成流水线上常设的质量门禁如表 21-1 所示。

表 21-1　持续集成流水线常设的质量门禁

质量门禁	门禁设置举例
代码扫描	阻塞级别的问题为零，严重级别的问题为零
单元测试	单元测试脚本全部通过，行覆盖率为60%
单接口测试	单接口测试脚本全部通过
业务接口测试	业务接口测试脚本全部通过，业务场景覆盖率为100%
自动化验收测试	自动化验收测试脚本全部通过
探索测试	测试通过

2）测试右移

　　测试右移是相对于测试左移而言的，是在制品发布到生产环境之后进行的一些测试活动，但是这里的测试活动并不是常说的测试活动，而是通过环境监控、业务监控、APM（Application Performance Management，应用性能管理）等一些手段对服务的可用性、稳定性进行考量，从而实现一旦发现生产环境问题就能尽快将问题暴露给制品团队进行快速修复，带给用户良好的体验。测试右移就是将测试移到生产环境，这也就决定了该部分的测试活动和常说的测试活动有很大的区别。在传统的测试角色分工中，生产环境的负责人是运维工程师，运维的核心工作理念是"稳"，这就和测试工程师快速验证、快速修复的一些理念产生了冲突。测试右移不是在生产环境中进行测试活动，而是有一些测试活动可以在生产环境中进行其他实践。测试右移不是和运维产生冲突，而是利用运维的技术平台给测试工程师提供一些判断的输入来源，以便测试工程师结合原有的测试技术沉淀完成服务质量的保障工作，是一种以早发现、早预防为主的技术手段，具体方法如下。

- 运维技术平台：可以充分利用运维工程师提供的监控平台、日志平台的数据监控服务的状态，从而更早地发现生产环节的问题，并将对应问题的一些留痕数据（日志信息、监控数据等）记录到缺陷系统中，辅助解决对应的生产缺陷（如果造成损失，就可能是故障）问题。

- 自动化测试：可以利用自动化测试手段为生产环节提供业务正确性的巡检功能，这样，在运维工程师保障服务的基础上，自动化测试模拟的业务逻辑也能保障业务的稳定性，这也是监控分层的一种思路。

除此之外，用户使用系统的行为有可能并不是按照系统设计的预期方法进行的，因此在测试右移环节中，需要通过前端埋点等技术对真实用户的使用方法、喜好等留痕，从而在测试左移时反哺业务需求，这样才能让从测试右移中获得的有价值的很多内容在测试左移过程中落地实现，从而最大化保障从业务到需求阶段的顺利进行。

- 全链路测试：全链路测试是通过流量录制回放记录测试流量，通过对代码的染色、被测系统的数据隔离改造，在生产环境中应用的一种测试技术。当然，实施生产环境的全链路测试并不是测试工程师可以完成的事情，这需要对被测系统做全套的技术改造。
- 灰度环境：灰度环境是将新版本部署到部分生产环境的服务器上，对少数用户开放新版本的一种生产环境部署方式。有了灰度环境，就可以实现在部分环境先上线，然后进行一些测试活动或者实验活动。
- A/B 测试：A/B 测试在用户增长领域用得比在测试领域多，但它也是生产环节的一种测试验证活动。

虽然生产环境以稳定为前提，但是在保证生产环境相对稳定的前提下，以上测试技术或者实践手段发挥着很大的测试价值。

21.3　测试技术不是提升质量效能的"银弹"

最近几年，测试技术得到了快速发展，从 QTP（Quick Test Professional）类商业化的工具发展成 Selenium 类开源的框架，成本的急速下降使自动化测试技术得到广泛推广。而自动化测试对人员素质的高要求和自动化大面积的推广又成为不可调和的矛盾，这就促使了测试平台化的发展。测试平台通过将自动化的测试能力赋能给更偏重业务的测试工程师，从而提升团队的质量效能。测试平台化将测试能力集中到测试平台，这就要求测试平台要变得更加智能、测试交付效率更加高效，因此智能化测试应运而生。

1. 自动化测试

自动化测试是先将一些手动测试任务通过测试脚本的形式留存下来，然后通过测试脚本回放的方式来完成测试回归部分的工作。很多团队的自动化测试运行方式如图 21-6 所示。

在每次项目提测后，手工测试工程师先按照提交测试的系统和需求撰写测试用例，然后完成测试，在测试通过后测试开发工程师再按照业务测试用例编写测试脚本。在这个过程中，自动化测试最重要的是在回归测试时能够快速回放，节省回归测试成本。

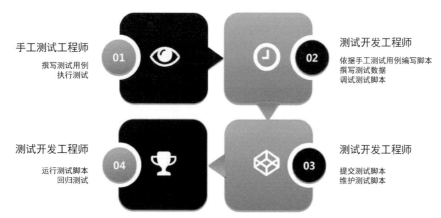

图 21-6　很多团队的自动化测试运行方式

如图 21-7 所示，在金字塔分层自动化测试模型中，单元测试占的面积最大，也就意味着投入最多，因为在单元测试阶段发现并解决问题需要的成本最低，其次是接口测试，面积最小的是界面测试。但是在工程实践中，由于接口测试逐渐增加了投入比例，单接口测试覆盖了一部分单元测试，多接口的业务场景测试覆盖了一部分界面测试，因此金字塔分层自动化测试模型逐渐演变成图 21-8 所示的橄榄球分层自动化测试模型。

图 21-7　金字塔分层自动化测试模型　　图 21-8　橄榄球分层自动化测试模型

如果想让团队的所有人员都可以完成自动化测试脚本的开发，则需要他们具有编码的能力，这个要求对于很多团队都是一个难以逾越的鸿沟。

2. 测试平台化

测试平台化是近些年发展出来的一个新方向，即通过测试平台将测试能力赋能给所有测试工程师。测试平台化有如下优越性：

（1）业务测试工程师专职于业务测试。

（2）测试平台开发工程师更加专注于测试平台的设计和开发。

（3）被测试项目不断积累自动化测试资产，有利于保障系统质量，提高质量效能。

测试平台既有开源的解决方案，也有团队的自建方案，具体要根据团队的技术能力进行选择。

3. 智能化测试

智能化测试是使用计算机做过去只有人能够做的智能的测试工作，简单来说，就是让机器完成以前只有人能做的创造性的工作。智能化测试是测试平台化发展的必然趋势，因为在测试平台广泛地赋能测试团队后，对测试的效率和准确性的要求会更高，所以运用智能化的方式提升效率就成为团队面临的主要挑战。

目前，有一些商业化的公司在做智能化测试，如 Test.ai、Eggplant、Testim 等，说明智能化测试技术不再仅仅停留在研究阶段；也有一些开源的智能化测试项目，如智能化单元测试框架 EvoSuite、智能化 Web 框架 recheck-web 等。

21.4　团队如何选择合适的技术

团队在选择技术时，并不是最先进的测试技术就是最好的，只有最合适的测试技术才能让测试事半功倍。针对传统的测试团队，如果团队的业务交付压力不大，且有提升质量效能的责任，推荐采用最原始的自动化测试方式，从内部人员的培养到公司级别的框架封装都在团队中落实下去。这是因为绝大部分传统的测试团队都面临一个传统的被测项目，项目的特点如下。

（1）被测系统建设的时间已经很久，技术老旧。

（2）代码仓库中留下很多开发工程师的辛苦劳作，研发团队更换频繁，代码在团队中经过多次交接。

（3）新需求每次都从入口层新加一条逻辑到数据层，项目中的已有逻辑几乎没有办法再次使用，最重要的是看不懂也理不清，尝试理解历史遗留代码的速度不如加新代码的速度快。

由于这种项目往往还伴随着系统逻辑复杂、重构成本高的共性问题，因此利用编写代码的自动化测试更容易提升测试的效率。

"伪"敏捷团队在质量效能提升的选择上有可能更加困难，这是因为测试人员学习了敏捷的交付模式却没有在真正敏捷的项目中，往往不会给测试人员成长的时间，因此最好是利用测试平台化的方式提升测试效率。笔者在一个能源行业的公司负责测试工作时，面临过类似问题，当时就采用了自建平台的方式。自建平台的接口管理平台功能结构图如图 21-9 所示，先通过监控被测代码的变更生成对应的 OpenAPI 文件，然后在历史 OpenAPI 文件中进行 Diff，这样发生变更通知的接口会重新生成测试代码。

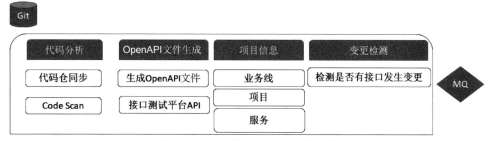

图 21-9　接口管理平台功能结构图

接口测试模块提供将 OpenAPI 文件、Jmeter 文件、Postman 导出文件等自动生成自动化测试脚本代码的功能，并提供自动化执行、数据驱动等功能来完成自动化测试。它可以和 Jenkins 一起先按需、定时地调取自动化测试脚本，然后将全部自动化测试结果上报到报告系统，并展示测试报告，如图 21-10 所示。

图 21-10　接口测试模块功能结构图

如果"伪"敏捷团队得不到质量效能团队很好的支持，就会陷入没时间学习自动化测试和没有人维护测试平台的两难境地，也会陷入无质量、无效率的困境中。

敏捷团队由于已经开始推行持续集成和持续交付，在测试实践中充分实现了持续测试，因此，在这样的团队中更好地推动测试平台化，引入一些开源的智能化测试框架或者自建智能化工具是更好的选择。笔者在京东工作期间有幸参与了京东中台智能化测试平台的设计和开发，核心是设计了自动化测试脚本的生成算法，在算法中设计了一种节点的数据结构，如图 21-11 所示。

Name	Type	*Leftchild	*Rightchild	*Father

图 21-11　节点的数据结构

系统采用类二叉树的结构存储函数及其入参的嵌套关系，一个树节点包含名字、类型、左孩子指针、右孩子指针和父亲指针。下面通过例子详细介绍这个二叉树是如何产生的，以如下代码段为例：

```
public String setPersion(String sName,Integer iAge,HouseHold household);
    其中户口类 HouseHold 的字段（类成员）部分如下：
    Public class HouseHold{
        public String sAddress；//户口地址
        public String sType;//户口属性（农业，非农业）
......
}
```

其中，被测接口是 setPersion，入参的复杂参数 household 是户口类 HouseHold。通过自动生成算法会形成图 21-12 所示的二叉树。其中，根节点存储的是被测接口的信息，根节点的左孩子指向第一个基本类型变量节点 sName。由于被测接口的第二个入参也是一个基本类型节点，因此 sName 节点的左孩子指向 iAge 节点。

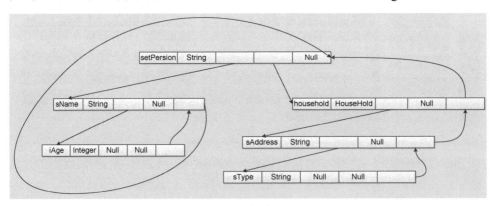

图 21-12　二叉树

接下来，由于被测接口的入参是一个复杂参数，因此根节点的右孩子指向一个 household 节点。可以看到，HouseHold 类包含两种基本类型，household 节点的左孩子指向 HouseHold 类的第一个基本类型节点 sAddress，sAddress 节点的左孩子指向 HouseHold 类的第二个基本类型节点 sType。最后，我们通过深度优先遍历，按照接口测试的编码规范生成基于 TestNG 的测试脚本，如图 21-13 所示。

```
public class TestSetPersion extends BaseTest{
    private static final Logger log = Logger.getLogger(TestSetPersion.class);

    @Resource
    PassengerJSFService jsfPassengerJSFService;

    @Test(dataProvider = "defaultMapDataProvider", dataProviderClass = DefaultMapDataProvider.class)
    @ParamFile(path = "/PassengerJSFServiceParam.xlsx", sheetName = "setPersion")
    public void testSetPersion(Map<String,String> excelData){
        TestParamPool testParamPool = new TestParamPool(excelData);
        HouseHold argO = new HouseHold();

        Integet arg1 = testParamPool.getInt("arg1")
        String arg2 = testParamPool.getString("arg2")
        String sAddress = testParamPool.getString("sAddress");
        String sType = testParamPool.getString("sType");


        argO.setAddress(sAddress);
        argO.setType(sType);

        Result response = jsfPassengerJSFService.setPersion(arg2,arg1,argO);
        // add some log and assert

    }
}
```

图 21-13　基于 TestNG 的测试脚本

21.5　总结

测试团队的技术转型是当前研发效能实践中的重要环节，即先用技术提升质量效能，再通过质量效能的提升赋能研发过程，实现提升构件质量的目标，为团队实现持续测试打下坚实的基础。针对提高质量效能，不同交付形态的团队有不同的需求，在测试技术的选择和实践上推荐选择最合适的技术。

写代码模式的自动化测试资产是可交付的，代码实现更容易调整，同时兼具了活文档的特性，更适合传统团队；自建测试平台、智能化测试的实践和落地更加契合敏捷团队对质量和效率的卓越追求，故敏捷团队应该首选自建测试平台，从而更加快速地交付需求，同时还可以形成良性循环，测试工程师有时间、有精力让测试平台往智能化测试方向发展；开源平台化的引入可以快速解决对质量投入的问题，提升质量效能，有效缓解"伪"敏捷团队的交付压力，让团队有机会、有时间向敏捷团队转变。

领域驱动设计启发下的
AI 视觉分析引擎构建

22.1 视觉分析引擎需要解决的问题

1. 对视觉分析引擎的需求

视觉分析引擎首先需要能识别图像中的对象，并且分析对象的特征，再根据特征与业务规则对上层系统感兴趣的事件进行感知与发布。图 22-1 所示为三个典型的应用场景。

道路状况感知　　　　　　　　3D 位置与姿态　　　　　　　　关键点及行为

图 22-1　视觉分析引擎典型应用场景

- 道路状况感知：需要在视觉图像中感知当前的道路情况，比如有哪些车辆、交通信号、车道线、行人，以及这些对象的相对位置等。
- 3D 位置与姿态：在工业机器视觉中，针对需要通过视觉指导机械臂完成抓取、安装等的工作场景，我们需要知道场景中有哪些物体，以及它们在三维空间中的姿态和位置，以指导机械臂的路径规划。
- 关键点及行为：有时，我们需要对视频里目标人物的行为进行识别，也就是根据人物骨骼关键点的位置及运动轨迹进行动作推断。

上面这些不同的识别需求要求视觉分析引擎能针对不同的场景提供不同的分析业务支持，以及通过不同的数据类型来表示不同的分析结果。

以上三个典型应用场景只是对业务系统中最高层次或者说最宏观级别的描述。对于领域驱动设计的方法论，有相应的工具对软件系统宏观和微观层次的需求进行描述或分析。在宏观层面上，这种分析工具叫作领域和子域。

2. 宏观分析工具——领域和子域

软件开发人员必须要理解软件系统存在的意义，即软件为什么存在，以及组织通过构建这个软件想获得什么价值。这就涉及软件系统所关联的领域（或业务领域）和子域。

众所周知，瑞幸咖啡的业务领域是咖啡销售服务，但是销售咖啡需要很多逻辑上的子模块或者说子域来共同协作完成。这些子域包括咖啡制作、门店的选址和开

设、人员培训、财务管理等。这些子域共同形成了瑞幸咖啡的业务领域。如图 22-2
所示。

图 22-2　瑞幸咖啡的业务领域和子域

子域有三种类型：核心子域、支撑子域和通用子域。

核心子域是公司与其他竞争对手差异化的做法，如瑞幸咖啡的咖啡制作与定价
策略、门店的选址和开设逻辑。

对于支撑子域，虽然每个公司的做法不同，但是支撑子域并不提供核心的竞争
力，如瑞幸咖啡的人员培训，虽然瑞幸咖啡有自己的培训方法、流程和标准，但是
对人员培训的能力并不会成为瑞幸咖啡的核心竞争力。

通用子域是所有公司都在使用相同的实现来完成工作的部分，如瑞幸咖啡的财
务模块。

让我们按照上述概念分析 AI 视觉分析引擎的业务领域：该业务领域所包含的子
域，以及这些子域的类型和它们之间的关系。

AI 视觉分析引擎的领域与子域，如图 22-3 所示，其中实线椭圆代表领域，虚线
椭圆代表子域，直线代表子域之间的交互。

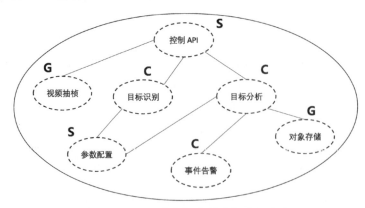

图 22-3　AI 视觉分析引擎的领域与子域

核心子域是构建 AI 视觉分析引擎最初的目的，也是与其他竞争对手相比最主要的差异。开始，我们选择了两个最核心的功能作为核心子域：一个是目标识别，另一个是目标分析。因为分析引擎主要的工作是感知图像里有哪些物体，以及这些物体的特征、位置和姿态属性。随着分析的深入，事件告警子域也被归为核心子域，因为在这里我们需要和其他竞争对手实现一种有差异化的业务逻辑，用以提升告警的时机及准确率，特别是告警需要在时间维度上对分析引擎发布的事件进行聚合的场景。例如，针对高速公路车辆缓行这样的告警，系统不能仅凭侦测到一辆或者几辆车的车速低于某个设定阈值就报车辆缓行告警，否则极有可能产生误报。判定此告警需要满足以下条件：在同一条车道上，连续 N 辆车的车速都小于指定的阈值 M，并且持续 X 秒以上，这才是合理的车辆缓行告警方式。因此，为了提升系统向外通知异常情况的准确性，事件告警子域也被视为核心子域去实现。

我们将视频抽帧和对象存储设计为通用子域。因为视频抽取处理是一个比较专业的领域，有着像 FFmpeg 这样专业的实现，所以我们没有必要去重复发明轮子。在这里，就直接使用既存的已经被实践检验过的工具来完成视频抽帧的功能。针对对象存储，也有像 AWS 的 S3 这样的对象存储行业标准，我们也没有必要自己去建立一套对象存储规范和底层架构。

支撑子域只是一些比较显而易见的业务逻辑，类似于信息输入界面、数据 ETL 流程，或者转换操作这样的功能。因此，我们把分析引擎的控制 API 及参数配置视为支撑子域来实现。

简单地总结一下：核心子域是企业感兴趣的问题，提供竞争优势，并且复杂度比较高，我们一般会选择在企业内部使用领域建模的形式实现。通用子域是已经解决了的通用问题，企业内部一般会采用购买现成的产品，或者引入开源实现的方式来进行部署。虽然通用子域的复杂度也比较高，但是因为所有公司都使用相同的方式来实现，所以其并不提供竞争优势。支撑子域是一些比较明显的业务问题，企业一般会通过事务脚本的形式来实现，可以在公司内部找一些初级人员实现，也可以采用外包的形式实现。表 22-1 所示为不同类型的子域及其特征。

表 22-1　不同类型的子域及其特征

子域类型	子域	问题	竞争优势	复杂度	模式	实现
核心子域	目标识别 目标分析 事件告警	感兴趣的	是	高	领域模型	内部
通用子域	视频抽帧 对象存储	已解决的	否	高	领域模型	购买/开源
支撑子域	控制 API 参数配置	明显的	否	低	事务脚本	外包

22.2 使用限界上下文处理领域的复杂度

1. 业务领域中的"二义性"

领域驱动设计的第一步是先划分子域，然后确定每个子域的类型及实现方式。第二步是将核心子域放大，详细分析业务逻辑，消除实现上有关业务逻辑的"二义性"。图 22-4 所示为 AI 视觉分析引擎中分析的"二义性"。

图 22-4　AI 视觉分析引擎中分析的"二义性"

什么是业务中的"二义性"呢？我们借用村上春树风格的一种说法就是：当我们在谈论分析时，到底在谈些什么？我们在谈论视觉分析引擎中的分析时，根据不同的上下文，会涉及不同的分析方法和结果。比如，我们会在某些上下文中认为"分析"＝"目标侦测"，而在其他一些上下文中，会认为"分析"＝"目标分类"或"特征提取""关键点"等其他分析方法。那么，在某个特定的场景中，我们到底是在说哪一种分析方法呢？这跟我们正在处理的上下文有非常强的关联，而且不同的分析方法其实现方式也大相径庭。这就导致了"分析"这个术语隐含着多种不同的业务处理规则和技术实现，在 A 场景中的"分析"与 B 场景中的"分析"可能是两个完全不同的事情。这就是业务中的"二义性"，建模应当避免这种"二义性"。在不同的业务上下文中有不同的行为和实现方式，因此，在建模时应该优先考虑我们到底要在什么样的业务上下文中建模。

2. 传统建模方法的局限性

在传统的建模方法中，一般不会详细或刻意区分不同分析背后的细微差别，我们采用两种方式实现业务系统的不同部分：实体和业务逻辑，如图 22-5 所示，实体采用大一统的领域模型，而业务逻辑则以事务脚本的模式实现，具体如下。

- 实体由一系列大一统的领域模型组成，这种模型被称为上帝类（God Class）

反模式，因为它承载了不同分析场景下的不同特征信息。也就是说，在目标侦测、目标跟踪，甚至在关键点分析时都使用这个模型。这导致模型违反了单一职责原则（Single Responsibility Principle，SRP），让它非常臃肿，一般会存在"牵一发而动全身"的缺陷。

- 业务逻辑的实现方式往往会采用事务脚本模式，针对不同的分析场景，使用一段贯穿业务处理全流程的过程式脚本来实现。这样会导致后台业务的固化，如果想对新的分析需求进行扩展，代码的改动部分或者范围就会比较大。

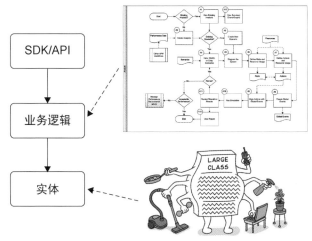

图 22-5　传统业务系统实现方式

针对这种"二义性"的复杂度问题，领域驱动设计引入了一种专门的工具，叫作限界上下文。

3. 建模的目的与意义

在介绍如何利用限界上下文处理领域的复杂度之前，我们先简单地讨论一下为什么要建模。模型是对事物或者现象的一种简化的表示，它有意强调某些方面，而忽略其他方面。

让我们想象一下，针对同一个地点不同场景的地图建模，有些强调公路、有些强调时区、有些强调航线，还有些强调地铁线路。每一张图都有它特定的目的，所以说建模是特定用途的抽象，我们不会创建一张地图把这些内容全部叠加在一起。因此，有用的模型并不是现实世界的精准复制，相反，模型旨在解决特定的问题，并且应该仅为此目的提供足够的信息。

4. 限界上下文的作用

模型不能没有边界而存在，否则它将会蔓延成现实世界的精准复制，这就使得定义模型的边界——限界上下文，成为建模固有的部分。比如，电商系统中的产品实体，在采购上下文中，它关注的是到货日期、供货商、首付款等属性和行为；在推荐上下文中，它关注的是买过此产品的人还可能会喜欢其他的哪些产品，或者哪些人群会对此产品感兴趣；在仓储上下文中，它关注的是此产品在哪个仓库的哪个货架的哪个区域、库存多少。我们发现，产品实体在不同的上下文中具有的属性和行为是完全不同的，在建模时，如果我们对不同的上下文建一个大一统的模型，就会发现这个模型在内部其实已经有了逻辑上的边界，与其让逻辑边界在内部一直存在，不如直接把边界划分成不同的模型。这就是限界上下文的意义，对业务领域中的不同部分进行更精细的划分。

我们可以把以往的单体系统逐步转换成由限界上下文形成的有物理边界的分布式服务，或者说依旧是一个单体系统，但是每个服务之间已经有了明显的逻辑边界，这个逻辑边界在未来完全可以进化为物理边界。

在以往的系统中，我们使用一系列模型和事物脚本处理不同的分析业务。比如，针对交通和工业机器人的场景，我们使用一套大一统的业务逻辑，但是在通过限界上下文工具处理后，就可以把划分的不同上下文通过应用服务或者微服务网关进行编排，以应对不同的业务需求和业务逻辑，如图 22-6 所示。

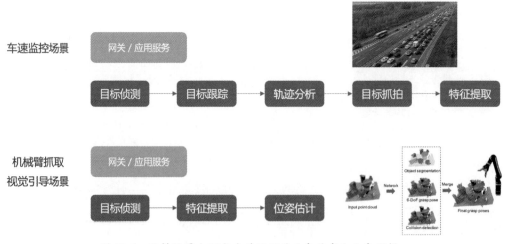

图 22-6　编排限界上下文应对不同的业务需求和业务逻辑

通过上面的分析，可以把分析引擎的宏观处理流程梳理得更加清楚。可以看到，图 22-6 中的每一个黑色方块都是一个限界上下文，它们分别处理具有单一职责的一个业务逻辑，并且将某个业务中实体的含义或领域模型划分到不同的上下文中来实现。比如，分析有单帧分析和多帧分析。单帧分析代表通过单一图像就能分析出结果的分析过程，如对图片中的对象进行分类、文字识别、关键点、位姿（即位置和姿态）或者特征抽取。多帧分析需要将多个连续的图像帧结合起来进行分析，以得到在时间维度上的分析结果，如进行目标跟踪、轨迹判定与预测、速度计算、运动方向预测，以及 ROI（Region Of Interest，兴趣区域）的进入或离开行为。

通过这种方式，整个业务流程可以被抽象为几个步骤，AI 视觉分析引擎宏观处理流程如图 22-7 所示。

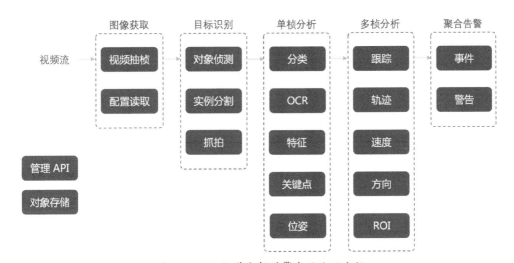

图 22-7　AI 视觉分析引擎宏观处理流程

第一步是图像获取，包括视频抽帧和根据不同配置读取对抽帧的业务逻辑做的轻微调整。

第二步是目标识别，最常见的是先进行对象侦测，或者进行更精细的实例分割，然后对侦测的对象进行抓拍。

第三步是单帧分析。

第四步是多帧分析。

第五步，在上面分析的基础上，根据分析过程中发布的事件进行聚合告警。

其实，限界上下文所做的事情与系统分层把系统划分成业务逻辑层、数据访问层、用户表现层等处理复杂度的做法非常类似，都是"分而治之"思路的体现。划分后的系统就像一个魔方，系统分层从技术维度进行横切，限界上下文从业务维度进行竖切，从而对整个系统的复杂度进行隔离，如图 22-8 所示。

那么，对于已经切分好的业务模块，我们如何通过建模来实现它内部的业务逻辑，以及使用何种领域驱动设计工具来处理领域建模层面的复杂度呢？

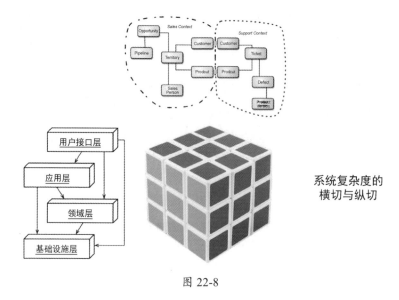

系统复杂度的
横切与纵切

图 22-8

22.3　通过领域建模处理业务实现的复杂度

1. 高速公路事件分析系统业务需求及传统设计方法

让我们来看一下高速公路事件分析系统业务需求：需要通过跟踪获取视频中的某些特征信息，如某辆车这一帧和下一帧的位置，以及此车辆在这两帧之间的运动轨迹，并算出它的速度和行驶方向，如图 22-9 所示。

图 22-9　高速公路事件分析业务示意

在进行跟踪后，还需要对车辆进行持续抓拍，以获取质量最好的抓拍图用于特征抽取，从而识别车型、颜色，甚至车牌号码。

在高速公路上，可能会出现人员闯入的情况，如图 22-9 中工作人员进行事故现场处置的场景。分析引擎侦测到人形后，与车辆抓拍的业务逻辑一样，取出质量最好的一张抓拍图进行特征分析，如这个人的性别、头发的长短和颜色、上衣和裤子的颜色，甚至鞋的颜色和肢体动作。

针对上述场景的需求，传统的建模方式是在一个分析模型中持有不同分析的结果，即大一统的领域模型，这种大一统的模型也就是我们之前提到过的上帝类反模式（如图 22-10 所示），这会让建模明显违反单一职责原则。

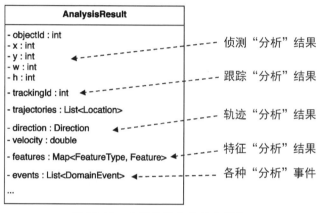

图 22-10　分析结果上帝类反模式

就像在业务建模时不能"眉毛胡子一把抓"、不区分上下文一样，在领域建模时，也不能通过笼统地创建"万能模型"来实现业务逻辑，我们可以使用领域驱动设计的领域建模工具，如值对象、实体、聚合来降低业务实现上的复杂度。

2. 领域建模的实现方法

值对象是业务领域中的概念，它们可以通过值来识别，不需要明确的 ID 字段，如 Color 对象的 RGB 值就能决定对象的颜色，并不需要 ID 字段指定。由于值对象在字段上的任何一个变化都可能在语义上创造新的值，因此一般来说它是不可变的。值对象在现实业务建模中普遍存在，图 22-11 所示为外卖订单的例子。

在外卖订单的领域模型图中，因为业务流程并不关心订单项的 ID，只在乎订单项中的产品和数量，所以订单项可以被建模成一个值对象。支付信息和配送地址的情况与此相同，业务人员只关心它们里面的信息，不会关注 ID，也就是说不会通过 ID 跟踪对象，并且在后续的业务中不会对对象进行维护，因此它们都可以被建模成值对象。

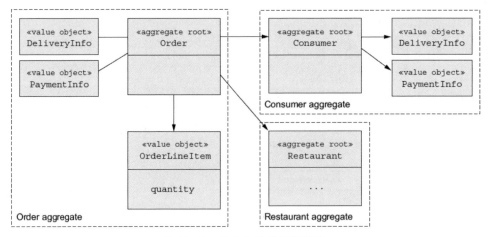

图 22-11　外卖订单的领域模型

　　与值对象不同，实体是业务上下文中具体的东西，而值对象是用来描述它的。比如，外卖订单模型中的订单项、支付信息和配送信息，都是用来描述订单这个实体的，因此订单是业务领域中具体的东西，会被建模成实体。实体与值对象最大的区别是实体在后续的业务逻辑中常常要根据 ID 跟踪实体对象，并且对它们进行更新或维护。这也就是我们针对订单常做的事情，如更改订单的状态、调整订单的支付方式等。

　　聚合是共享了事务边界的实体或者值对象的层次结构。聚合边界内包含的所有数据都必须具有很强的一致性，以保证数据的完整性和业务的合理性。例如，订单项和订单其实就形成了一种事务上的强一致性需求：如果把订单项中某种产品的数量从 1 改成 2，那么订单的总价也应该同时改变，这两个改变是事务性的，必须要保证强一致性，否则就会对业务造成影响。

　　其实，聚合就是封装这个概念在更宏观层次上的一种应用。比如，把 name 和 age 装在一个 person 的对象里面，这样的封装技术可能任何开发人员都会。我们也可以把这种封装技术应用的位置提升一层，比如，把 order 和 order item 两个实体/值对象封装在一个更大的逻辑单元里面，这个逻辑单元就叫作聚合。逻辑单元内部要保持强一致性，而两个逻辑单元之间只需要最终达到一致就可以了。

　　那么，在视频分析引擎中，聚合建模的结果如何？要想知道聚合结果，需要明确分析时会涉及哪些信息，以及这些信息之间的事务性关系如何。分析的视频帧中包含图像、图像中的物体对象，以及物体对象的各种特征。由于目标侦测是很多后续分析的基础，因此每一帧图像都要进行目标侦测的分析，视频帧与目标侦测之间就属于强一致性关系，将会被建模在一个聚合中，而针对不同的业务需求和上下文，后续面向目标侦测结果的特征分析会因需求而异，因此特征分析和目标侦测之间是最终一致性关系，不应该建模在同一个聚合中。根据这一分析可得出图 22-12 所示的聚合设计。

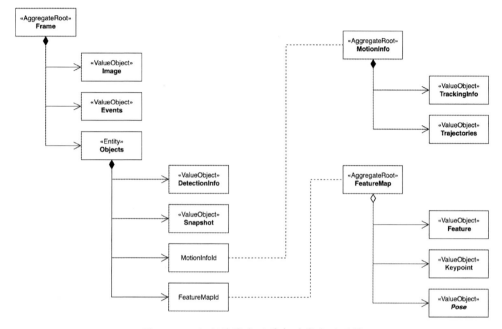

图 22-12　视频帧聚合及其相关聚合的设计

其中，视频帧对应的图像 Image 可以被建模成值对象。另外，视频帧中侦测到的事件也可以被建模成值对象，因为事件发布以后，就不会再改变了。我们把视频帧中侦测到的所有目标建模成实体，因为后续业务可能要根据 ID 对目标进行跟踪、特征抽取等业务处理。

侦测目标有更小的层次结构，如目标的位置、矩形框大小和 *XY* 的坐标，可以将这些属性封装成值对象 DetectionInfo。因为抓拍一旦形成就不会再变了，所以目标对象的抓拍也被建模成值对象。

对于侦测目标的特征信息，如运动信息和图像特征，由于它们与对象本身没有强一致性，因此把它们建模为另外的聚合。聚合和聚合之间，我们使用 ID 进行关联，而聚合内实体和实体之间直接通过引用进行关联。因此，我们看到图 22-12 中 Objects 对象包含的 MotionInfoId 字段关联了 MotionInfo 聚合。同样，FeatureMapId 字段关联了 FeatureMap 聚合，这个聚合用来承载不同的特征类型及其特征值。

同样，MotionInfo 聚合又有更加精细的结构，包含跟踪信息和轨迹信息，它们都被建模成值对象。FeatureMap 聚合也包含其他的值对象，如侦测目标图像的特征值及其关键点和位姿，就是其在三维空间中的位置和姿态都被建模成值对象，因为这些值一旦被分析出来就不会再改变了。

上述聚合组织的结构其实也是单一职责原则的一种体现。不管是限界上下文，还是值对象、实体和聚合，其实都是单一职责原则的一种体现方式，只是它们体现的层级不一样，限界上下文体现在业务层或者子系统的层面，而实体、值对象、聚合体现在建模层，也就是代码实现的层面。

3. 如何在聚合之间进行信息同步

未被划分的模型其实是相互关联的实体对象图，我们可以通过实体间级联的同步调用将信息传播到其他实体。但是在划分聚合以后，聚合和聚合之间只能通过 ID 进行关联，它们之间没有直接引用，这时候如果要将信息传到其他聚合，就需要通过消息进行异步传递。

比如，在对某个跟踪对象进行抓拍，筛选质量最好的一张图进行特征抽取的场景中，抓拍和特征抽取是两个不同的聚合，如何让它们进行联动呢？我们采取的策略是，在抓拍模块中判定一系列抓拍图的质量特征，并且根据策略找到一张最合适的图像作为待分析的抓拍图。一旦获得了这张抓拍图，抓拍处理聚合就会生成一个"抓拍已生成"的领域事件，并将此事件发送至消息中间件，如图 22-13 所示。特征抽取与分析聚合会预先注册针对这个事件的侦听和处理业务逻辑，在事件发布以后，特征抽取与分析聚合就会消费这个事件，并从事件中获取相应的抓拍图进行特征分析。

这时候，抓拍聚合和特征抽取与分析聚合并没有直接产生调用关联，而是通过消息和事件驱动架构的机制，利用消息总线的基础设施完成两个聚合之间的交互。这就是领域驱动设计中非常常见的一种事件驱动架构（Event Driven Architecture，EDA）

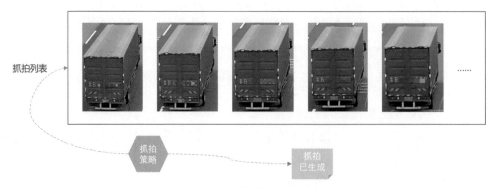

图 22-13　通过领域事件发布抓拍结果

22.4　使用架构模式简化设计

1. 消息传递的可靠性——事件驱动架构

我们发现要保证整个系统业务数据的一致性和完整性，消息的可靠传递就是一个不得不去解决的问题。

在消息传递的过程中，A 向 B 发送消息，B 在处理完消息之后必须向 A 发送反馈 ack，代表 B 已经收到消息并进行了处理。如果 A 没有收到 B 的反馈，可能有两种情况发生。

- 第一种：A 的消息没有到达 B。
- 第二种：B 的 ack 没有到达 A。

对于 A 来说，它无法区分到底是哪一种情况，它的处理方法是经过一段预先设置的超时时间后，重新发送请求。对于第一种情况，重新发送请求没有问题。而对于第二种情况，就会出现请求被重复消费的问题，影响业务的一致性。在领域驱动设计中，可以通过引入发件箱（mailbox）模式来实现"业务逻辑操作和领域事件发送"这两件事的原子性。具体做法是，让调用消息中间件的 API 不在业务完成数据库落库之后进行领域事件的发布，因为这两个行为不是原子性的操作，而是将事件的发布转变成对数据库事件表的写入。这样，通过数据库的事务可以先将"写入业务数据"与"写入事件表"两个行为变成原子性的操作，然后通过定时任务，或者基于 AOP（Aspect-Oriented Programming，面向切面编程）事件触发的形式扫描事件表，完成事件的发送。

这时，需要解决的下一个问题就是如何做到消费的幂等性。因为我们无法阻止 A 重发消息这样的情况发生，那么如何做到检验消息的幂等性，尽量减少对业务的侵入呢？这可以使用 AOP 拦截侦听领域事件的处理函数，在处理函数执行之前，将领域事件的 GUID（Globally Unique Identifier，全局唯一标识符）作为主键插入"已处理事件表"，如果发生主键冲突异常，则代表此事件在之前已经被处理过，直接返回 ack 即可。如果没有发生异常，则正常推进 AOP 处理流程，执行事件处理函数，如图 22-14 所示。

2. 以时间维度进行建模——事件溯源领域模型

事件溯源领域模型将时间维度引入数据模型。基于事件溯源领域模型的系统并不反映聚合的当前状态，而是持续记录聚合生命周期中每个变化的事件，就像银行账户记录交易的每一笔流水一样，事件溯源领域模型记录会影响聚合状态的每一个领域事件。

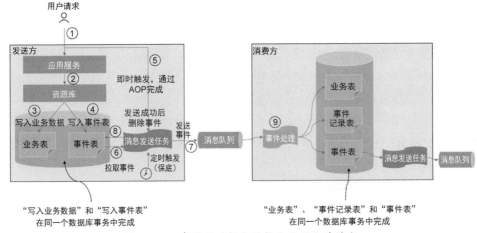

图 22-14　事件驱动架构的整体流程和关键点

与普通的领域模型不同，当需要某个聚合的最新状态时，事件溯源模领域型会依次"重放"所有此聚合的事件，并通过事件投影出聚合的最新状态，甚至曾经某个时刻的历史状态，如图 22-15 所示。

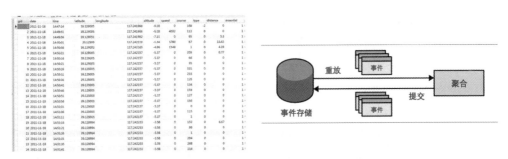

图 22-15　使用 EventSourcing 引入时间维度建模

在 AI 视觉分析引擎设计中，针对轨迹、位置、速度变化等与时间维度有密切关系的领域概念，我们通过事件溯源领域模型的形式进行建模和设计，这样做的优势在于，可以根据不同的业务，将历史领域事件有选择地投射出聚合的不同形态。比如，如果我们只关心轨迹，则只需要"重放"类型为 PositionChanged 的所有领域事件，其余事件可忽略；同样，如果我们只关心车辆行驶过程中经停服务区的时间，则只需要"重放"类型为 ServiceAreaEntered 和 ServiceAreaLeaved 事件即可。

3. 跨服务查询的实现——CQRS 架构

在业务系统通过限界上下文分离出若干具有物理边界的子系统或微服务后，存储在同一个数据库中的数据也将被物理分离存储在不同服务自有的持久化基础设施中，这可能会给某些需要进行关联的查询带来技术上的麻烦。跨数据库的分布式事务性能太低，鲜有人问津。缓解这一问题的方法主要是通过 CQRS 架构，将业务数据分别存储在业务库和查询库上进行实现，具体的做法如图 22-15 所示。

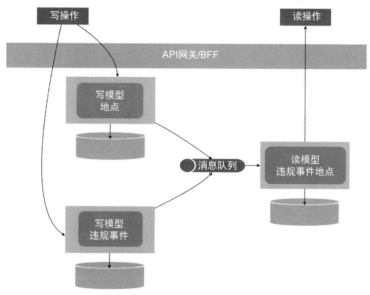

图 22-16　使用 CQRS 实现跨服务的查询

　　轨迹服务只记录车辆运行轨迹，违规事件服务只记录车辆运行过程中的事件，它们的存储都是独立的。如果想查询某个违规事件发生时车辆所处的位置，就需要对两个服务进行联合查询，这就会使用到全局事务管理，效率非常低。CQRS 的做法是，轨迹服务业务中某个业务一旦处理完成，就使用领域事件向消息中间件发布此事件；同样，违规事件服务在业务处理完成之后，也会使用领域事件进行发布。而违规事件地点查询服务会侦听这两个领域事件，并在自己的专属存储中将获得的事件通过宽表的形式进行存储，以便未来进行查询。这里 CQRS 模拟了跨服务的连接查询。

4. 灵活对接不同的算法/技术实现——端口适配器架构

　　AI 视觉分析引擎使用了端口适配器架构来分离技术与业务，由于分析引擎可能需要对接不同的算法，暴露诸如 REST、RPC 或者其他形式的接口，使用不同供应商的对象存储实现，以及对接不同的消息中间件，为了避免这些技术的演进对业务代码造成影响，AI 视觉分析引擎遵循了 DIP（Dependence Inversion Principle，依赖倒置原则），并实现了端口适配器架构，如图 22-17 所示。这样，不同的技术实现就像插件一样可以随意挂接到 AI 视觉分析引擎中，分析的业务逻辑也不需要进行调整，这为系统未来的扩展提供了非常大的可能性，也降低了维护成本。

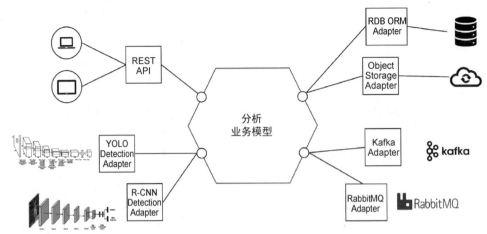

图 22-17　使用端口适配器架构分离业务与技术

综上，整个 AI 视觉分析引擎，通过引入若干领域驱动设计工具，大大提升了业务表现力和实现的整洁度，主要的技术关注点如下。

- 使用子域技术，确定宏观的商业模块边界及实施策略。
- 使用限界上下文技术，处理业务中的"二义性"，简化了业务建模。
- 使用领域建模工具，规整了代码实现中的大一统领域模型，更加符合单一职责原则，对未来扩展更加友好。
- 通过导入 EDA、CQRS、端口适配器架构，提升了 AI 分析引擎整体的设计质量。